浙江省级重点教材
浙江警察学院规划教材

公安大学生
心理健康教育与训练

倪晓峰　主编

中国人民公安大学出版社
·北　京·

图书在版编目（CIP）数据

公安大学生心理健康教育与训练/倪晓峰主编．—北京：中国人民公安大学出版社，2012.8

浙江省级重点教材 浙江警察学院规划教材

ISBN 978-7-5653-0980-9

Ⅰ.①公… Ⅱ.①倪… Ⅲ.①大学生—心理健康—健康教育—高等学校—教材 Ⅳ.①B844.2

中国版本图书馆 CIP 数据核字（2012）第 207228 号

公安大学生心理健康教育与训练

倪晓峰 主编

出版发行：中国人民公安大学出版社
地 址：北京市西城区木樨地南里
邮政编码：100038
经 销：新华书店
印 刷：涿州市新华印刷有限公司

版 次：2012 年 8 月第 1 版
印 次：2020 年 2 月第 5 次
印 张：20.5
开 本：787 毫米×1092 毫米 1/16
字 数：379 千字

书 号：ISBN 978-7-5653-0980-9
定 价：62.00元

网 址：www.cppsup.com.cn www.porclub.com.cn
电子邮箱：zbs@cppsup.com zbs@cppsu.edu.cn

营销中心电话：010-83903254
读者服务部电话（门市）：010-83903257
警官读者俱乐部电话（网购、邮购）：010-83903253
公安图书分社电话：010-83905672

公安大学生心理健康教育与训练

主　编：倪晓峰

副主编：杨持光　高　华　李微波　徐向群

编著者（按姓氏笔画排序）：

叶　峰　刘　鹏　杨持光　李振阳

李微波　吴育哲　倪晓峰　徐向群

高　华　谢玉明

序

两年前，我曾为《公安大学生心理健康教育与训练》教材第一次出版撰写过序言。当时，该教材由浙江科学技术出版社出版，使用范围主要是浙江警察学院和各市警察培训学校，教材使用两年多来得到了广大学员的好评，受到了学员的欢迎，对公安大学生心理健康教育工作的开展起到了积极的作用。

大学生心理健康教育工作历来受到党和国家的高度重视，同时也备受全社会的高度关注。早在1994年8月，《中共中央关于进一步加强和改进学校德育教育工作的若干意见》就强调要“通过多种方式对不同年龄层次的学生进行心理健康教育和指导，帮助学生提高心理素质，健全人格，增强承受挫折、适应环境的能力”。2001年3月、2002年4月教育部在其下发的《关于加强普通高等学校大学生心理健康教育工作的意见》和《普通高等学校大学生心理健康教育工作实施纲要（试行)》文件中对加强大学生心理健康教育工作的主要任务和内容、工作原则、途径和方法以及队伍建设等方面作出了明确的规定和全面部署。2004年，中共中央国务院在《关于进一步加强和改进大学生思想政治教育的意见》中又突出强调：要重视心理健康教育，根据大学生的身心发展特点和教育规律，注重培养大学生良好的心理品质和自尊、自爱、自律、自强的优良品格，增强大学生克服困难、经受考验、承受挫折的能力。

2011年2月，国家教育部根据党中央和国务院指示精神，结合前几年全国高校大学生心理健康教育工作的实际情况，新出台了《普通高等学校学生心理健康教育工作基本建设标准（试行)》，该文件从“大学生心理健康教育体制机制建设、大学生心理健康教育师资队伍建设、大学生心理健康教育教学体系建设、大学生心理健康教育活动体系建设、大学生心理咨询服务体系建设、大学生心理危机预防与干预体系建设、大学生心理健康教育工作条件建设”七个方面，对大学生的心理健康教育工作的具体做法作了全面的规范，它是一个具有很强实践指导性的文件。党和国家对大学生心理健康教育的高度重视和指示精神已经成为全国各高等院校做好大学生心理健康教育工作的强大动力和行动指南。

公安大学生的心理健康教育工作一直受到公安部和各公安高等院校的高度重视。近年来，公安部在下发的有关文件中，多次强调要重视公安大学生的心理健康教育，并就相关工作进行了专门部署，同时部领导也多次在有关会议上强调公安大学生心理健康教育工作的重要性。全国各地公安高等院校认真贯彻党和国家的教育方针、政策，积极开展公安大学生的心理健康教育工作，相继开设了公安大学生心理健康教育方面的课程。可以认为，加强公安大学生心理健康教育和训练工作是新形势下全面贯彻党的教育方针、实施素质教育的重要举措，也是培养全面发展的创新型、卓越型公安人才的现实需要和时代要求。

近年来，由于公安院校招录体制以及毕业生就业制度等一系列的改革，公安院校的大学生成分发生了变化，公安大学生的心理和思想状况也发生了变化。就公安院校招录体制改革而言，许多公安院校由过去单一的从高中毕业生中招录新生变成了在应届高校毕业生中或部队退役军人中招录部分学员，由于在校学生的成分发生了变化，随之而来的就是教育、教学的内容和方式方法也出现相应的变化，在心理健康教育中要针对在校学生的实际情况（如文化程度、个人经历、年龄、婚恋等）和心理问题因材施教。同时，公安大学生毕业就业制的改革，打破了公安大学生“就学即就业”的传统做法，给大学生们带来了新的心理压力，在心理健康教育中同样要针对在校学生的实际情况和心理问题进行教育，确保他们健康成长。这次由中国人民公安大学出版社出版的这本教材，就是根据这几年教学实践的变化情况以及结合原教材使用和反馈情况修订再版。

综观本教材的体系和内容，深感在以下几个方面较为突出：

第一，特色鲜明，体现了公安大学生的培养目标和要求。公安高等院校在人才培养目标的定位、学生个体素养形成、文化知识学习、严格纪律作风等方面都有明确的规范和要求。因此，与普通高等院校相比较，公安高等院校的公安大学生心理健康教育必须结合培养目标等实际情况，突出自己的特色，符合公安大学生的成长要求来开展。本教材正是围绕这一中心思想，根据公安大学生的培养目标和要求进行编写的。

第二，联系实际，紧密结合公安大学生存在的心理问题。总的来说，当代大学生（包括公安院校的大学生）的心理是健康的。但是，一些诸如因学业、经济、情感、人际交往、就业等压力引起的心理健康问题仍然出现在少数同学身上，由此而引发的在校大学生退学、休学、出走以及违法犯罪等事件也屡有发生。作为大学生群体的组成部分，公安大学生的心理健康发展状况与普通大学生具有共性的一面，同时也具有个性特征的一面。本教材重点抓住了公安大学生心理健康发展中存在个性特征的一面，针对公安大学生成长过程中可能出现的各种具体问题，展开分析、论述，加以教育、辅导。

第三，注重实效，使公安大学生通过学习得到启迪和升华。公安大学生心理健康教育的目的，就是要使学生们通过心理健康教育，学会和掌握心理健康的知识，在日常生活、学习和工作中能够自觉、有意识地运用心理健康知识来解决自身存在的一些心理问题，缓解心理矛盾。好的教育效果离不开好的教材，本教材在追求教育效果方面突出强调了应用的价值，并体现在教材的撰写中。

本教材（修订版）经浙江省本科高校教学指导委员会评审，被浙江省教育厅列入2010年度浙江省“十一五”高校重点教材建设项目。我相信，这本教材的再版一定能够使公安大学生获得更多的收益。

浙江警察学院党委书记 王和

二〇一一年八月

目录
Contents

第一章 导 论 …………………………………………………… (1)

第一节 公安大学生与心理健康 …………………………………… (1)
第二节 公安大学生心理健康标准 ………………………………… (6)
第三节 加强公安大学生心理健康教育与训练 …………………… (12)
第四节 大学生心理健康综合测量 ………………………………… (14)

第二章 公安大学生的自我意识完善 ……………………………… (24)

第一节 自我意识概述 ……………………………………………… (24)
第二节 公安大学生自我意识存在的缺陷 ………………………… (28)
第三节 公安大学生自我意识完善的有效途径 …………………… (34)
第四节 自卑倾向自测 ……………………………………………… (38)

第三章 公安大学生健全人格的塑造 ……………………………… (42)

第一节 人格概述 …………………………………………………… (42)
第二节 公安大学生健全人格 ……………………………………… (57)
第三节 公安大学生健全人格的塑造 ……………………………… (64)
第四节 气质类型测试 ……………………………………………… (66)
第五节 内、外向性格测试 ………………………………………… (69)

第四章 公安大学生的健康情绪 …………………………………… (73)

第一节 情绪概述 …………………………………………………… (73)
第二节 公安大学生的情绪调适 …………………………………… (76)
第三节 公安大学生的情商 ………………………………………… (86)
第四节 情绪稳定性自我测验量表 ………………………………… (91)
第五节 情商测试量表 ……………………………………………… (94)

第五章　公安大学生的适应与心理健康 ……………………………… (98)
第一节　适应心理概述 …………………………………………………… (98)
第二节　心理适应的内部机制 …………………………………………… (100)
第三节　公安大学生的角色变化与社会适应能力培养 ………………… (104)
第四节　适应能力测验 …………………………………………………… (109)
第六章　公安大学生的压力与心理健康 ……………………………… (114)
第一节　压力概述 ………………………………………………………… (114)
第二节　公安大学生的压力特点与分析 ………………………………… (121)
第三节　公安大学生的压力管理 ………………………………………… (125)
第四节　压力诊断量表 …………………………………………………… (139)
第七章　公安大学生的学习与心理健康 ……………………………… (141)
第一节　学习与心理健康概述 …………………………………………… (141)
第二节　公安大学生的学习心理分析 …………………………………… (147)
第三节　公安大学生常见的学习心理障碍及其调适 …………………… (161)
第四节　考试焦虑综合诊断量表 ………………………………………… (169)
第八章　公安大学生的人际交往与心理健康 ………………………… (174)
第一节　人际交往理论概述 ……………………………………………… (174)
第二节　公安大学生人际交往中存在心理误区 ………………………… (181)
第三节　公安大学生人际交往能力的培养 ……………………………… (185)
第四节　警察人际交往的特点、原则与技巧 …………………………… (194)
第五节　大学生人际关系和谐性测量 …………………………………… (197)
第九章　公安大学生的恋爱与心理健康 ……………………………… (200)
第一节　性心理与公安大学生的性健康教育 …………………………… (200)
第二节　公安大学生的恋爱心理 ………………………………………… (206)
第三节　公安大学生恋爱中的心理困惑及调适 ………………………… (215)
第十章　公安大学生网络心理健康与行为 …………………………… (224)
第一节　网络与大学生 …………………………………………………… (224)
第二节　网络对公安大学生心理行为的负面影响 ……………………… (230)
第三节　公安大学生健康的网络心理行为的培养 ……………………… (236)

第四节 大学生网络使用判断鉴别 …………………………………… (240)
第五节 网络成瘾的相关标准 …………………………………………… (241)

第十一章 公安大学生的职业规划和心理调适 ……………………… (243)

第一节 公安大学生的职业生涯规划 ………………………………… (243)
第二节 公安大学生择业的心理问题与调适 ………………………… (250)
第三节 确立人生的目标 ………………………………………………… (256)

第十二章 公安大学生心理咨询 ………………………………………… (258)

第一节 心理咨询概述 …………………………………………………… (258)
第二节 公安大学生心理咨询的对象、任务与分类 ………………… (261)
第三节 公安大学生心理咨询的程序、诊断技能与咨询形式 ……… (265)
第四节 公安大学生几类常见心理问题的咨询 ……………………… (270)

第十三章 公安大学生心理创伤、心理危机与危机干预 …………… (276)

第一节 心理创伤、心理危机与危机干预概述 ……………………… (276)
第二节 公安大学生可能遭遇的心理创伤及其处置 ………………… (281)
第三节 公安大学生的心理危机干预 ………………………………… (289)

第十四章 公安大学生的心理行为训练 ……………………………… (301)

第一节 心理行为训练概述 ……………………………………………… (301)
第二节 公安大学生心理行为训练的操作与实践 …………………… (305)

参考文献 ………………………………………………………………… (311)

后 记 ………………………………………………………………… (315)

第一章 导 论

第一节 公安大学生与心理健康

一、公安大学生心理健康教育是现实需要和时代发展要求的体现

加强大学生心理健康教育和训练工作是新形势下全面贯彻党的教育方针、实施素质教育的重要举措，也是培养全面发展创新人才的现实需要和时代发展要求。

2001—2005 年，教育部连续下发了《关于加强普通高等学校大学生心理健康教育工作的意见》（2001 年 3 月）、《普通高等学校大学生心理健康教育工作实施纲要（试行）》（2002 年 4 月）、《关于进一步加强高校学生管理工作和心理健康教育工作的通知》（2003 年 12 月）、《关于进一步加强和改进大学生心理健康教育的意见》（与卫生部、共青团中央联合发布）四个文件，就我国高等院校的大学生心理健康教育工作的重要意义、指导思想、基本任务、主要内容、方法途径、师资队伍建设以及加强领导与科学管理等作了全面的阐述和部署，并提出了具体的要求。教育部这些文件的下发，标志着我国大学生心理健康教育进入了一个新的时期。2011 年 2 月，教育部为深入贯彻落实全国教育工作会议、教育规划纲要，全国加强和改进大学生思想政治教育工作座谈会精神，以及进一步深入贯彻落实中共中央国务院《关于进一步加强和改进大学生思想政治教育的意见》，不断推进大学生心理健康教育工作科学化建设，又专门制订了《普通高等学校学生心理健康教育工作基本建设标准（试行）》，对大学生心理健康教育体制机制建设、师资队伍建设、教学体系建设、教育活动体系建设、心理咨询服务体系建设、心理危机预防与干预体系建设、大学工作条件建设七个方面提出了 22 条建设标准。这 22 条建设标准的出台，意味着我国大学生心理健康教育工作又向上迈出一个台阶。

多年以来，党和国家一直重视在校大学生的心理健康教育工作，全国各高等院校也将大学生心理健康教育列入整个教育体系之中。早在 20 世纪 90 年代，《中共中央关于进一步加强和改进学校德育工作的若干意见》（1994

年）就明确提出了“要通过多种方式对不同年龄层次的学生进行心理健康教育和指导，帮助学生提高心理素质，健全人格，增强承受挫折、适应环境的能力”。《中国普通高等学校德育大纲（试行）》（1995 年）也要求，把心理健康教育作为高等学校德育的重要组成部分。随后，全国各高等院校陆续将大学生的心理健康教育工作列入学校教育的体系，并采取积极的措施，大力推进大学生的心理健康教育工作。2000 年以来，党和国家针对社会政治形势、社会经济和社会文化以及大学生自身的一些具体情况的变化，进一步明确了深入加强大学生心理健康教育工作的要求，除了教育部等有关部委先后出台了一系列文件外，中共中央国务院又出台了《关于进一步加强和改进大学生思想政治教育的意见》，这个纲领性的文件充分显示了党和国家对大学生心理健康教育的高度重视，为我国大学生的心理健康教育工作进一步指明了方向。

在党和国家的高度重视和全国各高等院校的共同努力下，目前，我国大学生的心理健康教育工作已经逐步走上了科学化、规范化、专业化的发展道路，大学生的心理健康教育工作已经具有了一套完整的工作思路和方法。

开展大学生心理健康教育和训练工作，是以学生为本、满足学生成才要求的重要形式，是加强和改进大学生思想教育工作，是大学生思想教育工作在内容、途径、方法上的延伸、拓展和补充，是增强大学生思想政治工作的针对性、实效性和主动性的有力保证。

（一）加强大学生心理健康教育和训练是全面推动素质教育、培养高素质人才的现实需要和时代发展要求

大学是培养高素质人才的基地，担负着培养良好思想道德素质、科学文化素质、身体素质的全面发展人才的使命。在大学阶段，学生通过接受思想品德教育、学习科学文化知识，使自已成为一个有理想、有信念、有抱负，品德高尚，有事业心和责任心的人，这其中心理素质和心理健康水平具有重要的影响作用。心理健康教育和训练直接影响到大学生的心理发展水平，关系到人才素质的全面发展培养工作的成败。因此，加强大学生心理健康教育和训练工作是大学全面推进素质教育、培养高素质人才的现实需要和时代发展要求。

（二）加强大学生心理健康教育和训练必须以学生为本，促使学生成才成长，体现现实需要和时代发展要求

大学培养目标的对象是学生，所以培养大学生必须满足他们内在成长的需要，必须符合现实需要和时代发展要求。要把大学生培养成为未来祖国建设的合格接班人，必须要根据大学生的自身特点，全面贯彻科学发展观的精神，以学生为本，有针对性地进行教育，不断提高他们的心理素质和心理健康水平，以更好的状态去适应社会，迎接社会的挑战。

（三）加强大学生心理健康教育和训练，也是不断深入和改进大学生思想政治教育的现实需要和时代发展要求

大学生正处于人生发展的重要时期，在他们成长的过程中内心仍会存在许多困惑和矛盾，影响着他们理想信念、思想品德、良好行为的形成。通过包括心理健康在内的思想政治教育，有助于及时解决大学生内心存在的一些困惑和矛盾，从而形成正确的观点和行为。

思想政治教育包括思想教育、政治教育、道德教育和心理教育等，其中政治教育是核心，思想教育是重点，德育教育是基础，心理教育是前提。大学生的心理教育主要就是心理健康教育，大学生的心理健康教育和训练正常、有序、系统地进行，必然会提高他们的心理素质和心理健康水平，为大学生的思想教育、政治教育和德育教育提供良好的心理基础，必将对他们的理想信念、思想品德、行为养成起到促进作用。在加强和改进大学生思想政治教育的过程中，要使思想教育、政治教育、道德教育和心理教育相互补充、共同促进，既要遵循大学生思想政治品德教育的特点和规律，又要遵循大学生心理健康教育的特点和规律，将它们有机地结合起来，形成大学生思想政治教育的合力效应，充分体现思想政治教育的现实需要和时代发展要求。

公安大学生的心理健康教育与训练，要坚决贯彻党和国家的方针政策，结合教育部和公安部文件的要求，紧密联系公安大学生的实际情况，既要考虑到公安大学生是普通大学生这一群体的组成部分，具备大学生成长过程中的普遍特点和规律，又要考虑到公安大学生是一个相对特殊的群体，培养合格公安应用人才需要符合一些特殊的要求。因此，公安院校应该针对公安大学生的特点，站在全面推进素质教育、培养高素质的中国特色社会主义事业的建设者和接班人的高度，站在进一步加强和改进公安大学生思想政治教育的高度，充分认识当前加强和改进公安大学生心理健康教育的重要性，坚持科学发展观的思想，以人为本，联系实际，抓住有利时机，努力提高公安大学生的心理健康水平，不断增强公安大学生的心理素质。

二、公安大学生面临的心理健康问题

总的来说，当代大学生（包括公安院校的大学生）的心理是健康的，但是由于国情特点以及整个社会心理因素的影响，当代大学生必然也反映出自身的特点——一个承载社会、家长高期望值的特殊群体，自我定位比较高，成才欲望非常强，而同时社会阅历又比较浅，心理发展尚不够成熟，情绪容易出现波动，尤其是他们之中独生子女多，在其成长过程中表现出依赖多于独立，自我中心比较明显，承受挫折的能力较弱等现象。进入大学后，大学生将面临更多的、更为复杂的社会环境、家庭环境和学校环境因素的影响。

随着社会阅历的扩展、竞争压力的增加以及思维方式的变化，大学生们面临的学业、经济、情感、就业等压力越来越大，在学习、生活、人际交往和自我意识等方面可能会遇到各种各样的心理问题。

由于心理问题引发的大学生退学、休学、出走以及违法犯罪等事件也屡有发生，尤其是个别高校接连发生了大学生因为心理异常而引发的自杀、凶杀等严重事件。浙江大学教授马建青等人曾对全国六大区16所有代表性的高等院校600余名大学生做了心理健康自评量表SCL－90测查，测查结果显示，有22.35%的大学生在该量表的9个指标中至少有一个呈现出其心理存在异常。上海师范大学王群教授在其论述大学生心理健康的专著中指出，全国每年因心理疾病退学的大学生占退学学生总人数的54.4%。南京危机干预中心曾对南京大学自杀现象进行了研究，发现大学生自杀率约为2‰，全国各地高校发生的大学生自杀现象也屡见不鲜。除此之外，大学生违法犯罪现象也频频发生，震惊全国、触目惊心，如2004年2月云南大学马加爵杀害4位同学的案件、2011年10月西安音乐学院药家鑫驾车撞人后并行凶刺死受害人的案件、2011年4月上海浦东国际机场留日学生汪某刺伤母亲的案件等。因此，重视和研究大学生的心理健康、引导大学生排除心理障碍、培养大学生健康的心理素质是高校教育的一个重要任务。

从目前对在校大学生的具体情况分析来看，大学生的心理健康问题主要表现在以下几个方面：

（一）学业问题

学业问题主要包括学习压力和专业兴趣问题。大学生们在中学时代都曾经是学习上的佼佼者，进入大学后，由于各种因素的影响，许多同学的学习成绩不能如愿，有的同学甚至与学习成绩好的同学相比感觉差距较大，无法实现自己的愿望，于是总感到对不起家长的殷切期望和教师的谆谆教导，产生很大的心理压力。

有些同学对自己所学的专业缺乏学习的兴趣，因而情绪抵触和低落，陷入学习被动甚至发生放弃学习的行为。产生厌学现象的主要原因可能是起初对专业不了解；或因外力作用“被迫”选择本专业；或学习后发现本专业发展前途不大；或对本专业学习的艰苦性估计不足，遇到困难望而却步，等等。对专业学习缺乏兴趣和情绪抵触，容易造成心理压力。

（二）生活和情感问题

有些同学由于家庭经济比较困难，生活来源和学费来源主要依靠助学或借款等，他们当中的许多人在完成学业的同时，还要千方百计地勤工俭学，以通过自己的努力，以微薄的收入来减轻家庭的负担，心理上的压力很大。

进入大学后，大学生在情感方面会出现一些明显的变化，主要表现在爱情方面。在大学生校园内，大学生的恋爱现象较为普遍，对于那些处于热恋之中的同学来说，在享受爱情的甜蜜的同时，也会带来一系列的复杂、独特而又微妙的情感体验，容易使他们产生心理上的压力。当然，对于公安大学生来说，这种情感的体验又是另外一番滋味。公安院校的学生管理规定中明确指出了学生在校学习期间一律不能恋爱，这从管理和纪律要求的角度使学生在心理上、情感上出现了矛盾，产生了压力。

（三）人际关系问题

进入大学后，面对新的环境，大学生们的同学关系和师生关系与中学时代相比，都发生了很大的变化。由于经济文化背景的不同、生活习惯和行为方式的不同、思想观念和价值标准的不同以及个性特征差异等，都会使大学生在人际交往中感到某些紧张或不够协调，产生一定程度的压力。人际关系紧张是大学生最常见的心理困惑。

（四）就业问题

进入大学后，同学们对自己的前途由憧憬转变为现实。在高考志愿的填报中，许多同学往往是凭着一股热情和理想，或是根据别人对专业的看法而填报的，带有较大的理想成分。进入大学后，他们都从职业准备的角度来思考自己的前途，将就业形势、社会人才需要、实际工作的情况以及自己的主观愿望结合起来，权衡考虑，为自己是否能够找到一个理想职业、顺利走上工作岗位而感到担忧。在公安院校，由于招生和分配体制的改革，打破了以往招生即招警的局面，使得在校的大学生再也不能高枕无忧了。毕业即分配就业的铁饭碗被打破，预示着公安大学生必须加倍努力学习，在激烈的竞争中求得自己的生存空间。这样，也会给他们带来心理上的压力。

（五）社会评价

大学期间的各种社会奖励和处罚以及荣誉地位等也常常会引起大学生的心理困惑。在校期间，每学期或每学年的各类考评、评比、竞赛（如入党积极积极分子、奖学金获得者、三好学生、优秀学生干部、单项积极分子、竞赛获奖者等）对大学生的生活和未来前景都可能带来一些潜在的影响，可能使他们联系自己的利益而计较其中，从而产生心理矛盾，出现心理压力。

（六）心理疾病

心理疾病主要包括神经衰弱、焦虑性神经症、强迫性神经症、抑郁性神经症以及人格障碍、情感障碍、精神分裂等。这些心理疾病的产生，使患者难以坚持正常的校园学习和生活。

上述这些问题同样也反映在公安大学生身上。与普通院校的大学生一样，公安大学生既要承载学业、生活节奏和就业的压力，又要承载纪律作风、严格训练和未来执法要求的压力。因此，从某种程度而言，与普通大学生相比，他们承载的压力也许会更大些，心理健康问题也许会更加突出。

第二节 公安大学生心理健康标准

一、健康的新理念

健康是人生存的根本，也是事业的基础，健康对于个人来讲是非常重要的。只有健康的人才能更好地学习、工作和生活，才能达到人的全面发展。

健康是一个具有强烈时代感的综合概念，随着科学、文化和社会的不断发展，人们对健康概念的认识也发生了很大的变化，已不再将健康简单地看做生物医学模式下的机体生理方面的问题，而是将其拓展，与心理、社会因素联系起来，将其看做生物—心理—社会医学模式下的问题。按照生物—心理—社会医学模式的观点，健康就是指身体发育良好，无疾病，体魄健壮，而且具有良好的心理素质和心理状态。从本质上看，健康就是身心健康的统一。

早在1948年，世界卫生组织（WHO）就提出了关于健康的比较全面的概念，认为：健康是一种完整的躯体、心理和社会的良好状态，而不仅仅是没有疾病和伤残。1989年该组织又进一步提出，健康应该包括躯体健康、心理健康、社会适应良好和道德健康。实际上强调了健康是以物质为基础，发展良好的心理健康和良好的社会适应、道德健康的统一体。同时，世界卫生组织还将健康具体化，提出了10大标准：

（1）有充沛的精力，能从容不迫地担负日常工作和生活，而不感到疲劳和紧张；

（2）积极乐观，勇于承担责任，心胸开阔；

（3）精神饱满，情绪稳定，善于休息，睡眠良好；

（4）自我控制能力强，善于排除干扰；

（5）应变能力强，能适应外界环境的各种变化；

（6）体重得当，身材匀称；

（7）眼睛炯炯有神，善于观察；

（8）牙齿清洁，无空洞，无疼痛，无出血现象；

（9）头发有光泽，无头屑；

（10）肌肉和皮肤富有弹性，步态轻松自如。

显而易见，上述的健康标准，不仅包含了通常意义上的生理方面的健康，还包含了心理意义上的健康。由此可见，一个人的生理、心理和社会适应都处于完满状态时，才算是真正的健康。

二、心理健康

关于心理健康的概念，早在1946年的第三届国际心理卫生大会就曾经给出了比较全面的定义：心理健康是指个体在身体上、智力上以及情感上与他人的心理健康不相矛盾的范围内，将自己的心境发展成最佳的状态。这个定义是把心理健康放在与他人的比较中来界定的。如果一个人与其他人相比较，符合同龄人阶段大多数人的心理发展水平，那么这个人的心理健康水平就属于正常范围，也就是说，他的心理是健康的，反之就是不健康的。

然而，时代的发展已经对个体心理健康水平的发展提出了更高的要求。有学者将心理健康定义为：不仅是指个体没有心理上的疾病或变态，而且还指个体生理上、心理上和社会上均能保持最佳的状态。这个定义着重将生理、心理、社会三个方面的含义概括在了其中。

从生理方面考虑，一个心理健康的人，他的身体状况尤其是神经系统应该无任何疾病，其功能是在正常范围的，并无不健康的体质遗传。健康的心理必须以健康的身体为其先决条件，有了健康的身体，个人不论在认知、情绪、意志和行为上，都能正常运作。

从心理方面考虑，一个心理健康的人，必须对自我持肯定的态度，能认识自己，明确自己的潜能、优势和弱点，并且能够有意识地发展自我。在自我发展方面和人际和谐方面能兼顾。人格发展健全，能积极面对现实，而不依赖消极的心理防御。

从社会方面考虑，一个心理健康的人，在社会环境中具有较好的适应能力，能够较好地处理人际关系，其行为表现符合生活环境中的文化标准而没有出现离奇古怪的现象，角色扮演符合社会的要求，与社会环境保持良好的接触，并且能够为社会作贡献。

由此可见，心理健康是一个多方面要求整合起来的复合概念。心理学家为此也做了大量的研究，提出了相关的具体标准。

国际心理卫生大会（1946年）提出的心理健康标准是：

（1）身体、智力、情绪十分调和；

（2）适应环境，人际关系中彼此能谦让；

（3）有幸福感；

（4）在工作中和职业中，能充分发挥自己的能力，过有效的生活。

美国人本主义心理学家马斯洛（A. H. Maslow）等人认为，心理健康有10条标准：

（1）对环境有充分的适应能力，具有充分的安全感；

（2）对自己有充分的了解，并能恰当地评价自己的能力；

（3）自己的生活理想和目标符合实际；

（4）能够与周围环境保持良好的接触；

（5）能够保持自身人格的完整与和谐；

（6）具备能够从经验中学习的能力；

（7）能够保持适当的和良好的人际关系；

（8）适度的情绪发泄与控制；

（9）在不违背集体意志的前提下，有限度地发挥自己的个性；

（10）在不违背社会规范的情况下，基本需要能够适度满足。

我国心理健康教育工作者王登峰等人认为，可以把心理健康概括为8条标准：

（1）了解自我，悦纳自己；

（2）接受他人，善与人处；

（3）正视现实，接受现实；

（4）热爱生活，乐于工作；

（5）能够协调与控制情绪，心境良好；

（6）人格完整和谐；

（7）智力正常，智商在80以上；

（8）心理行为符合年龄特征。

学者马建清等人（2004年）则将心理健康概括为7条标准：

（1）智力正常；

（2）能够协调与控制情绪，心境良好；

（3）具有较强的意志品质；

（4）人际关系和谐；

（5）能动地适应和改造现实环境；

（6）保持人格的完整和健康；

（7）心理行为符合年龄特征。

在谈到心理健康问题的时候，涉及了一个被称为“亚健康”的概念。个体身上出现多种不适的病理现象，而且经医院检查又未能发现其器质性病变，没有更多有效的方法加以治疗，这种状态被称为亚健康状态。

亚健康实际上是相对于生理和心理健康而言的，人的亚健康往往是由于工作与学习过度紧张，而且心理承受能力不够造成的。亚健康的特征表现为人特别容易疲劳，在心理方面可以表现出多种现象。美国心理学家梅尔查斯认为，亚健康具有四种明显的特征：情绪低落，自卑失助，放任冲动和角色混乱。

也有心理学家指出，现代人陷入亚心理健康状态有7大信号：

(1) 焦虑感;

(2) 罪恶感;

(3) 疲倦感;

(4) 烦乱感;

(5) 无聊感;

(6) 无助感;

(7) 无用感。

其中,任何一种信号出现,个体都必须引起高度重视,进行自我心理调节,维护健康心理。

三、公安大学生心理健康的标准

作为大学生群体的组成部分,公安大学生的心理健康与普通大学生相比,有更高的标准:

(一) 智力正常

智力,是指一个人的认识能力与活动能力所达到的水平,是人的观察力、注意力、记忆力、想象力、思维力、创造力和实践活动能力等的综合。

智力正常是大学生学习、生活、工作的最基本的心理条件,是大学生胜任学习任务、适应周围环境变化需要的心理保证,因此,它是衡量大学生心理健康的首要标准。公安大学生在智力方面的要求更为突出,不仅需要一般大学生所具有的正常智力水平,更需要的是为适应公安工作所不可缺少的综合能力。

(二) 情绪健康

情绪健康的主要标志是情绪稳定和心情愉快。这是大学生心理健康的重要标志,因为情绪在心理变态中起着核心的作用,情绪异常往往是心理疾病的先兆。

公安大学生应该保持稳定、乐观向上的情绪,没有不必要的紧张感和不知名的不安感,具有经常保持开朗心情的特点,热爱学习、工作和生活;在危急的时刻,能保持冷静,遇事不慌,及时采取相应的措施。

(三) 意志坚定

意志的表现主要体现在个体对自己行为的自觉调节方式和水平方面,也是个人心理健全的重要方面。意志健全的大学生能够在各种活动中都有自觉的目的性,能适时地作出决定并运用切实有效的方法解决所遇到的各种问题,在困难和挫折面前能采取合理的反应方式,能在行动中控制情绪和言行,而不是顽固执拗、言行冲动、行动盲目、轻率鲁莽,或害怕困难、意志薄弱、优柔寡断。

公安大学生更加需要坚强的意志品质，有较强的控制能力，尤其是要具备身陷困难之际或危险之时，能够临危不惧、当机立断，以冷静的心态、快速的反应、坚定有力的措施应对的意志品质。

（四）人格健全统一

人格健全统一，实际上是指个人所思、所想、所做都能得到协调一致。大学生的人格健全统一的标志如下：

（1）人格结构的各个要素完整统一；

（2）具有正确的自我意识，不产生自我同一性混乱；

（3）以积极进取的人生观作为人格的核心，并以此为中心把自己的需要、愿望、目标和行为统一起来。

人格的核心是人生观和信念。正确的人生观和信念能够把人的思想统一起来，使个体的整个人格得到正常的发展。一般来说，人生观和信念是比较稳定的，而个人的需要、愿望等则会随时间、环境的变化而变化。但是，如果个人的欲望与信念相违背、私欲和良心相冲突、行为和思想相矛盾，面对这样的情况，一个心理健康的人能够抵御外界的诱惑，在人生的信念上不改初衷，保持人格的统一性。但是，如果信念向私欲投降，个人欲望淹没了良心，行为与思想分离，那么人格必将分裂，在一个人身上同时并存双重人格或多种人格。

因此，公安大学生更要具备良好、健全和统一的人格，保持需要、兴趣、动机、理想、信念、价值观、世界观等因素与外显行为的和谐统一。作为预备警官的公安大学生，通过良好人格的培养，能够在未来更好地为社会服务、为人民服务。

（五）自我评价正确

正确的自我评价也是大学生心理健康的重要条件。大学生是在与现实环境、与他人相互关系中，在自己的实践中认识自己的。一个心理健康的大学生对自己的认识应该比较接近现实，有“自知之明”，对自己的优点感到欣慰，但又不至于狂妄自大；对自己的弱点既不回避，也不自暴自弃，而是善于正确地“自我接受”。心理健康的人应该是一个有自知之明的人。

公安大学生应该具有较强的自我评价能力，能够保持正确的自我意识，对自己有正确的评价，既不过高又不过低，自我感觉好，自信心强，自尊心适度。

（六）适应能力强

进入大学以后，大学生要完成中学生向大学生的角色转变，承担起大学生的历史使命和责任，适应大学的学习特点和方法，适应大学的各种人际交往，适应大学所处的自然环境和社会环境。有些大学新生，由于独立生活能力太差，或者不适应大学的学习方法，而出现心理障碍，严重影响学习和身体健康。

适应分积极和消极的适应方式。消极的适应方式以不违反社会规范为目标，处处小心行事，从不敢越雷池一步，这种人遵守社会公德并不是出于“道德心”，而是害怕遭到惩罚。为此，他们可能放弃个人的合理需要。积极的适应方式则是努力将个人的需要和社会需要结合起来，在推动社会进步的同时，也促进个人的发展，他们不把社会规范当做“清规戒律”，也不刻意地墨守成规，而是根据各种环境因素，作出适合的反应。

公安大学生应该更加注重适应能力的培养，掌握社会中公认的思想观念和行为方式。良好的适应能力不但可以保证公安大学生顺利完成学业，而且还可以使他们在严格警务化管理的条件下，顺应各项规范化的要求和规定，更为重要的是他们将来走上工作岗位后，可以更快、更好地完成自己的工作任务。

（七）人际关系和谐

在学校生活中，同学们的人际关系主要有同学关系和师生关系。人际关系可以看成心理相容关系或心理相拒关系，要求每个人和他所认识的人都保持心理相容关系是不现实的，因为影响人际关系的因素很多。但是，一个健康的人应该具有比较和谐的人际关系，具体表现如下：

（1）与人相处有合作精神，而不是格格不入，甚至处处与人作梗；

（2）在待人的态度方面，通常是肯定的态度（如友善、信任、赞赏、尊敬等）多于否定的态度（如敌意、猜疑、嫉妒、恐惧等）；

（3）在归属感方面，希望为群体所接纳，成为其中的一员，而不是避开人群，独往独来，与他人从不接触交流。

良好的人际关系，反映在大学生身上，实际上就是一种乐于与他人交往，并在与他人交往中享受乐趣、获得他人尊重的过程。

公安大学生应该掌握一定的人际交往技巧，学会与大多数人保持良好的人际关系，这不但能够愉悦自己的心情，而且可以通过人际交往技巧的学习和掌握，为将来更好地工作打下基础。

（八）心理行为符合年龄特征和性别特征

对于大多数心理健康的人来说，应该具备心理、社会、生理、实际年龄基本一致的表现，“既不少年老成，也不过于幼稚”。如果这些“年龄”所反映出来的特征之间的差距太大，那么就应该努力通过心理和行为调整，使之相协调或吻合。

每个人都可以将年龄划分为四种：

（1）实际年龄，指的是自然的年龄。

（2）心理年龄，是指每个人具有的心理成熟期与发展阶段的特征。由于每个人的心理健康状况不一样，有的人超越了自己的心理期，称为心理年龄提前，反之，心理年龄发展迟缓。如果一个人的心理行为经常严重偏离自己的年龄特征，就是心理不健康的表现。

（3）生理年龄，是指生理发育成长的实际情况，与实际年龄有差异。每个人所处地理环境、营养条件等的不同，会造成生理年龄与实际年龄的差异。例如，热带地区的人生理发育早，生理年龄大于实际年龄；寒带地区的人或营养不良的人，生理发育要迟于实际年龄。

（4）社会年龄，是指一个人处世待人、适应社会能力的强弱。有的人老练，有的人幼稚。

同样，一个心理健康的人，他的行为必然与其性别角色相称。当然，女性的行为中包含一点“男人味”，或者男性行为带一点女性色彩，并不能简单地视为异常。通常，人们对这类行为是能够容忍的，尤其是对女性行为中的男性化，不少人表示赞赏。但是，超过一定的限度，则可能成为变态心理。

公安大学生应该在日常生活中学会如何协调自己的各种行为，使之符合自己的年龄特征和性别特征。

第三节　加强公安大学生心理健康教育与训练

公安大学生心理健康教育与训练是一项非常重要的工作，必须引起高度重视。公安要在党中央、国务院指示精神之下，遵照教育部、公安部有关文件的要求，通过加强领导、协调和组织，积极开展公安大学生的心理健康教育和训练，使公安大学生的心理健康教育和训练达到应有的水平。

一、进一步明确心理健康教育与训练的重要意义

要进一步明确公安大学生心理健康教育与训练的重要意义。公安院校大学生心理健康教育和训练工作是为培养维护社会稳定、保障经济建设顺利进行、有力打击违法犯罪活动的高素质公安应用人才这一目标服务的，是公安高等院校人才培养体系中重要的组成部分。同时，从长远看也是为了加强公安队伍建设的客观要求，是落实从优待警方针、改进公安思想政治工作的重要举措。

公安院校培养的大学生，他们肩上所担负的责任与普通大学生有很大差异，毕业后所从事工作的性质与普通大学毕业生也不同。公安工作的性质和职责决定了公安大学生在校期间必须接受良好的心理健康教育和训练，健康的心理状况和过硬的心理素质是公安大学生走上工作岗位后更快地适应公安

工作、更好地做公安工作的前提条件之一。所以，在培养合格公安大学生的过程中，要充分认识加强公安大学生的心理健康教育和训练的重要性、必要性和紧迫性，从讲政治、讲大局、讲稳定的高度，从加强公安工作和公安队伍建设的高度来看待，不能有任何忽视和松懈。

公安部从2005年起，针对在职公安民警的心理健康教育与训练，先后下发了诸如《关于进一步加强公安民警心理健康工作的意见》（公发〔2005〕15号）、《关于进一步加强公安民警身心健康保护工作的意见》（公通字〔2007〕65号）等文件，对民警心理健康保护工作进行了专门部署。由此可见公安部对在职公安民警的心理健康教育和训练的重视程度。针对作为预备警官的公安大学生，加强对他们的心理健康教育和训练应该紧密结合公安部文件精神，按照在职民警心理健康教育和训练的要求进行，既要考虑到公安大学生的思想发展水平、身心发展水平的实际情况，也要考虑到公安大学生作为未来警官的培养要求，切实做好心理健康教育和训练的各项工作，培养出高素质、符合公安工作要求的合格人才。

二、充分利用校园阵地，积极开展心理健康教育与训练

公安大学生的心理健康教育和训练，主要以课堂教育和训练的形式进行，并辅以其他相关的有效形式。根据教育部关于大学生心理健康教育的意见和工作要求，切实做好落实工作，设置专门的课程，使学生受到必要的心理健康教育和训练。同时，还应根据学生的实际需要，积极开展相关的讲座、报告等活动。

要积极开展学生的心理健康状况普查和测评工作，建立科学的学生心理健康测评机制，做到测评、筛选、干预、跟踪、矫治一体化，及时或尽早发现学生的心理健康问题，积极采取有效措施，进行干预和控制，使学生的心理健康教育和训练更有针对性、科学性，从而不断提高学生的心理健康教育和训练水平。

三、开展多种形式的心理健康教育与训练活动

要积极支持和引导学生成立自己的心理健康教育与训练社团组织，积极有效地开展各项生动活泼、丰富多彩的心理教育与训练活动，激发学生参与的兴趣和热情，使他们加深对心理健康知识的理解和掌握，并在活动中解决一些学习、生活中的心理困惑，从而提高学生的心理健康素质。

充分利用学校广播、电视、计算机网络、校刊（报）、宣传橱窗、专题宣传板报等有效媒体，多渠道、多形式地开展较为全面的宣传活动，普及心理健康知识。

要积极开展心理健康和发展辅导以及心理咨询活动，面向全体学生，通过诸如个别咨询（包括当面咨询、电话咨询、网络咨询等）、团体辅导活动、心理训练等多种形式，经常、及时、有效地向学生提供心理健康指导和服务。在心理辅导和咨询过程中，如果发现存在严重心理障碍或心理疾病的学生，应该及时将他们转入或介绍到专门的心理健康机构进行进一步治疗。

学生管理干部或相关的教师也要积极参与到学生心理健康教育和训练工作之中，可以利用日常思想教育和生活管理或与学生接触的过程中发现心理问题，及时帮助学生解决。

四、公安大学生要增强学习心理健康知识的自觉性，努力提高自我心理健康水平

公安大学生要不断增强学习心理健康知识的自觉性，积极主动地参与心理健康教育和训练的各项活动，努力提高自我心理健康水平。

心理健康知识是公安大学生增进自我了解、有效自我调节的理论武器。同学们通过系统地学习心理健康知识和参与心理训练，可以更好地将所学到的知识运用于实际中，可以借助于所学的理论知识有效地进行自我调节。

要积极参与各项社会文化交往活动（如校际之间的同学文化活动）、社会实践活动（如假期的课外见习实践活动），通过参与各项有益的活动，使自己情绪得到陶冶、意志得到锻炼、才智得到发展、社会经验得到积累，从而促进心理的健康发展。

要注意培养自我良好的生活习惯，因为良好的生活习惯是个人身心健康的重要保证。生活习惯（包括生活规律、学习规律等）良好的同学，往往在心理健康方面比其他同学更有明显的表现。

要学会及时发现问题、及时寻求心理咨询和帮助。公安院校的大学生心理负担在某种程度上还是比较大的，因此，同学们要学会及时发现自己的心理问题，积极采取有效的方法进行各种自我调节。如果自我调节有困难，应该及时寻求帮助，找学校的心理辅导老师或专业人员，以便妥善解决各种心理问题，使心理健康及时得到恢复。

第四节　大学生心理健康综合测量

对大学生心理健康状况进行综合诊断所使用的量表，目前国内使用得比较多的主要是身心症状自评量表（SCL－90）。身心症状自评量表，是由我国一些心理学工作者在国外有关量表的基础上改编而成的。它适合于具有中等以上文化程度的心理健康受测者，尤其是大学生团体的心理健康普查工作。

由于简便、实用而有价值，该量表被广泛地应用于心理健康测量和心理咨询中。

【指导语】

以下列出了一些人可能会有的问题，请仔细阅读每一条，然后根据最近一星期来自己的实际感觉，选择最符合您的一种情况，并在每个项目后面所附的备选答案的相应编号上画“○”。其中选“没有”时在A上画“○”，选“较轻”时在B上画“○”，选“中等”时在C上画“○”，选“较重”时在D上画“○”，选“严重”时在E上画“○”。

【问卷项目】

(1) 头痛 A B C D E
(2) 神经过敏，心中不踏实 A B C D E
(3) 头脑中有不必要的想法或字句盘旋 A B C D E
(4) 头昏或昏倒 A B C D E
(5) 对异性的兴趣减退 A B C D E
(6) 对旁人责备求全 A B C D E
(7) 感到别人能控制自己的思想 A B C D E
(8) 责怪别人制造麻烦 A B C D E
(9) 健忘 A B C D E
(10) 担心自己衣饰的整齐及仪态的端正 A B C D E
(11) 容易烦恼和激动 A B C D E
(12) 胸痛 A B C D E
(13) 害怕空旷的场所或街道 A B C D E
(14) 感到自己的精力下降，活动减慢 A B C D E
(15) 想结束自己的生命 A B C D E
(16) 听到旁人听不到的声音 A B C D E
(17) 发抖 A B C D E
(18) 感到大多数人都不可信任 A B C D E
(19) 胃口不好 A B C D E
(20) 容易哭泣 A B C D E
(21) 同异性相处时感到害羞不自在 A B C D E
(22) 感到受骗、中了圈套或有人想抓住自己 A B C D E
(23) 无缘无故地突然感到害怕 A B C D E
(24) 自己不能控制地大发脾气 A B C D E

(25) 怕单独出门 A B C D E
(26) 经常责怪自己 A B C D E
(27) 腰痛 A B C D E
(28) 感到难以完成任务 A B C D E
(29) 感到孤独 A B C D E
(30) 感到苦闷 A B C D E
(31) 过分担忧 A B C D E
(32) 对事物不感兴趣 A B C D E
(33) 感到害怕 A B C D E
(34) 感情容易受到伤害 A B C D E
(35) 旁人能知道您的私下想法 A B C D E
(36) 感到别人不理解您、不同情您 A B C D E
(37) 感到人们对您不友好、不喜欢您 A B C D E
(38) 做事必须做得很慢以保证做得正确 A B C D E
(39) 心跳得很厉害 A B C D E
(40) 恶心或胃部不舒服 A B C D E
(41) 感到比不上他人 A B C D E
(42) 肌肉酸痛 A B C D E
(43) 感到有人在监视您、谈论您 A B C D E
(44) 难以入睡 A B C D E
(45) 做事必须反复检查 A B C D E
(46) 难以作出决定 A B C D E
(47) 怕乘电车、公共汽车、地铁或火车 A B C D E
(48) 呼吸有困难 A B C D E
(49) 一阵阵发冷或发热 A B C D E
(50) 因为感到害怕而避开某些东西、场合或活动 A B C D E
(51) 脑子变空了 A B C D E
(52) 身体发麻或刺痛 A B C D E
(53) 喉咙有梗塞感 A B C D E
(54) 感到没有前途、没有希望 A B C D E
(55) 不能集中精神 A B C D E
(56) 感到身体的某一部分软弱无力 A B C D E
(57) 感到紧张或容易紧张 A B C D E
(58) 感到手或脚发硬 A B C D E
(59) 想到死亡的事 A B C D E

(60) 吃得太多 A B C D E
(61) 当别人看着您或谈论您时感到不自在 A B C D E
(62) 有一些不属于您自己的想法 A B C D E
(63) 有想打人或伤害他人的冲动 A B C D E
(64) 醒得太早 A B C D E
(65) 必须反复洗手、点数目或触摸某些东西 A B C D E
(66) 睡得不稳不深 A B C D E
(67) 有想摔坏或破坏东西的冲动 A B C D E
(68) 有一些别人没有的想法或念头 A B C D E
(69) 感到对别人神经过敏 A B C D E
(70) 在商店或电影院等人多的地方感到不自在 A B C D E
(71) 感到做任何事情都很困难 A B C D E
(72) 一阵阵恐惧或惊恐 A B C D E
(73) 感到在公共场合吃东西很不舒服 A B C D E
(74) 经常与人争论 A B C D E
(75) 单独一人时神经很紧张 A B C D E
(76) 感到别人对您的成绩没有作出恰当的评价 A B C D E
(77) 即使和别人在一起也感到孤单 A B C D E
(78) 感到坐立不安、心神不定 A B C D E
(79) 感到自己没有什么价值 A B C D E
(80) 感到熟悉的东西变得陌生或不像是真的 A B C D E
(81) 大叫或摔东西 A B C D E
(82) 害怕会在公共场合昏倒 A B C D E
(83) 感到别人想占您的便宜 A B C D E
(84) 为一些有关“性”的想法而很苦恼 A B C D E
(85) 您认为应该因为自己的过错而受到惩罚 A B C D E
(86) 感到要赶紧把事情做完 A B C D E
(87) 感到自己的身体有严重问题 A B C D E
(88) 从未感到和其他人很亲近 A B C D E
(89) 感到自己有罪 A B C D E
(90) 感到自己的脑子有毛病 A B C D E

【评分规则】

若选A计1分，选B计2分，选C计3分，选D计4分，选E计5分。将因子F1（躯体化）、F2（强迫）、F3（人际关系敏感）、F4（抑郁）、F5（焦虑）、F6（敌意）、F7（恐怖）、F8（妄想）、F9（精神病）、F10（其他）各自所包含的项目的分别累计相加，即可得到各自因子的累计得分；将各个因子的累计得分除以其相应的项目数，即得到各个因子的因子分数——T分数。例如，若躯干化一项合计分为8，题目数为8，则因子分数为1。如果将各个因子分数相加，即可得到总因子分数。此外，若将整个问卷的总项目数减去A（即代表“没有”）的答案项，还可得到反映症状广度的阳性项目数（见表1－1）。

表1－1　SCL－90测验答卷得分换算表

因子	所属因子的项目编号	累计得分	T分数 （S/项目数）
F1	1，4，12，27，40，42，48，49，52，53，56，58		
F2	3，9，10，28，38，45，46，51，55，65		
F3	6，21，34，36，37，41，61，69，73		
F4	5，14，15，20，22，26，29，30，31，32，54，71，79		
F5	2，17，23，33，39，57，72，78，80，86		
F6	11，24，63，67，74，81		
F7	13，25，47，50，70，75，82		
F8	8，18，43，68，76，76，83		
F9	7，16，35，62，77，84，85，87，88，90		
F10	19，44，59，60，64，66，89		
阳性项目总数：（＝90－选A的项目数）		总累计得分：	总因子分数：

【结果解释】

SCL－90测查结果的解释可以从许多角度进行。既可从整个量表（90个题目）中的阳性症状广度和总因子分数出发来宏观评定被试心理障碍大体情况，又可以从统计原理出发，对被试的某一因子得分偏离长模团体均数的程度加以评价。

表 1－2 给出的是 SCL－90 测量结果的常模。该常模给出了各种因子的平均数（X）和标准差（SD）。一般而言，如果某因子分数偏离常模团体平均数达到两个标准差时，即可认为是异常。在对大学生进行心理健康测评和心理咨询过程中，比较粗略、简便、直观的判断方法是看因子分数是否超过 3 分（1～5 评分制），若超过 3 分，即表明该因子的症状已达中等以上的严重程度。在 0～4 评分制中，若超过 2 分，即表明该因子的症状达中等以上的严重程度。此时，应对受测大学生采取必要的心理治疗措施。

表 1－2　正常人 SCL－90 的因子分布

项目	X＋SD	项目	X＋SD
躯体化	1.34＋0.45	敌意	1.50＋0.57
强迫	1.69＋0.61	恐怖	1.33＋0.47
人际关系敏感	1.76＋0.67	妄想	1.52＋0.60
抑郁	1.57＋0.61	精神病	1.36＋0.47
焦虑	1.42＋0.43	阳性项目数	27.45±19.32

思考题：

1. 如何理解公安大学生心理健康教育是现实需要和时代发展要求的体现？
2. 公安大学生的心理健康问题主要表现在哪些方面？
3. 公安大学生的心理健康标准主要有哪些？
4. 公安大学生应该如何增强学习心理健康知识的自觉性，努力提高自我心理健康水平？

附录：

《普通高等学校学生心理健康教育工作基本建设标准》（试行）

（教思政厅〔2011〕1号）

加强和改进大学生心理健康教育是新形势下贯彻落实全国教育工作会议和《国家中长期教育改革和发展规划纲要（2010—2020年）》精神，促进大学生健康成长、培养造就拔尖创新人才的重要途径，是全面贯彻党的教育方针、建设人力资源强国的重要举措，是推动高等教育改革、加强和改进大学生思想政治教育的重要任务。为推进大学生心理健康教育工作科学化建设，根据《中共中央国务院关于进一步加强和改进大学生思想政治教育的意见》（中发〔2004〕16号）和《教育部　卫生部　共青团中央关于进一步加强和改进大学生心理健康教育的意见》（教社政〔2005〕1号）等文件精神，特制订本标准。

一、大学生心理健康教育体制机制建设

1. 高校应将大学生心理健康教育纳入学校人才培养体系。应成立专门工作领导小组，指定主管校领导负责，心理健康教育和咨询机构、学生工作部门、宣传部门、教务部门、人事部门、财务部门、安全保卫部门、后勤保障服务部门、校医院以及各院（系）、研究生院和相关学科教学研究单位等负责人为成员，负责研究制订大学生心理健康教育工作的规划和相关制度，统筹领导全校大学生心理健康教育工作。党委常委会或校长办公会应定期听取专门工作汇报，研究部署工作任务，解决存在的问题。

2. 高校应有健全的校、院（系）、学生班级三级心理健康教育工作网络，各级各部门应有明确的职责分工和协调机制。学校应有机构负责大学生心理健康教育和咨询，纳入学校思想政治教育工作体系，具体组织协调开展全校学生心理健康教育工作；院（系）应安排专兼职教师负责落实心理健康教育工作；组织学生班委会、党团支部等学生组织积极协助辅导员、班主任和研究生导师开展心理健康教育工作。

3. 高校应根据实际情况，研究制订大学生心理健康教育工作的意见或实施办法。应建立考核、奖惩机制，制订年度工作计划。

4. 高校应围绕心理健康教育和咨询机构的规范管理、心理危机预防与干预、心理咨询工作流程、心理健康教育课程教学、心理健康教育从业者职业道德规范等内容，建立健全各项规章制度。

二、大学生心理健康教育师资队伍建设

5. 高校应建设一支以专职教师为骨干，专兼结合、相对稳定、素质较高的大学生心理健康教育和心理咨询工作队伍。高校应按学生数的一定比例配备专职从事大学生心理健康教育的教师，每校配备专职教师的人数不得少于2名，同时可根据学校的实际情况配备兼职教师。

6. 高校应将大学生心理健康教育师资队伍建设纳入学校整体教师队伍建设工作中，加强选拔、配备、培养和管理。从事大学生心理健康教育的教师，特别是直接从事心理咨询服务的教师，应具有从事大学生心理健康教育的相关学历和专业资质。专职教师的专业技术职务评聘应纳入大学生思想政治教育教师队伍序列，设有教育学、心理学、医学等教学研究机构的学校，也可纳入相应专业序列。专兼职教师开展心理辅导和咨询活动应计算相应工作量。

7. 高校应重视大学生心理健康教育专兼职教师的专业培训工作，将师资培训工作纳入年度工作计划和年度经费预算。应保证心理健康教育专职教师每年接受不低于40学时的专业培训，或参加至少2次省级以上主管部门及二级以上心理专业学术团体召开的学术会议。适时安排从事大学生心理咨询的教师接受专业督导。应支持大学生心理健康教育教师结合实际工作开展科学研究。

8. 高校所有教职员工都负有教育引导学生健康成长的责任，要着力构建和谐、良好的师生关系，强化大学生心理健康教育的全员参与意识。学校应将心理健康教育内容纳入新进教师岗前培训课程体系。辅导员、班主任、研究生导师是大学生心理健康教育工作的重要力量，每年应为他们至少组织一次心理健康教育专题培训。应对学生宿舍管理员等后勤服务人员开展相关常识培训。

三、大学生心理健康教育教学体系建设

9. 高校应充分发挥课堂教学在大学生心理健康教育工作中的主渠道作用，根据心理健康教育的需要建立或完善相应的课程体系。学校应开设必修课或必选课，给予相应学分，保证学生在校期间普遍接受心理健康课程教育。

10. 高校应充分考虑学生的心理发展规律和特点，科学规范大学生心理健康教育课程的教学内容，切实改进教育教学方法。应有专门的教学大纲或教学基本要求。教学内容设计应注重理论联系实际，力求贴近学生。应通过案例教学、体验活动、行为训练等多种形式提高课堂教学效果，通过教学研究和改革不断提升教学质量。

四、大学生心理健康教育活动体系建设

11. 高校应面向全体学生开展心理健康教育活动，不断创新心理健康教育活动形式，拓展心理健康教育途径，积极营造良好的心理健康教育氛围。

12. 高校应通过广播、电视、校刊等多种媒介，积极开展心理健康教育宣传活动，应重视心理健康教育网络平台建设，开办专题网站（网页），充分开发利用网上教育资源。

13. 高校应充分发挥广大学生在心理健康教育工作中的主体作用，满足学生自我成长的心理需要。应重视发挥班集体建设在大学生心理健康教育中的重要作用，支持学生成立心理社团，组织开展心理健康教育活动，普及心理健康知识，充分调动学生自我认识、自我教育、自我成长的积极性、主动性。

五、大学生心理咨询服务体系建设

14. 高校应根据行业要求设立心理咨询室，为学生提供心理咨询服务。有条件的高校可在院（系）及学生宿舍设立心理健康教育辅导室。心理咨询室开放的时间应能满足学生的咨询需求。

15. 高校应加强心理咨询制度建设，遵循心理咨询的伦理规范，保证心理咨询工作按规定有效运行。应建立健全心理咨询的值班、预约、重点反馈等制度。应加强心理咨询个案记录与档案管理工作，坚持保密原则，按规定严格管理心理咨询记录和有关档案材料。应定期开展心理咨询个案的研讨与督导活动，不断提高心理咨询的专业水平。

16. 高校应通过多种途径开展心理咨询服务。应经常开展团体辅导活动，针对不同学生群体的需求，研究制订相应的团体辅导计划和实施方案，努力帮助学生解决心理问题，促进健康发展。应向全校学生公布心理健康教育和咨询机构的咨询信箱、咨询电话和网址。有条件的学校可提供网上咨询预约和网络咨询服务。

六、大学生心理危机预防与干预体系建设

17. 高校应坚持预防为主的原则，重视心理健康知识的普及宣传工作，充分发挥心理健康教育工作网络的作用，通过新生心理健康状况普查、心理危机定期排查等途径和方式，及时发现学生中存在的心理危机情况。学校要对有较严重心理障碍的学生予以重点关注，并根据心理状况及时加以疏导和干预。应加强对患精神疾病学生康复及康复后的关注跟踪。

18. 高校应制订心理危机干预工作预案，明确工作流程及相关部门的职责。应积极在院（系）、学校心理健康教育和咨询机构、校医院、精神疾病医

疗机构等部门之间建立科学有效的心理危机转介机制。有条件的高校可在校医院设立精神科门诊，或聘请精神专科职业医师到校医院坐诊。对有较严重障碍性心理问题的学生，应及时指导学生到精神疾病医疗机构就诊；对有严重心理危机的学生，应及时通知其法定监护人，协助监护人做好监控工作，并及时将学生按有关规定转介给精神疾病医疗机构进行处理。转介过程应详细记录，做到有据可查。

19. 高校应按照有关规定做好心理危机事件善后工作，应重视对危机事件当事人及其相关人员提供支持性心理辅导，最大程度地减少危机事件的负面影响。应及时总结经验教训，提高师生对心理危机事件的认识以及应对心理危机的能力。

七、大学生心理健康教育工作条件建设

20. 高校应保障心理健康教育工作经费，并纳入学校预算，确保大学生心理健康教育的日常工作需要。

21. 高校应加强心理健康教育和咨询场地建设。心理健康教育和咨询场地的建设应符合大学生心理健康教育工作的特点和要求，能够满足学生接受教育和咨询的需求。心理健康教育和咨询场地包括预约等候室、个体咨询室、团体辅导室、心理测评室等。

22. 高校应为心理健康教育和机构配备必要的办公设备、常用心理测量工具、统计分析软件和心理健康类书籍等心理健康教育产品。

第二章　公安大学生的自我意识完善

第一节　自我意识概述

自我意识（self－consciousness）是一个人对自己以及和他人关系的认知，是隐藏在个体内心深处的心理结构，是个体意识发展的高级阶段，是人格的自我调控系统。自我意识的培养是大学生自我完善的途径，是大学生实现人生目标的桥梁。大学阶段是个体自我意识急剧增长、迅速发展和趋于完善的重要时期，探讨大学生自我意识发展的特点，寻求合理的培养途径，对培养具有健康人格和德才兼备的预备警官具有重要意义。

一、自我意识的形成和发展及大学生自我意识的特点

（一）自我意识的形成和发展

1. 自我意识的形成

自我意识是个体在机体生长发育，特别是脑机能的成熟过程中通过个体的社会化而形成与发展起来的。

新生儿不具有自我意识。婴儿是最初先能辨认客体的属性，而后才逐渐认识自己的。一岁前的儿童全然意识不到自己的存在，更不能分辨主客体的区别。他们经常摆弄自己的手指，并把它们放进嘴里吮吸，但并不知道手指是自己身体的一部分，而把它们当做玩具。一岁左右的婴儿，才开始把自己的动作和动作的对象加以区别，意识到自己的手指与脚趾是自己身体的一部分，这是自我意识的最初级形态。一岁半左右的儿童，从成人那里学会使用自己的名字，表明他们能把自己和别人相区别。儿童会使用自己的名字，是自我意识发展中的巨大飞跃。二岁以后的儿童，在语言学习中掌握了物主代词“我的”和人称代词“我”，由此实现了自我意识发展的又一次飞跃，即从把自己看做客体转变为把自己当做主体来认识。这标志着他们真正的自我意识的出现。

幼儿期儿童的自我意识发展主要表现在自我评价、自我体验、自我控制能力的发展上，其中以自我评价为主导标志。

童年期儿童随着年龄的增长、认识能力的提高，自我评价出现了新的飞跃，乃至以后进入少年期、青年期，自我意识内容不断丰富，形式也日益复杂，直至达到成人的成熟的自我意识水平。

2. 自我意识的发展

研究表明，个体自我意识的发展主要通过以下四个途径：

（1）通过认识别人，把别人与自己加以对照来认识自己。人最初是以认识别人来反映自己的。个体往往把对他人的认识迁移到自己身上，像认识他人那样来"客观"地认识自己。例如，当看到别人对长者很有礼貌并受到大家称赞时，就来对照反思自己的言行，从而认识到自己平时对长者的态度。经过多次对比，就会促进个体对自我的认识，形成相应的自我概念。

（2）通过分析别人对自己的评价来认识自己。一个人对自己的认识，在很大程度上受他人评价的影响。这如同人对着镜子来认识自己的模样一样，儿童认识自己是把别人对自己的评价当做一面镜子，来不断认识自我的，包括自己的优点和缺点。由于人的活动范围比较大，经常从属于不同的团体，接触不同的人，每个团体、每个人的评价就是一面镜子，可以通过不同的镜子来照出多个自我，这样，个体就能较全面地认识自己，从而促使自我意识的不断发展。

（3）通过考察自己的言行和活动的成效来认识自己。自我意识是个体实践活动的反映。自己在实践活动中的表现和取得的成果也会成为一面镜子，通过这面镜子能反映出自己的体力、智能、情感、意志和品德等特性，从而使之成为自我认识、评价的对象。例如，一个学生，在学习上或一项竞赛中取得了好成绩，他会从中体验到一种自信，对自己和自己的能力就会有新的认识。

（4）通过自我监督与自我教育来完善自己。个体通过以上几方面的途径，在不断地反省自己的过程中，发现现实自我与理想自我的差距，一方面通过自我监督，来克制、约束自我，服从既定目标；另一方面通过自我教育，按社会要求对客体自我自觉实施教育，以实现现实自我与理想自我的积极统一。总之，自我监督，着眼于"克制"；而自我教育，着眼于"发展"，二者共同承担自我意识的不断完善。

（二）大学生自我意识的特点

以心理发展阶段来划分，大学生正处于青春发育期，与同龄群体相比，由于大学生的生活阅历与学习特点使其自我意识具有较显著的独特性，概括来说，主要表现在以下三个方面：

1. 时间上的"延缓偿付期"

大学并非人生必经时期，对大学生而言，思想上的独立与经济上的依赖、生理上的成熟与心理社会性成熟的滞后存在着深刻的矛盾。从年龄上看，大学生到了应该是自立的、独立承担社会责任的时候，但校园相对单纯的学习生活又使他们应当承担的社会责任从时间上向后延续。这种社会责任的向后延续使学生们处于“准成人”状态，这样也为大学生广泛、深入、细致地思考自我提供了时间的现实可能性。值得重视的是，大学生现实的责任感的后移并没有减轻他们心理上的压力，特别是对于贫困学生来说。很多学生在作业中写道：“每当自己坐在教室里读书时，常常不自觉地想到白发父母，本应当挑起家庭的重担，为父母分忧解难，却还要花父母的血汗钱，想来觉得非常难过，感到很不忍心。一种负罪感悄悄地袭上心头。”

2. 空间上的“自主性”

象牙塔为学生提供了一个多元文化背景下的学习环境，特别是网络更为学生提供了无限广阔的平等自由的学习与交流空间。而东西方文化的交融与发展更为大学生自我意识的发展提供了客观条件。但这种影响是双重的：一方面，大学生来自不同的家庭背景、来自不同的地域文化、有着不同的人生追求，在共同的学习生活中，大家互相影响、互相包容，在这种互动的环境中逐渐形成自己的价值观念，特别是在心灵的沟通与碰撞中建立与尝试新的自我；另一方面，大学生在多种价值体系、多种文化的冲撞面前，原来建立的价值体系、自我观念会受到强烈的冲击，这种冲击有时甚至会使大学生怀疑自己。特别是大学新生，从原来的环境进入新的环境，原有的自我价值体系在重建中需要较高的反思能力与自我控制能力，“我是优秀的”可能被期末考试的“红灯”击落得一无是处。这时，调整与反思自我便显得非常重要。

3. 自我意识发展的“不平衡性”

大学生生理、心理与社会自我的发展并非平稳如河川。大学生的主观自我与他观自我往往表现出不一致，特别是大学高年级学生，一直处于较高的自我意识水平，但随后到来的人才市场职业选择常常使他们长期建立的“高自我意识”与“自我概念”变得摇摇欲坠。高主观自我与他观自我的不平衡，生理、心理与社会自我发展的不平衡都直接影响大学生自我意识发展的水平。造成这种不平衡的主要原因有：一是大学生的人生观、世界观尚在形成与健全之中，对自我的认识易受环境的影响；二是大学生自我概念仍处在不断的发展、变化之中，从大学一年级新生到毕业生，他们的自我概念并不一致，只有到大学毕业才能在不断的变化与调整及社会的需求中比较完善地建立自己的自我概念；三是经历高考，大学生真正开始痛苦地“心理断乳”，适应新环境、新的人际关系必然带来发展着的自我意识与自我概念的不平衡。

二、公安大学生自我意识的发展的主要表现

公安院校办学形式的特殊性、公安院校管理的特殊性、公安大学生身份

的特殊性，给公安大学生在自我意识的形成上带来了比较特殊的影响，与一般大学生有所区别。当然，公安院校其本质上还是高等院校，公安大学生与普通院校的学生在本质上都是处于青年中期的青年学生，在心理特征上共性的一面还是占据主导位置。在自我意识发展上，也遵循这样的规律。公安大学生处于自我意识的迅速发展时期，在自我意识的发展上主要有以下表现：

（一）自我意识开始分化，并且迅速发展，自我矛盾开始出现

进入大学以后，随着学习、生活方式的改变和心理意识的发展，学生的自我意识有了明显的变化，出现了理想自我和现实自我的分化，并且迅速发展，导致矛盾冲突日益明显。大学生对自己的生活充满信心，对未来抱有幻想，而现实往往不是他们所想象的。严格的警务化管理，给了没有做好心理准备、带着对美好大学生活憧憬的学生当头一棒。理想自我和现实自我的矛盾不可避免地出现了。这种矛盾分化，使得大学生发生自我意识的改变，经过自我体验和自我调控，而表现出各种激动、焦虑、喜悦与不安情绪。当理想自我占优势时，往往会将“客体我”萎缩到实际能力以下，总认为自己事事不如人，从而产生较强的自卑感，甚至放弃努力，形成自我怜悯或伤感的心理状态。相反，当“现实我”占优势时，往往表现出较强的虚荣心和自我陶醉，特别在乎别人对自己的评价，担心暴露自己的缺点。

（二）自我意识矛盾日益突出，但调控能力相对较弱

由于自我意识的分化，“主体我”和“客体我”、“理想我”和“现实我”之间的种种矛盾开始出现，随着自我意识的进一步发展，这种矛盾也越来越突出。在这种矛盾心理的作用下，他们对自己的评价也常常是矛盾的，对自己的态度也是波动的，对自己的调控常常是不自觉、不果断的。他们忽而看到自己的这一面，忽而又看到自己的那一面；时而能客观地评价自己，时而又高估或低估自己；时而感到自己很成熟，时而感到自己很幼稚；时而对自己充满信心，时而又对自己不满。面对自我意识中的种种矛盾，大学生便开始通过各种活动来重新认识自己，自觉或不自觉地在调节矛盾中认识自己、完善自我。他们常常会问自己，“我聪明吗?”，“我的性格如何?”，“我有什么能力和特长?”，“我应该怎样度过自己的一生?”经过一段时间的矛盾冲突和自我探究后，他们的自我意识就会在新的水平和方向上趋于一致，达到暂时的自我统一。然而，新的自我意识矛盾又会产生，还需要不断地自我调控和自我探究。但学生的这种自我调控能力相对较弱，过多关注自己，过于看重自己，而对他人、集体、社会考虑较少等。

（三）自我意识的矛盾不断激化，出现混乱

公安院校紧张的学习生活，使得承受能力较小的学生，在自我意识的发展中出现混乱，这种混乱通常表现为看似矛盾实则是一体的两种表现类型：

一种是过高的自我评价，另一种则是过低的自我评价。它们是妨碍良好自我意识形成的心理障碍。

1. 过低的自我评价

处于这种意识状态的学生，在把理想我与现实我进行比较时，对理想我期望较高，又无法达到，对现实我不满意，又无法改进。他们在心理上的一个特征就是自我排斥。由于在成长过程中理想我与现实我的距离过大所导致的自我矛盾冲突，他们往往会产生否定自己、拒绝接纳自我的心理倾向。这类学生往往降低人的社会需求水平，对自我过分怀疑，压抑自我的积极性，并可能引发严重的情感损伤和内心冲突。他们的心理体验常伴随较多的自卑感、盲目性、自信心丧失和情绪消沉、意志薄弱、孤僻、抑郁等现象，尤其是面对新的环境、挫折和重大生活事件时，常常会产生过激行为，酿成悲剧。近年来发生的大学生自杀事件中相当一部分就是由此心理问题所导致的。

2. 过高的自我评价

这是一种与过低的自我评价相对立的自我意识状态。在这种自我概念的支配下，个体往往扩大现实的自我，形成错误的不切实际的理想自我，并认为理想我可以轻易实现。这种类型的学生往往盲目乐观，以自我为中心、自以为是，不易被周围环境和他人接受与认可，容易引起别人的反感和不满。因此，这种类型的学生极易遭受失败和内心冲突，产生严重的情感挫伤，导致苦闷、自卑、自我放弃，有时甚至会引发过激行为和反社会行为。

（四）自我意识的矛盾转化不断进行，且渐趋稳定

在自我意识由“矛盾—统一—新矛盾—新统一”转化发展的过程中，学生自我意识不断发生重大变化，由刚进校的“依赖性”和“盲目性”，渐渐转变为“想入非非”，到毕业前就显得沉稳多了。正是由于这种矛盾转化，使得大学生自我意识发生了明显的飞跃，个体之间出现了不同的差异，自我意识也逐渐趋向成熟。

第二节　公安大学生自我意识存在的缺陷

公安大学生的意识发展离不开自身的年龄特点，也离不开比较特殊的教育生活环境，在这样双重因素的共同作用下，他们的自我意识不断发展并渐趋成熟。当然，在逐步走向成熟的过程中，也会存在若干比较具有典型意义的缺陷，这些缺陷是他们成长过程中必定会经历的一道道坎，也是一阶阶进步的阶梯。缺陷并不可怕，关键在于如何正确地认识和克服。归纳起来，公安大学生的自我意识主要存在以下几个方面的缺陷。

一、自卑和自负

何为自负、自卑？通俗地讲，自信心过高即为自负，自信心过低即为自卑。二者都是导致失败的心理因素。从一定意义上来说，自卑和自负是一对孪生兄弟，都是对真实的自我认识不清、把握不足所导致的，其心理规律是一样的。

自负是拥有过多的或虚假的自信心，是心理上的欺骗行为。其表现是：自命不凡，骄傲自大，不轻易认错，借口多，不敢对自己的错误承担责任，经常不服指教，只相信自己是天才而不努力，从而导致失败。

自卑心理，是指由于某些生理、心理或社会诱因引起的一种轻视自己、认为自己在某些方面不如他人的心理状态。自卑的人常常把注意力高度集中于自己的不足，他们对自己的结论是：自己是如何的无能，以致无论如何努力都不可能做得更好，因此放弃努力。

在大学生中，自负和自卑都较为常见，尤其是自卑心理，它是大学生中最常见的心理问题之一，主要表现在自我评价过低、行为回避、性格怪异等方面。自卑心理不仅影响到大学生个体的学习、生活和工作的正常进行，而且还影响到他们的将来。深入剖析大学生的自卑心理，找出矫治的方法，对于提高大学生的心理素质、促进大学生的健康成长具有极为重要的意义。

（一）自卑心理及其主要表现

自卑，是指由于某些生理、心理或社会诱因引起的一种不良自我意识，是一种性格上的欠缺，表现为对个人的能力和品质偏低的评价。奥地利心理分析学家 A. 阿德勒认为，每个人都有先天的生理或心理缺陷，这就决定了人们的潜意识中都有自卑存在，只是程度不同或者说表现形式不同而已。自卑心理是部分大学生中存在的一种常见的心理障碍之一，在现实生活中有以下几方面的表现：

1. 自我评价过低

自我评价，是指一个人对自己生活和心理特征的判断。部分学生不能正确地分析自己的能力，产生一种强烈的与丧失信心相关联的沉重的情绪体验，自己轻视自己，不敢参与任何竞争，不肯冒半点风险，即使遇到侵害也逆来顺受，采取逃避行为，过于敏感，处处退缩，自尊心容易受伤害，常把别人无意的言行视为对自己的轻视。

2. 行为回避

由于自卑而采取回避的方式与别人交往，避免别人看出自己的缺陷和不足。在学习和生活中说话犹豫，思前顾后，缩手缩脚，缺乏应有的胆量和气魄，在公共场合拘谨，不善于自我表现，形成了孤独自卑的闭锁性性格，有的人在学习上不积极进取，才华得不到充分的发挥，不参加集体活动，以逃避别人的评价与批评，游离于班级、集体之外，独来独往。

3. 性格怪异

还有些大学生通过外表自尊的显示，来反抗或掩饰内心的自卑心理。虽然他们具有强烈的自卑感，但他们的自尊感一点也没减弱反而愈加强烈。为了抗拒自卑心理掩盖自己的缺点或不足，他们往往不切实际地吹嘘或炫耀自己的优点和长处，给人一种明显的“矫饰”感觉。有些具有自卑心理的贫困大学生往往表现出轻视、贬低同学和老师的倾向，表现出表里不一的自大傲慢，这也是自卑的特殊表现，是贬低别人抬高自己的另一种形式，以达到某种心理平衡。

（二）自卑心理对大学生人生的消极影响

1. 人际关系紧张

自卑心理容易引起心理压力和紧张，激起逃避或退缩反应，抑制自信，导致焦虑，形成内在阻力，这是非常有害的压力转换模式。自卑感一旦产生，就会渐渐地蔓延、扩散，产生极大的危害，而最大的危害就是导致人际关系紧张。人际关系从一个侧面反映了一个人的心理健康和心理适应状况，良好的人际关系是大学生走向社会的需要，也是大学生综合能力的表现。大学生正处在生理和心理迅速发展的阶段，是心理成熟的过渡期。人际交往中，因惧怕出丑、受挫或遭受他人的嗤笑，缺乏自信，自惭形秽，产生自卑心理，不能有意识地运用一些交往办法，常将人际交往的圈子限制在狭小的范围之内，往往以一种消极或错误的防御方式来保护自己，不敢与别人正常交往，形成闭锁心理。

2. 影响个性发展

自卑会对个性发展产生很大的负面影响，自卑的人会对别人以及外界的兴趣降低，对一般的刺激很少作出积极的反应，并极力回避刺激，不愿与人交往，不想研究问题，不愿承受压力，心理上消极退缩，喜欢孤独，爱好沉思默想，甚至是胡思乱想，导致与社会产生隔阂，与新生事物缺乏联系，个人所面对的都是早已习以为常的自我的狭小天地，坐井观天，作茧自缚，视野狭隘，观念陈旧，失去了一个锻炼自己才能的机会，也渐渐麻木，从而影响到个性的发展。

3. 限制潜能发挥

自卑的浅层感受是别人看不起自己，深层感受是自己看不起自己，对生活缺乏起码的自信，做任何事情瞻前顾后，畏首畏尾，处在自卑的心理状态之中，过度自省、自怨自艾，害怕失败，把风险估计得很大，看不到任何进步的可能，而越害怕失败，就越不容易成功，越没机会成功，社交面就会越来越狭窄，影响日常的学习和工作，即使有才华也得不到充分发挥，从而影响到个人潜能的发挥。

二、自我中心

由于家庭和社会的影响和作用，在公安大学生中，有自我中心性格的并不少见。在讲究集体、令行禁止的公安院校，自我中心的心理，会给学生的健康成长和学校的有效管理带来消极影响。因此，应该重视对有较强自我中心心理表现的学生的教育，使他们改变不良性格，融入到集体中去。

（一）自我中心心理的表现

1. 以“我”为中心，我行我素

有自我中心心理的学生，一切以“我”为中心，心目中只有自己。谈论任何事情时都以“我”为主题词，“我”的出现频率极高。一事当前，首先想到“我”的感受如何，对我有利无利，从不考虑别人和集体，不懂得进行换位思考。自己想说什么就说什么，想干什么就干什么，听不进别人的劝告。

2. 视“我”的一切为神圣，绝对不可侵犯

有这种心理的人视自己的利益、权利、名誉为神圣，别人绝对动不得，谁侵犯了他，他就要狠狠惩罚、报复这个人，甚至采取杀害的手段。这种人心胸极窄，睚眦必报，哪怕别人只是说了他一句坏话，他也耿耿于怀。

3. 以“我”划线，一切以“我”的好恶为判断是非的标准

有这种心理的人，完全以“我”来划线，一切以他个人的好恶为判断是非的标准。谁对他好，他就认为是好人；谁对他不好，他就恨谁。而且，谁要是跟他认为好的人作对，他就憎恨这个人，哪怕这个人是他的亲人。

4. 内向，自我封闭，不合群

有自我中心心理的人，往往同时是性格内向的人，常把自己封闭起来，不肯对人暴露自己的心迹，就算有朋友也没有深交的。这种人喜欢独来独往，不喜欢参加集体活动，常常不遵守集体纪律。

5. 自私自利，损人利己

有些有自我中心心理的人表现得十分自私，不仅其个人的一切利益不允许别人侵犯，还反过来侵害别人和集体的利益。有的人甚至还会发展到窃取公物、偷窃同学的钱财。

（二）自我中心的消极影响

有自我中心心理的学生是难以健康成长的，他们强烈地关注自己，只愿意从自我的角度、标准去认识、评价和行动，容易出现以自我为中心的倾向。当这种倾向与某些不健康的思想意识（如个人主义、自私自利）和心理特征（过度的自我接纳和自尊）结合时，就会表现出过分的、扭曲的自我中心。极

端的自我中心意识不仅严重影响一个人的自我形象，而且会导致被人厌恶。严重的自我中心者甚至会对自己、他人和社会造成危害。

三、从众心理

从众心理是一种比较普遍的社会心理现象。所谓从众，就是在群体的影响和压力下，个体放弃自己的意见而采取与大多数人相一致的自我保护行为。这是人们所说的“随大流”的一种心理表现。生活在社会中的人，为了获得必要的生活和行动空间，避免制造麻烦，需要遵守一些必要的和基本的社会规则，但是如果一个人在做任何事情的时候都要先去观望别人是怎么说的、怎么做的，生怕自己与他人有所不同，虽然有时候对别人的意见也不是很赞同，但看到有很多人赞同，自己也就接受了，这就是盲目从众。大学校园中，从众现象也很普遍。一方面，处于青春期的大学生自我意识急剧发展，充满热情，勇于创新，常常以标新立异的装束和独特的言谈举止显示自己的与众不同；另一方面，他们的独立性、自制力、意志力以及分辨是非的能力都不是很强，往往会陷入焦虑、困惑和迷茫之中，导致行动上随波逐流、思想上迷失自我。

一般认为，大学生的从众现象有以下几种：一是学习从众。一种是同班级、同宿舍的同学之间相互鞭策、相互鼓励的积极学习从众，另一种是消极懒散、考试抄袭作弊的消极学习从众。二是消费从众。有些大学生无视自己的经济基础，随意挥霍金钱，攀比之风、请客之风盛行。三是恋爱从众。校园恋爱极富感染性，有的寝室无人问“爱”，有的寝室全在“爱”中，一些大学生因盲目从众而产生了不理智、不正确的恋爱观。四是择业从众。受社会思想多元化的冲击，许多大学生择业始终抱着“大都市情结”不放，更多地考虑眼前的、现实的利益，具有较大的盲目性，一些人甚至放弃了更适合自身发展的机会。

大学生之所以产生从众心理，原因包括：一是社会和家庭环境的影响。从众心理是一种属于群体心理范畴的心理现象。社会是由个人构成的，个人生存和活动于社会之中。群体是沟通个人与社会的桥梁。大学生正是通过宿舍、班级、学校等不同规模的群体，保持着与社会的联系与沟通。大学生心理，必然受到群体心理的制约和影响。二是缺乏主见和自信。三是迫于群体的压力而明哲保身。在群体中，多数人的观点和意见对少数个人产生心理影响，形成舆论压力，使少数个人不由自主地遵从多数人的观点和意见，这样似乎可以明哲保身。

四、逆反心理

逆反心理是大学生自我意识发展过程中的一个产物，其实质是为了寻求独立、寻求自我肯定，为了保护新发现的、正在逐渐形成的，但是还是比较脆弱的自我，为了抵抗和排除在他们看来压抑自我的那种外在力量。这是青年阶段心理发展的必然要求。就逆反心理本身而言，它具有双重性：一方面，表明青年人有反抗精神、独立意识；另一方面，不少人不能正确地把握反抗的度，表现为过分的逆反心理。逆反心理过分的学生，常采取非理智的反应方式：在内容上不分正确与错误、精华与糟粕，一概排斥；手段上只是简单地拒绝和对抗，情绪成分大；目的上只是为了反抗而反抗；逆反的对象多是家长、老师和社会宣传的观念和典型人物等。其结果是阻碍了他们学习新的或正确的经验，不利于其成长。对公安大学生而言，克服逆反心理尤为重要，在集体高于一切的团队，逆反会使集体瓦解，使教育目标无法实现。大学生的逆反心理具体有以下一些表现：

（一）对正面宣传作反面思考

在大学生中，有不少人对上级、学校、领导、老师的正面宣传，表现出一种不认同、不信任的逆反心理。他们往往会以社会上某些个别的不公正或黑暗的现象和事实来以偏赅全地全盘否定正面事实和宣传，甚至在言行上表现得较为激进，与社会主流或学校的主流思想和要求唱反调。例如，我们大力提倡和弘扬集体主义精神和共产主义理想，有些人就会认为，现在搞市场经济，人人都注重实惠，讲奉献不合算；而对于社会上的阴暗面，有些人总喜欢以“局外人”的身份进行指责、非难等。

（二）对榜样及先进人物的无端否定

现实生活中有许多先进人物的事迹确实感人肺腑，可一遇上大学生带有逆反心理的有色眼光，就会产生变味，出现一些不该有的场面。例如，将雷锋说成是处于低层次文化素质群体中突出的“傻子”，将先进人物说成是沽名钓誉的投机家；对于自己身边的榜样，则冠以“拍马屁”，给予排斥和嘲笑；在听先进人物事迹报告时，甚至有少数学生鼓倒掌、喝倒彩，甚至起哄等。

（三）对不良倾向产生认同感

嫉恶如仇、是非分明体现了年轻大学生的思想风貌，但少数大学生却对不良倾向产生认同感：与老师公开对抗被视为有本事，在同学中拉帮结派被称为讲义气等，种种不良的行为倾向却赢得了一些人的认同。这些人对于乐于助人、爱护集体、爱护公物、遵守校规校纪的大学同学则是讽刺挖苦，造成在集体氛围里好人好事无人赞、不良倾向有市场、歪风邪气抬头的现象。

（四）对思想政治教育、校纪校规的消极抵制

有的大学生一听说上政治课，不管内容如何，就认为思想政治教育大而空、形式化、远离学生的现实生活，自然而然地产生一种冷漠、厌恶感，对之采取应付、消极抵制的态度。另外，对于大学生应遵守的纪律、守则，他

们也认为是妨碍他们自由发展的“枷锁”，总要有意无意地做一些对抗行为，以示他们的独立性或成熟感。例如，不少学校教室白白的墙壁上，总能毫不费神地发现不少比人头还高的鞋印。这些都是某些学生逆反心理的突出表现。

第三节 公安大学生自我意识完善的有效途径

一、影响公安大学生自我意识完善的关键因素

影响公安大学生自我意识完身的因素有很多，归纳起来不外乎两个方面：一是学生自身的因素，这是主因、内因，起主要影响作用。二是外部因素，公安院校的警务化管理对于对公安大学生将来从警的特殊要求，规范学生的言行、身心，促使他们成才是必需的，但警务化管理在实施过程中出现的单向强调会在一定程度上影响学生自我意识的完善。

(一) 学生自身影响自我意识完善的因素

1. 自我认知的片面性

自我认知是自我意识的核心，是自我体验和自我调节的基础。只有自我认知准确（主观的我对客观的我正确的认识和评价），才能实现自我和谐。大学生在自我认识上主观的我往往容易高于或低于客观的我，从而导致自大或自卑。自大就是盲目地认为自己什么方面都比别人强，对他人容易产生鄙视的情绪；自卑就是对自我怀有否定和怀疑的情绪。自大或自卑都是个体自我和谐的绊脚石。造成这种自我认知片面性的原因有很多，如自信心强，富于自我想象；优越感强，自尊心强；思维发展水平有不高的一面。这些都是导致自我评价过高的原因。还有的大学生自我评价过低的原因，如自我期望水平偏高，理想我与现实我的距离较大，从而容易引起对现实的不满；社会责任感、义务感的积累，使大学生面对自我的现状产生了不同程度的焦虑感等。

2. 自我体验的波动性

自我体验，是自己对自己怀有的一种情感体验，也就是主观的我对客观的我所持有的一种态度，是在自我评价的基础上，个体对评价的结果是否符合自己的需要、期望产生的一种情感体验。大学生自我体验比较丰富，其情绪情感一般是积极健康的，但仍有一定的波动性。比如，在取得成绩时往往容易产生积极、肯定的情感体验，甚至骄傲自满，忘乎所以；遇到挫折时，容易产生消极、否定的情感体验，甚至自暴自弃，悲观失望。这种自我体验的波动性使大学生的情绪极不稳定，对于发展大学生的自我和谐是不利的。

3. 自我控制的矛盾性

自我控制，是指个体的思想、情感和行为通过自身特殊的机制而进行的

一种自我调节的过程，是在自我评价的指导和自我体验的推动下，个体对自己心理活动和行为的自觉而有目的的调整。自我控制是主观的我对客观的我的制约作用，当主观的我与客观的我发生矛盾或冲突时，自我控制对主观的我与客观的我有协调作用。在大学生的自我控制方面，主观自我动机的多样性与客观自我精力的有限性，主观自我对行动的理智要求和客观自我的冲动行为，主观自我制订长远目标与客观自我的屡屡动摇等也产生了一系列矛盾。大学生自我控制的矛盾性是因为大学生对未来充满信心，目标较高，成就欲较强，但由于其生活范围相对狭窄，社会交往比较单一，缺乏社会阅历，对自我认识的参照点较少，不能很好地将理想与现实结合起来，从而使理想我与现实我之间产生较大差距。这种差距虽然给大学生带来了苦恼和不满，但有时也会激发大学生奋发进取的积极性。如果这种矛盾与冲突过于强烈，不能及时加以调适，则会导致自我意识的分裂，从而带来一系列心理问题。

（二）单向强调警务化管理对学生自我意识完善的影响因素

1. 单向强调管理导致片面性

警务化管理是一个系统工程，单方面强调我令你行，稍有违规，不问学生是否存在客观原因，即予以警纪处置，是不民主的管理。它使学生为避免触犯条令，收敛自己、谨小慎微，不利于学生个性、能力、心态的发展，使学生陷入应付规章、被动接受、勉强服从之境，管理最终促进学生成才的目的没有达到。激烈竞争的社会需要更多素质高、能力强、才学广、思维活、有创新、有个性的人，单一强调严格管理，即使培养出稳妥、听话、言听计从的未来警官，但其能力缺乏、做事刻板、没有创新，这样的学生，其自我意识是不完善的。

2. 只管不导易产生不稳定性

在规定学生不许做什么、不得违反什么的同时，没有创造条件和提供场所引导他们做什么、怎么做、如何做好，只求严管，不管导行，其结果是事与愿违。一味强调严格、忽视学生的心理需求，他们就会寻找自我解决的途径和方法。公安大学生有着超过普通高校要求的严格纪律、警体训练、紧张学习，他们更需要文化活动、娱乐场所来舒缓神经、发展特长、修身养性。这对学生自我意识的完善具有非常重要的作用。

3. 过度严格管理的趋弊性

严格规范的管理往往以“面孔冷漠”和条文约束，虽然统一了学生言行外表，但在一定程度上抑制了学生的情感。过度的管理方式或多或少地会影响学生开拓力、温和心灵活性的养成。公安工作，尤其是为民服务岗位，接待来访、处理事务、调解纠纷、维持治安等工作，要具有更多的平和姿态，需具备方方面面的能力，避免刻板处理问题。而过度严格管理恰恰限制了这些从警必备的素质。在公安大学生参加基层实习中，学生对违反治安管理的人群和要求解决纠纷的群众，往往不自觉地扮演管理者的角色，翻版自己所接受的管理模式：呵斥、责问、漠然。

4. 追求过高目标管理的非理性

用过高的、完全统一的要求规范不同的个体学生，要求他们承受不能承受的目标，是不切实际的。目标过高、过细，造成学生压力过大，会使学生陷入疲于应付状态，当压力超过一个人的极限时，反而会使他松懈。如此不但不能统一学生，反而还会引发他们的心理抵抗，适得其反。

二、公安大学生自我意识完善的有效途径

公安大学生在成长过程中，在普通大学生向合格人民警察的转变过程中，自我发展和科学、有效的警务化管理成为不断地完善自我意识的两大有效途径。

（一）自我发展

大学生自我意识的发展与完善，始终昭示着一条通往未来的光明大道，正如古希腊哲学家苏格拉底所说的“认识你自己”，自我意识的完善也是一个不断地进行自我认知、自我评价、自我改造、自我完善的过程，犹如雕琢一件工艺品，真正的匠人为了心中的追求，终生不悔。

1. 正确认识和把握健全的自我意识标准

健全的自我意识是心理健康的重要标准，是人类自身内在的一种成功机制，在人才发展中发挥着重要作用。只有正确认识什么是健全的自我意识，广大学生才能有的放矢地认识自己，知道自己的长处，熟悉自己的短处。一般而言，健全的自我意识有如下标准：

（1）自我意识健全的人，应该是一个有自知之明的人，既知道自己的优势，也知道自己的劣势，能正确评价自我和自我发展。

（2）自我意识健全的人，应该是自我认识、自我体验和自我控制协调一致的人。

（3）自我意识健全的人，应该是积极自我肯定的、独立的并与外界保持一致的人。

（4）自我意识健全的人，应该是理想自我与现实自我统一的人，有积极的目标意识和内省意识，积极进取、永无止境。

2. 自我意识完善的途径

在正确认识和把握健全的自我意识的标准后，我们应该针对自己存在的问题采取相应的对策，寻求适合自己的自我意识完善途径。对每个人来讲，以下几点是完善自我意识的共同要求：

（1）正确的自我认知。“人贵有自知之明”，全面而正确的自我认知是培养健全的自我意识的基础。自我认知是从多方位建立的，既有自己的认识与评价，也有他人的评价。我们不妨自己认真仔细地想一想，用尽量多的形容词描述自己，要忠实于自己的内心。在此基础上，进行第二步，即他观自我的描述，描述父母眼中的我、同学眼中的我、老师眼中的我、恋人眼中的我、兄弟姐妹眼中的我，再寻找这些描述中共同的品质，将其归类。描述的维度越多，越能找到比较正确的自我。

（2）客观的自我评价。一个人必须建立在正确的自我认知基础上，正确地自我悦纳，积极地自我体验，有效地自我控制。自我悦纳是自我意识健康发展的关键所在。悦纳自我首先要接纳自己、喜欢自己、欣赏自己，体会自我的独特性，在此基础上体验价值感、幸福感、愉快感与满足感；其次要理智与客观地对待自己的长处与不足，冷静地看待得与失。在生活中注重自我，自我意识是将注意力集中在自我的一种状态。积极的策略是：关注你自己的成功，并将优势积累，每个人身上都有着无数的闪光点，重点在于寻找你自己的闪光点并将其构成亮丽的人生风景线。

（3）积极的自我提升。提高自我效能感是个体在一定情境下对自我完成某项工作的期望与预期。当人们期望自己成功时，他必然会尽自己最大的努力并且当面临挑战性任务时，会表现出更强的坚持力，从而增加了成功的可能性。自我效能感高的人，一般学业期望较高，也就是说，自我效能感与成就动机呈正相关性。

除了自我提升，克服自我障碍也是一种好的方法。我们经常会有这样的感觉：体验对自己能力程度的焦虑带来的不安全感，这便是一种自我障碍。在大学校园里，有些同学往往考试前身体不好，导致无法在考试中取得好成绩，于是“考前身体不好导致考试不理想”便成了他们的借口，这就是典型的自我障碍。一个渴望自我发展的人必须主动克服自我障碍，进行积极的自我提升与自我尝试，在积极的自我在尝试中发现自己的新支点。

（4）关注自我成长。自我的发展需要不断地自我反思、自我监控。但将成长作为一条线索贯穿于人的始终时，整理自己成长的轨迹显得尤为重要。依照过去、现在、未来进行清理，深刻了解与把握自己。要记住：自我体验永远是个体的，当我们在分享他人自我成长的硕果时，也在促进我们自己的成长。

（二）实行科学、有效的警务化管理，促使学生自我意识不断完善

1. 开拓管理视角，确立开放管理理念

警务化管理要抛弃“为管而管，为严而严”的僵化理念，确立开放管理理念，为学生的个体发展提供土壤，避免学生片面发展。公安院校警务化管

理的对象是预备警官，更是具有新思想、新思维、新技能的文化人，应在管理中融入文化教育观。

2. 建立弹性管理

创造一个稳定的校园文化内外管理大舞台，用健康、有益的活动吸引学生，个体融入群体中发展，让学生参与管理，增强管理的主动性。

3. 树立关怀、人文管理意识

实行关怀管理、从宽管理和宽严相济管理。让学生在宽松、关心的管理面前学会自尊、自重、自爱、自警。让学生从管理中学会服从，学会尊重人，学会处事的方法和原则，从而完成自我意识的完善。

第四节　自卑倾向自测

【指导语】

本问卷列出了一些反映一个人日常情感、态度和行为的陈述。回答时，请尽量诚实、准确地回答，回答没有对错。所测时间范围为最近两个月，除非题目中特别标明时间界限。

【评分规则】

对题中内容，若“非常同意”计4分，“基本同意”计3分，“基本不同意”计2分，“很不同意”计1分，并计入表2－1。

【问卷项目】

1. 我对自己的学习成绩没有信心。(　)
2. 我不擅长体育运动。(　)
3. 我对自己的外貌感到不满意。(　)
4. 维持一种满意的爱情关系对我来说会很困难。(　)
5. 我是一个不善交际的人。(　)
6. 当众讲话时，我常常没有把握做到清晰、有效地表达自己的看法。(　)
7. 比起大多数人来，我更容易怀疑自己的能力。(　)
8. 此刻我比几周来更为不快。(　)
9. 我常怀疑自己是否有这份天资，能成功地实现我的专业和职业目标。(　)
10. 一说起体育运动，我就感到沮丧，而不是欣喜和渴望。(　)

11. 我比一般人长得难看。(　　)
12. 我的爱情生活似乎会比大多数人都糟糕。(　　)
13. 对我来说，结识一个新朋友并不容易。(　　)
14. 我不像大多数人那样有能力当众讲话。(　　)
15. 当事情变得糟糕时，我通常不相信自己能妥善地处理好。(　　)
16. 我今天比平时更没自信。(　　)
17. 当我学习一门新课时，我不能肯定自己的学习成绩是否能合格。(　　)
18. 我比与我年龄、性别相同的多数人更不擅长体育。(　　)
19. 我为自己长得难看而悲哀。(　　)
20. 对我来说，吸引一个自己感兴趣的异性朋友似乎很困难。(　　)
21. 在晚会或其他社交聚会上，我常常感到不自在。(　　)
22. 我比多数人更担心在公共场合讲话。(　　)
23. 我比我认识的多数人更缺乏自信。(　　)
24. 现在我感到比平时更悲观和消极。(　　)
25. 我已经意识到，与同我竞争的大多数人相比，我的学业并不突出。(　　)
26. 有时我不去参加体育活动，是因为我认为自己对此不擅长。(　　)
27. 使我烦恼的是我的模样不能更好看点。(　　)
28. 我在建立爱情关系上，似乎比多数人困难更多。(　　)
29. 我愿意认识更多的人，可又害怕和他们打交道。(　　)
30. 当众讲话使我不舒服。(　　)
31. 即使身处那些我过去曾应付自如的场合，我仍然常常对自己没有把握。(　　)
32. 近几天来有好几次我对自己非常失望。(　　)
33. 令我烦恼的是，我在智力上比不上其他人。(　　)
34. 对体育运动不擅长是我很大的一个缺点。(　　)
35. 大多数人可能会认为我的外表没有吸引力。(　　)
36. 当我考虑是否与异性约会时，我感到紧张或没有把握。(　　)
37. 当我参加社交聚会时，常感到自己的笨拙和不自在。(　　)
38. 在人群面前表演节目和讲话，我想都不敢想。(　　)
39. 我缺少使我成功的某些重要能力。(　　)
40. 最近几天，我对自己满意的地方比以往更少。(　　)
41. 当我必须通过重要的考试或完成其他专业任务时，我不知道自己是否能行。(　　)
42. 我很难在体育运动中找到快乐和自信。(　　)

43. 我希望我能使自己的容貌变得更好看些。(　　)

44. 我不像别人那样容易得到约会。(　　)

45. 我似乎比多数人更不擅长结识新朋友。(　　)

46. 我比多数人更担心自己在公共场合讲话的能力。(　　)

47. 许多时候，我感到自己不像周围的人那样有本事。(　　)

48. 这几天我与平常相比，对自己的能力更没有把握。(　　)

49. 我害怕那些智力上富有挑战性的活动，因为我知道我的智力比不上别人。(　　)

50. 一想到要开运动会我就感到不安或乏味，因为我没有能力在运动会上表现自己。(　　)

51. 要是我长得更好看一些，我就会使人们更喜欢我。(　　)

52. 我不得不避开那些我有可能会与之产生爱情关系的异性，因为我在他（她）身边会感到很紧张。(　　)

53. 我在人群中不像大多数人那样感到坦然、舒服。(　　)

54. 有时我因为不想当众发言而回避上课或不参加活动。(　　)

55. 假如我更自信一点，我的生活就会好一些。(　　)

56. 今天我比平时对自己更无信心。(　　)

表 2－1　自卑倾向计分表

F1		F2		F3		F4		F5		F6		F7		F8	
题号	计分	题号	计分	题号	计分	题号	计分	题号	计分	题号	计分	题号	计分	题号	计分
1		2		3		4		5		6		7		8	
9		10		11		12		13		14		15		16	
17		18		19		20		21		22		23		24	
25		26		27		28		29		30		31		32	
33		34		35		36		37		38		39		40	
41		42		43		44		45		46		47		48	
49		50		51		52		53		54		55		56	
合计		合计		合计		合计		合计		合计		合计		合计	

【计分与解释】

本测验主要用于评定人的自卑的具体内容。先计算表中各项的合计分。其中，F1 指学业、智力方面的自卑感，F2 指体育运动方面的自卑感，F3 指外貌、形象方面的自卑感，F4 指异性交往、爱情生活方面的自卑感，F5 指人际关系、社会交往方面的自卑感，F6 指演讲与口才方面的自卑感，F7 则是对自身能力和自信心的自卑感，而 F8 主要用于测定有可能影响到自卑感评定的目前的心境状态。

评定时，主要看 F1 ~ F7 的各项合计分。各项分值范围为 7 ~ 28 分。得分越高，则该项的自卑感倾向越明显；反之，得分越低，自卑感越少，自信程度也就越高。

如果某项的合计分在 12 分之下，那么你在该项上没有或基本上没有自卑感，你在这方面对自己很有信心。

思考题：

1. 多向度描述你自己。可以从学业自我、人际自我方面描述自己，也可以从理想我与现实我方面描述自己。

2. 用 20 个形容词描述你自己。

3. 先来看一则有关麦克阿瑟的故事：

在西点军校考试的前夜，麦克阿瑟感到非常焦虑，这时他母亲走过来对他说："我的儿子，你必须相信你自己；否则没有人相信你；只要你抛弃了内心的怯懦，你一定能赢；尽管你没有把握成为第一，你必须做最好的自己。"当西点军校的考试成绩公布时，麦克阿瑟名列第一。后来，凭着自信，他成为美国著名的将军。

通过上述这则故事，想想你自己，再谈谈如何提高自我意识。

第三章　公安大学生健全人格的塑造

第一节　人格概述

一、人格的概念及其基本特征

“人格”（Personality）一词来源于拉丁文的“Persona”，本义是指面具，也就是演员演戏时根据剧情需要而戴的脸谱。它表明了剧中人物的角色和身份，具有鲜明的特点。把面具释义为人格，其实包含了两层意思：一是指个人在生活舞台上表演的各种行为，给人留下的印象是公开表露的个人特点；二是指个人蕴藏于内而外部没有显露的特点，但是会在外部活动中表露出来。

心理学对人格的定义有着许多不同的解释，主要是因为学者站在不同的角度来研究人格所形成的。一般来说，我们可以将人格定义为：个体在行为上的内部倾向，它表现为个体适应环境时在能力、情绪、需要、动机、兴趣、态度、人生观、价值观、气质、性格和体质等方面的整合，是具有动力一致性和连续性的自我，是个体在社会化过程中形成的给人以特色的身心组织（黄希庭，2002 年）。

与其他心理现象比较，人格具有自己的一些特征：

（一）整体性

人格虽然有多种成分和特质，但是它反映在个体身上并不是孤立的，而是密切相联的，是一个有机的整体。

（二）稳定性

人格的稳定性特征主要表现为在人生的不同时期以及不同情境下，人格的持续性和一致性。

（三）独特性

人与人之间的心理和行为表现存在很大的差异，这种差异导致了个体人格的独特性。在日常生活中，每个人都有自己的爱好、认知方式、情绪表现、能力表现和价值观等。

（四）社会性

人格是社会成员所特有的，只有社会化的个体才会拥有人格。当然，人格的社会性是与人格的自然性并存的。

二、健康人格的判断标准

一个人是否具有健康的人格，可以通过自我人格的成熟程度以及自我心理（精神）技能健全程度进行判断。

（一）自我人格成熟

1. 对现实的把握和处理能力

能够正确地面对客观现实，不否认现实、不逃避现实；对自己有客观合理的判断，既不过高地评价自己，也不过低地评价自己。

2. 具有克制自我欲望的能力

能够较好地克制自己的欲望，并且有效地调节由此而引起的情绪的紧张。

3. 具有恰当的自我防卫能力

对于痛苦、挫折、压力和不满等能够以客观的现实态度加以应对，并且具有恰当的自我防卫能力。

4. 心态平衡，完整统一

人格完整统一，没有扭曲、分裂的现象，在困难和逆境中能够保持心态平衡、稳定的状态。

5. 机动灵活，柔韧性强

自我心境具有较强的柔韧性，能够机动灵活地应对环境变化的能力，同时具有一种自由的创造力。

6. 自我同一性的建立

对自己充满信心，对社会、对生活持积极的态度，并且具有自觉心和责任心。

（二）自我精神技能健全

自我精神技能健全包括以下几点：

（1）思考问题具有客观性，对自我和外在的现实具有充分的认知能力。

（2）对自己的行为、情绪及其结果能够作出合理的预测和判断。

（3）对环境和现实具有把握能力，心境安定，不存在对现实的疏远感或模糊感。

（4）思考能力健全，具有形象化、概念化和语言化的能力。

（5）具有自我调控的能力，有正确的认知、判断、思考能力和较好的记忆能力。

（6）对外界的压力和刺激具有适当的防卫和自我保护能力。

（7）对自我情绪、行为和欲望具有适当表现、调整和控制的能力。

（8）处理人际关系的能力较强，对自我行为的把握能力较强。

(9) 具有为达到目标而付诸现实行动的能力。

(10) 具有既能适应环境，又能改善环境的能力。

(11) 自我思维具有灵活应变的能力，富有创造性的想象能力。

(12) 对待事物具有综合、概括的能力，人格稳定，具有统一性和连贯性。

值得注意的是，在以上的判断标准中，它们的基础内容和核心部分就是自我人格的健康发展和心理的适应能力。

三、人格的若干主要理论观点

人格理论（Theories of personality）是人格心理学家用来描述和解释人的心理和行为的一套假设系统和参考框架。由于人的心理和行为的复杂性以及人格心理学家对人的看法不同，因此产生了不同的人格理论。人格理论的提出，有助于人们之间的沟通和了解；有助于人们对他人行为作出某种合乎逻辑的解释；有助于人们拓宽自己的知识面，较为有效地分析、预测他人在某种情况下的未来行为。

关于人格的研究，影响较大的理论观点有精神分析理论、特质理论、学习理论和人本主义理论等。

（一）精神分析理论（Psychoanalysis）

精神分析理论的创始人是奥地利心理学家和精神病学家弗洛伊德（S. Freud），代表人物有荣格（C. G. Jung）和阿德勒（A. Adler）等。精神分析理论强调了人的系统特征，认为人是一个能量系统，人的行为从本质上讲是人的能量以动机、欲望和需要等形式的一种释放。人的内心事件和冲突决定了人格的形成和发展。挖掘探索和分析理解人的内心事件和冲突是精神分析理论的基本方法。

1. 弗洛伊德的精神分析理论

弗洛伊德的精神分析理论被称为经典的精神分析论。这种理论试图解释人格的结构、人格的动力、人格的发展以及人格的变态和如何改变人格等问题。弗洛伊德的精神分析理论中关于人格方面的阐述是所有人格理论中内容最丰富、影响最大的。

弗洛伊德把人格概括为精神或心理生活。在人的精神方面，弗洛伊德强调了意识、前意识和潜意识的内容，他认为人的精神主要包括意识、前意识和潜意识。

意识，是指个人当前能够觉察到的心理活动内容，它犹如漂浮在水面上的冰山，是露在水面上的一小部分。意识的内容是不断改变的，有些意识来自外部世界，而大多数意识则来自意识层下部，是从“水下”升浮上来的。

前意识，是指个人能够加以注意就能觉察到的心理活动内容。前意识虽然没有漂浮在“水面”上，但是它容易被觉察，可以通过“联想”或“省察”从“水下”浮出“水面”。前意识实际上在意识和潜意识之间起到了“稽查者”或“省察者”的作用，它将“企图”进入意识中的不适合心理内容去除或压回潜意识。

潜意识，是指个体无法觉察的心理现象，但是它却对个体的思想和行为产生巨大影响。潜意识是人的精神世界中最初级、最简单、最低级和最基本的因素，也是一种被压抑的强大的内驱力。潜意识具有各种本能的冲动力，它少部分来源于意识压入，绝大部分是从未意识到的。潜意识在人格上占据了很大的优势，它有力地操纵着人们的心理和行为，对人的心理和行为起到了“真正”的作用。

在人的心理生活方面，弗洛伊德强调了本我、自我和超我的人格结构。他认为人格是由本我、自我和超我三部分组成的一个完整结构。

本我，是人格中最原始的部分，存在于潜意识的深处，它代表了生物性、非理性以及破坏性的原始本能冲动，构成了人格中的内驱力。

本我不能忍受与躯体需求冲突的紧张状态，一旦出现类似现象，就会按“快乐原则”行动，以消除紧张、满足需求。

本我消除紧张的方式有两种：一是反射作用，二是愿望满足。反射作用，是指感官受到刺激释放身体能量以达到本能的满足。愿望满足指的是当个人的某种生理需要没有得到满足时，本我便产生一种满足这种需要的“物体”或“事件意象”，以便降低需要未得到满足而带来的紧张。比如，对食物的需要会自动在本我中产生与食物有关的意象，它可以暂时降低个人对食物需要的紧张。当然，本我的意象不能最终消除由需要带来的紧张。

自我，大部分存在于前意识和意识之中，自我随着年龄的增长而加强，它是理智的，遵循着“现实原则”，只有在现实条件允许的情况下才能使紧张得以降低。自我的存在是为了使个人与能真正满足其需要的经验发生关系。比如，当人口渴时，自我就会去寻找水。自我遵循现实原则来寻找适合的满足对象，它能够将本我的意想和外部的现实区别开来，并将事物的主观臆想与外界的事物等同一致起来，以满足本能的需要，即使得本我的愿望得到满足。当然，自我还能够阻止本我能量的释放。

超我，是随着年龄的增长而发展起来的。它是传统价值观和社会理想的一个人格结构，是人格道德的维护者，即超我告诉人们：什么是合乎道德，什么是不合乎道德。超我就像一个监督者或警戒者，设法引导自我走向更高尚的途径。超我是遵循“道德原则”的，充分发展的超我具有“良心”和“自我理想”的成分。超我的观点还强调了它与本我相似的非现实性，强调了它的追求至善至美性，强调了用良心去指导自我和限制本我。

本我、自我和超我三种人格结构成分处于不断的运动之中，如果三者之间彼此能够相互协调，对人的心理健康、人格健全是非常有益的；反之，容易导致心理健康出现问题，人格异常甚至人格变态。

2. 荣格的分析心理学理论

在早期的心理学研究中，荣格（瑞士精神分析学家和分析心理学家）支持弗洛伊德的主要学术观点，后期，荣格在学术上与弗洛伊德有了很大的分歧，他不再支持弗洛伊德，而是大力倡导分析心理学理论的观点。虽然荣格在自己的学术体系中对弗洛伊德的思想和观点作了不少修正和发展，但是其主要思想和研究方法大体还是沿用了弗洛伊德的经典精神分析论。

关于人格结构，荣格强调了意识、个人意识和集体潜意识的观点。

意识就是人心中唯一能够被个人直接知晓的部分，它在生命过程中较早出现。荣格将意识称为自我，自我是人们能够意识到的一切心理活动，是意识的中心。自我作为意识的门卫承担着极为重要的任务，人的某些观念、情感、记忆、知觉等，如果未被自我承认，那么就无法进入意识。在对自我的理解方面，荣格的观点与弗洛伊德的观点颇为相似。

个人潜意识包括了个人经历中曾经被意识到但又被压抑或遗忘的内容，或原本就尚无形成有意识的印象的内容。在个人潜意识中有一种对个人生活至关重要的特征——情结（complex），这是一种富有情绪色彩的一连串的观念和思想。在描述某人具有某种情结时，实际上是强调了该人执意沉溺于某种东西而不能自拔。一个人的某种情结的产生，会对他的行为产生不同的影响。

荣格将集体潜意识视为其人格理论中的核心概念。荣格认为，集体潜意识是人格结构中更深的层次，与潜意识不同的是，它是所有人均具有的、能够反映世代经验的内容。这些经验，也就是荣格所称谓的原型，它们对个人的人格和行为的产生具有特别重要的作用。

荣格还将人格划分为内向和外向两种倾向。他把个人的心理活动指向自我内部的称为内向；把个人的心理活动指向外部环境的称为外向。前者具有诸如注重主观世界、好沉思、善于内省、缺乏自信、孤僻、迟疑、退缩、害羞、较难适应环境等特点；后者具有诸如重视外部世界、爱好社交、活跃、开朗、自信、勇于进取、容易适应环境等特点。

同时，荣格还将上述两种内外倾向相结合，形成了八种人格类型：

(1) 思维外向型。按固定规则行事，客观冷静；善于思考问题但固执己见；感情受压抑。

(2) 情感外向型。极易动感情，外界细小的变化都可以导致情绪波动，多愁善感；寻求外界的和谐，爱交际；思维受压抑。

（3）感觉外向型。寻求享乐，无忧无虑，社会适应性强；不断追求新异感觉经验，情感浅薄，沉溺于各种嗜好；直觉受压抑。

（4）直觉外向型。作决定不是根据事实，而是凭借预感；异想天开，喜怒无常，容易改变主意；富有创造性，对自己许多潜意识的东西了解很多；感觉受压抑。

（5）思维内向型。不合群，沉溺于玄想；实际判断力缺乏，社会适应性差；智商高，忽视日常实际生活；感情受压抑。

（6）情感内向型。安静，有思想，感觉敏感；情感深藏在内心，沉默寡言，态度既随和又冷淡；给人“深不可测”的感觉；思维受压抑。

（7）感觉内向型。沉溺于自己的主观感觉之中，对外界世界表现淡漠，了无生趣；不关心人类事业，只顾自己身边刚刚发生的事情；直觉受压抑。

（8）直觉内向型。偏执而喜欢做白日梦，观点新颖但稀奇古怪；苦思冥想，很少有人能够理解，但是并不为此烦恼；以内部经验指导生活。

3. 阿德勒的个人心理学

在早期的心理学研究中，和荣格一样，奥地利精神分析学家阿德勒也支持弗洛伊德的主要学术观点，但是后来他与弗洛伊德的观点产生了分歧，并将自己的学术观点称为“个人心理学”。阿德勒认为，人是一个整体的人，是一个与他人和社会和睦相处、选择和追求与社会理想相一致的人。与弗洛伊德推崇潜意识的本能决定论不同，阿德勒强调意识的作用，认为人格的动力是社会动机（自卑感和追求优越）。

自卑感是阿德勒个人心理学中的重要概念。阿德勒将自卑感视为人格发展的动力，他认为自卑感驱使人产生对优越的渴望。人们通过对自己的缺陷进行弥补，以最大的努力把原来的弱点转变成为自己的优势。人有了自卑感，也就有了补偿的需要，也就有了不断向前追求或获得优越的动力。

同时，阿德勒也认为，如果一个人一心一意追求自己的优越而忽视了其他人和社会的需要，那么这个人也容易产生某些心理上的缺陷（如虚荣、骄傲、言过其实、自以为是等）。

在阿德勒的个人心理学观点中，他强调了创造性自我（creative self）的概念，认为创造性自我是人格中的自由部分，每个人都可以自由地选择自己的生活格调和追求目标。正因为创造性自我的存在，对人格的形成和发展起到了重要的作用。

（二）特质理论（Trait Theory）

特质理论是以特质概念为基础建立起来的一种人格理论，这种理论把人格看成由许多不同特质组成。特质理论认为，人的行为主要是由个人所具有的强度不同、种类广泛、稳定的人格品质，即特质调节所支配；特质具有时间的稳定性、空间的普遍性特点；通过对人的特质的了解，可以预测个人的行为；人类均具有特质，不同强度的特质可能有不同情况的匹配，从而形成了每个人独特的个性。

特质理论的创始人是美国的心理学家奥尔波特（G. W. Allport），代表人物有卡特尔（R. B. Catll）和艾森克（H. J. Eysenck）等。

1. 奥尔波特的特质论

奥尔波特认为，人格是个体内在心理物理系统中的动力组织，它决定一个人的独特的行为和思想。他认为，人格是由许多特质组成的，特质是一种神经心理结构，特质除了反应刺激产生行为外，还能够主动引导行为。

奥尔波特将特质分为共同特质和个人特质两类。

（1）共同特质，是指同一种文化形态下群体都具有的特质，它是在共同的生活方式下所形成的，并普遍地存在于每一个人身上。共同特征被认为是一种概括化的人格倾向。

（2）个人特质，是指个人所独有的，能够反映个人人格的倾向。世界上没有任何两个人具有相同的个人特质，只有个人才能表现出个人的真正特质。

在上述基础上，奥尔波特根据个人特质对人格的作用和影响，进一步将其分为三个重叠和交叉的层次：①首要特质。这是个人最重要的特质，它代表一个人的人格最独特之处，往往只有一个。它在人格结构中处于支配的地位，影响一个人的全部行为。②主要特质。它是人格的“构件”，个人的人格是由几个彼此相联系的主要特质所组成的。它对人的行为也具有决定作用。③次要特质。这对个人来说是无足轻重的特质，只有在某些特定的场合才出现，它不是人格的决定因素。

奥尔波特强调，成熟的人格是一个发展的过程，他提出了判断健康成熟人格的六项标准：自我扩展能力、与他人热情交往的能力、自我接纳能力和安全感、实际的现实知觉、自我客观化、统一的人生哲学。

2. 卡特尔的特质论

美国心理学家卡特尔在人格的研究中，认同奥尔波特将人格特质划分为共同特质和个人特质的学术观点。卡特尔认为，共同特质是用因素分析法得到的共同因素，个人特质是用因素分析法得到的独特因素，共同因素是人类所有社会成员所共同具有的特质，独特特质是指个人所具有的特质。

卡特尔把许许多多的特质划分为表面特质和根源特质。卡特尔认为，表面特质直接与环境接触，经常随环境的变化而变化，是从外部可以观察到的行为；根源特质是隐藏在表面特质的后面，深藏在人格结构的内层，它是制约表面特质的潜在基础和人格的基本因素，是建造人格的基本元素。根源特质必须通过表面特质的中介，通过因素分析才能发现。例如，独立、坚韧和大胆等特质可以在个人的身上直接表现出来，并且能够被观察到，这些特质就是表面特质，这些表面特质之间具有很大的关联性，通过因素分析可以得到它们的共同根源特质。

卡特尔认为，根源特质各自独立，相互之间的关联性很小，根源特质普遍存在于不同年龄和不同社会环境的人身上。但是，每个根源特质在个人身上反映出来的强度是不同的，于是就决定了个人之间在人格方面的差异。表3－1所示的是卡特尔研究发现的16种根源特质。①

表3－1　卡特尔的16种根源特质

因　素	特质名称	低分者特征	高分者特征
A	乐群性	缄默孤独	热情外向
B	聪慧性	智力较低	智力较高
C	稳定性	情绪激动	情绪稳定
E	恃强性	谦逊顺从	好强固执
F	兴奋性	严肃稳重	轻松兴奋
G	有恒性	权宜敷衍	有恒负责
H	敢为性	畏惧退缩	冒险敢为
I	敏感性	理智、着重现实	敏感、感情用事
L	怀疑性	信赖随和	怀疑、刚愎
M	幻想性	合乎实际	富于幻想
N	世故性	坦白直率、天真	精明能干、世故
O	忧虑性	安详沉着	忧虑抑郁
Q_1	实验性	保守	勇于尝试实验
Q_2	独立性	依赖、附和	自立、当机立断
Q_3	自律性	矛盾冲突	自律严谨
Q_4	紧张性	心平气和	紧张困扰

据上述根源特质编制的16种人格因素问卷量表（16PF量表），已在心理学等相关领域广泛应用。

① 叶奕乾、何存道、梁宁建主编：《普通心理学》，华东师范大学出版社1997年版，第547页。

3. 艾森克的特质论

英国心理学家艾森克在研究人格的过程中，突出强调了“特质”，他认为当那些特质群聚在一起时，便组成了人格的类型。艾森克认为，各种人格类型并不是相互排斥的，而是包含了三个基本的人格维度：

（1）内倾—外倾。这个维度表明了人格的心理活动从倾向外部到倾向内部的变化特征。外倾的人不易受外界环境的影响，难以形成条件反射，具有情绪冲动和难以控制、爱交际、渴望刺激、喜欢冒险、粗心、容易发脾气等特点；内倾的人容易受外界环境的影响，容易形成条件反射，具有情绪稳定、安静、不偏好社交、不喜欢冒险、深思熟虑、喜欢有条理的工作和生活方式、不易发脾气等特点。

（2）神经质—稳定性。这个维度表明了人格的心理活动从异常到正常的连续变化特征。情绪稳定的人，往往容易表现出高焦虑的心理状态，他们容易激动，喜怒无常；情绪稳定的人，情绪反应往往轻微而缓慢，并且容易恢复平静，他们善于控制自己，温和稳重、不易焦虑。

（3）精神质—超我机能。这个维度也表明了人格的心理活动从异常到正常的连续变化特征。高分精神质的人具有强烈愚弄和惊扰他人的心理需要，他们倔犟固执、凶残蛮横、铁石心肠；而低分精神质的人往往温文尔雅、心地善良。

艾森克认为，人格的形成是环境和遗传交互作用的结果。在论述环境对人格形成的作用时，艾森克强调，人的社会化行为是个人的“意识”促成的，也就是说是通过对外界环境的反应（学习）而形成的。这个反应过程对不同的个体来讲其进程是不同的，内倾的人比外倾的人更容易较好地完成这个过程。

（三）学习理论

学习理论关于人格方面的研究重点强调了人格形成的学习结果。学习是个人与外界接触或与他人交往而使行为和行为倾向发生比较持久改变的过程。这些变化了的行为包括外显行为和内显行为（如认知、情感、态度、信念等）。

当代学习理论关于人格研究的主要领域包括行为主义学习理论和社会学习理论两个方面。行为主义学习理论的代表人物是斯金纳（B. F. Skinner）以及多拉德（J. Dollard）和米勒（N. E. Miller），社会学习理论的代表人物是罗特（J. B. Rotter）和班杜拉（A. Bandura）。

1. 行为主义学习理论

（1）斯金纳的人格的操作条件作用理论。美国心理学家斯金纳认为，人格是在后天环境中受到“强化”或“增强”而发展和变化的。强化或增强指的是在一种刺激情境中，个体的某种反应后果有使该反应出现的概率提高的作用。这种“强化”或“增强”其实也就是学习的过程。

斯金纳把人格看成个体的独特行为方式或这些方式的组合，而个体的行为是由外界环境因素决定的。他认为人的行为可以分为两类：一类是由外来已知刺激引起的，受外界因素控制的个体的应答性行为；另一类是受到外界事件结果的影响，由个体内部发出的可操作性行为。因此，斯金纳主张采用积极的强化期望行为的方法来塑造人的行为方式。

在人格发展中，斯金纳尤其强调儿童模仿学习的重要性。他认为，儿童很容易模仿学习到受到强化的行为，因此榜样的作用在塑造和培养人格的过程中具有重要意义。

（2）多拉德和米勒的刺激—反应理论。美国社会学博士、教授多拉德和心理学家米勒在学习和模仿方面进行了合作研究，运用学习理论的观点来解释人格的形成。他们认为，人格的形成是从满足需要开始的，个体在以不同的行为方式达到满足自己需要的过程中形成了各自独特的个性行为。在多拉德和米勒看来，驱力、线索、反应和奖赏是个体通过学习形成人格的主要基础，这四个概念也是他们人格学习理论中的核心概念。

驱力是迫使个体行动的强烈刺激，刺激越强，驱力越强，行为的动机也就越强。

线索是决定个体产生什么反应，以及什么时候、什么地点作出反应的刺激。驱力驱使行为，而线索起着指导行为的作用。线索可以是外部刺激，也可以是内部刺激。

反应是由驱力和即时的线索诱发出来的，它的目的在于降低或消除驱力。反应可以是外显的，也可以是内部的（如思维、推理等）。

奖赏指的就是强化，它与降低驱力具有相等的意义，任何能够引起驱力降低的刺激都是强化物。

多拉德和米勒认为，如果一个线索导致一个反应，这个反应又导致强化作用，这一线索和反应之间的联系就会增强。如果多次重复这一过程，那么个体就会形成一种牢固的习惯。

对于人格的形成过程，多拉德和米勒明确表示它是一个学习的过程，使驱力降低，将已有的反应与新的刺激联系在一起，新的反应得到强化。在学习的过程中，人格是由环境提供的某种奖赏的结果。

2. 社会学习理论

（1）罗特的人格社会学习论。罗特认为，人格的形成主要是在社会情境中通过学习获得的。但是，与斯金纳的观点不同，罗特强调了认知过程和外部强化的重要性。

罗特在研究人格时，把强化理论和认知理论结合起来。他相信，人类的一个基本特征就是会思维和预期，人类的行为不仅仅是由随行为而来的强化所决定的，而且还决定于对所选择的行为将导致强化的预期。

罗特在他的人格社会学习理论中，提出了四个基本的概念：行为潜能、预期、强化价值和心理情境。

行为潜能，是指在达到某种目标的特定情境中出现某种行为的可能性。这种可能性是由行为之后所伴随的强化或强化定式所决定的。

预期，是指个体对自己在某特定情境中以某种方式行动就会产生预测强化所抱的信念。然而，个人的预测不一定总是与实际相符合，有些人可能高估自己，而有些人则可能低估自己。但是，无论怎样，要正确预测一个人的某种行为（或人格）是否出现，应该考虑这个人的主观预期。

强化价值，是指当几种强化出现的概率相同时，个人偏向某种强化而不是另一种强化的程度。这里所说的强化价值的含义是指每个人对不同强化所赋予的价值是不同的，个人的某种偏好来自于和过去强化和当前强化相联系的经验。由于过去强化和当前强化之间形成了联系，才会产生对未知强化的预期。

罗特提出了心理情境的概念，强调了“情境”对人类行为的影响。他认为，人总是根据自己对外部刺激的感知来对情境作出反应，所有的情境都包含着线索，这些线索使人们了解到哪些“强化”更容易在什么情境下获得、哪些“强化”在什么情境下更具有价值。

在人格的形成和发展过程中，罗特强调，人格虽然是不断变化的，但是其具有高度的稳定性或连续性。

（2）班杜拉的社会学习论。班杜拉吸收了多拉德和米勒等人的思想，并且突破了传统的理论框架，从认知信息加工理论和强化理论相结合的观点来解释个人的社会学习、行为学习和人格的形成等。他反对把行为等归因于个人内部的潜意识的冲突。

在班杜拉的理论中，他提出了以下几个重要的观点：

交互决定论，即把相互依存的行为、个人因素和环境因素看成相互连锁的决定因素在相互作用的过程中共同起作用。个人内部因素和行为是交互作用的。

无须强化的学习，即学习在没有强化的情况下也会发生，强化并不是人们获得行为的唯一方式。当然，班杜拉并不认为强化与复杂行为的学习是无关的。相反，他认为，行为习得之后，强化对这种已经习得的行为再次表现起到了重要的作用。

在人格发展过程中，班杜拉非常重视社会影响的作用，并试图从社会、文化和种族等方面来解释同龄人之间的个体差异。

（四）人本主义理论

人本主义理论非常注重人的尊严、人格的完整和自我的充分发展。人本主义现象学理论是人本主义理论的重要组成部分，它强调了人对客观世界的感知决定了他的行为方式，即人对客观世界所意识到的经验对他的行为方式具有决定作用，并且随着人的经验的变化而变化。

人本主义理论的创始人是马斯洛（A. H. Maslow），代表人物有罗杰斯（C. R. Rogers）和凯利（G. A. Kelly）。

1. 罗杰斯的人格自我理论

罗杰斯把自我看成人格结构中的一个非常重要的概念。他认为，自我是一种具有组织性、整体性和一致性的，并遵循一般的知觉原则的知觉模式；自我不是由一些简单的条件反应组成，而是具有知觉模式的固有本质，它能够表征那些意识到的关于自己的经验。所以，罗杰斯认为，人们都在用自己的方式看待和适应现实，每一个人都生活在自己知觉的主观世界中。

在罗杰斯的理论阐述中，他认为，人类是不断前进的，具有自我实现的基本趋向。在罗杰斯看来，人类具有求生存、发展和提高自身的天赋要求，人类如果要维持自身的正常发展，就必须满足实现趋向。实现趋向驱动人们从一个单纯的结构朝着更加分化、更加统合的状态发展，从依赖向着独立发展，从固定、僵硬向着变化和自由表现发展，从而使个体变得更加复杂、更有独立性、创造性和更具有社会责任感。

关于人格适应问题，罗杰斯认为，人性的基本冲动就是自我实现，人本身具有许多潜能，这些潜能在适当的环境中可以自然充分地发展，但是如果环境不好或未得到良好的指导，那么这些潜能可能受到阻碍而无法完全发展或朝歪曲的方向发展，因而造成偏差行为。

罗杰斯认为，机能完善的个体应当具有以下特征：

（1）对任何经验都开放；

（2）自我与经验相协调；

（3）利用自身的机体评价过程；

（4）无条件的自我关怀；

（5）与他人和睦相处。

罗杰斯认为，要成为机能完善的人，关键在于自我与经验的协调。

2. 马斯洛的人本主义理论

关于人格的研究中，马斯洛将需要层次论看成人格的驱动力。他认为，生理需要、安全需要、归属需要、自尊需要、自我实现需要以及认知需要和审美需要是人的基本需要，在这些基本需要的驱动下，人格得以发展。

马斯洛把自我实现看成他的人格理论的核心，他认为自我实现是实现生命价值的成长需要，其目的是扩充人们的经验、充实人们的生命，并不是补偿人们的不足，它将人们拉向宏大的远景。

马斯洛归纳了自我实现者的一些特征，表述如下：

(1) 能准确地知觉现实；

(2) 悦纳自己、他人和周围世界；

(3) 能自然地表达自己的情绪和思想；

(4) 超越以自我为中心，而以问题为中心；

(5) 具有超然独立的性格；

(6) 对于自然条件和文化环境的自主性；

(7) 对平凡的事物不觉厌烦，对日常生活永远感到新鲜；

(8) 具有高峰经验（高峰经验指的是在追求自我实现的历程中所经历的一种超越时空、超越自我、执著于某种事业之中的心灵满足感，这种体验是只可意会无法言传的）；

(9) 爱人类，并且具有帮助人类的真诚愿望；

(10) 有至深的知交，有亲密、温暖的家人；

(11) 有民主的性格，能尊重他人的人格；

(12) 道德标准明确，能区分手段与目的，绝不会为达到目的而不择手段；

(13) 具有哲理的、善良的幽默感；

(14) 具有旺盛的创造力，不墨守成规；

(15) 对现有文化更具有批判精神。

马斯洛强调了人的基本需要满足的途径，认为人的基本需要的满足只能通过人际关系来得到满足。因此，在形成健全人格的过程中，良好的人际环境和人际关系是不可缺少的。

四、人格形成和发展的过程

一般认为，人格是遗传因素和环境因素相互作用的结果。其中，遗传因素是人格形成的自然前提，并为人格发展提供了可能性和方向；而环境因素则在人格的形成和发展过程中起着决定作用，它将人格形成和发展的可能性变成了现实。

对人格的形成和发展过程进行探讨，除了考察遗传等生物学因素之外，还应该着重考察环境因素。

影响人格形成和发展的环境因素，主要包括家庭、学校、社会环境等方面。

（一）家庭因素的影响

家庭因素对个体人格形成和发展的影响是非常大的，具有重要和深远的意义。有人将家庭视为“人格塑造的工厂”，而心理学家则认为，在早期教育中，家庭的因素对个体人格形成和发展的影响完全可以折射出社会和时代的要求。从人格形成和发展的自然过程分析，家庭因素也是最早起影响作用的环境因素。

1. 亲子关系

亲子关系是儿童最早建立的人际关系，亲子关系的好坏不仅直接影响儿童的人格形成和发展，而且也会影响到儿童成长后的人际关系。

在儿童早期，亲子关系是儿童寻求安全的重要途径，也是儿童健全人格培养的主要动力。如果儿童早期得不到家庭的温暖，缺少父爱和母爱，就有可能形成性情孤僻、冷漠、任性等不良人格特征；同样，父母对待子女的态度，也会对子女的人格产生不同程度的影响。美国心理学家皮克（R. F. Peck）的研究表明了这种关系的存在，具体见表3－2。

2. 家庭氛围和父母的榜样

家庭氛围，主要是指家庭关系是否和睦与紧张等。家庭氛围是由家庭成员所营造的，但主要由夫妻关系所决定，它对子女人格的形成和发展会产生较大的影响。

安宁愉快家庭中的子女与紧张冲突家庭中的子女在人格上有很大的差别。安宁愉快家庭中的子女，在家里感到有安全感，生活快乐、信心足、待人和善、愉快学习；紧张冲突家庭中的子女，往往缺乏安全感、情绪不稳定，容易紧张和焦虑，长期忧心忡忡，害怕父母逢事迁怒于己，对人不信任，容易发生情绪和行为问题。

父母的榜样作用是显而易见的。父母的人生观、价值观以及行为规范和道德表现等都会对孩子的人格形成和发展产生潜移默化的影响，在很多情况下，子女的人格表现往往与父母相类似。

表3－2　父母的态度与子女的人格特征

子女的人格特征 / 相关 / 父母态度	意志坚强	情绪稳定	自发努力	友好态度	敌对行为
信任	0.75	0.60	0.27	0.44	－0.40
民主	0.43	0.16	0.36	0.33	－0.40
容忍	0.56	0.53	0.05	0.19	－0.10
严厉	－0.16	－0.08	－0.38	－0.38	0.40

3. 独生子女

独生子女的人格形成和发展与其特殊的家庭结构、家庭环境及父母、祖辈的教育态度等有很大的关系。在我国，20 世纪 80 年代初期，叶奕乾等学者就对独生子女进行了研究，认为独生子女的自尊心比较强，自信心比较足，但是他们的谦虚精神稍差，依赖性也比较明显，有相当部分的独生子女缺乏独立性。①

随后，许多学者也进行了相关的研究。有的研究认为独生子女的良好人格品质与其早期的教育有关；也有研究认为，独生子女与非独生子女在一些人格特征上没有明显差别（如好奇心、对他人的态度、自尊心、独立性、自制力、对困难的态度以及对待劳动的态度等）。

（二）学校因素的影响

学校教育对学生的人格形成和发展同样具有重要的作用。英国思想家欧文（R. Owen）曾经说过，教育人就是要形成人的人格。学生通过学校良好的教育，形成良好的人格，就能够顺利地走向社会、适应社会。

1. 课堂教育和班集体

学生通过课堂教育，接受系统的科学文化知识，在学习中形成和发展良好的人格品质。

在班集体中，每个学生都处在不同的位置、扮演着各自不同的角色，而这种角色的扮演必然会影响到每个学生的人格发展。因为在班集体中，每个学生所处的位置以及相应的“职责”会对他们的做人、做事提出不同的要求，从而使学生的人格朝着更加完整、健康的方向发展。

2. 教师

在学校，教师就是学生的学习榜样，教师的一言一行对学生的人格形成和发展同样起着潜移默化的作用。教师的“为人师表”重要作用，不仅仅表现在教书上，更重要地表现在育人中。

有学者对教师和学生人格之关系做了研究，结果表明，在诚实守信方面，喜欢教师的学生，说谎少，容易形成诚实的人格特征；而不喜欢教师的学生，经常说谎，不容易形成诚实的人格特征。

（三）社会环境因素的影响

社会环境对人格形成和发展的影响，主要涉及社会文化和社会实践等。实际上，人格的形成并不是一蹴而就的，而是人们在长期的认识世界和改造世界的基础上，将客观外在的影响和自身内在的要求融合在一起产生的。在这个过程中，社会文化和社会实践的影响作用是巨大的。

1. 社会文化

社会文化实际上包含着关于人生、价值、思想、理念、规范以及行为等

① 叶奕乾、何存道、梁宁建主编：《普通心理学》，华东师范大学出版社 1997 年版，第 555 页。

诸多方面的内容，对人的影响是全面的。在社会文化的不断影响下，人们会逐步认同其本质内涵和具体外延，将其接受，于是与该社会文化相关的内容也就容易成为人格稳定的组成部分。社会文化中，无论是所涉及的社会主流文化还是社会亚文化，无论是积极向上的社会文化还是消极落后的社会文化，都会对人格的形成和发展留下深刻的烙印。

2. 社会实践

社会实践是个体发展中不可缺少的重要环节，社会实践在一定程度上要求实践者具备与实践活动相适应的人格特征，从而更好地从事相应的实践活动。例如，科学工作者往往具备严谨踏实、一丝不苟、独立思考的人格特征。

第二节　公安大学生健全人格

一、公安大学生健全人格的基本要求

公安大学生和普通大学生一样，正处在人生发展的重要时期，在人格发展过程中，他们都具有希望了解自己、把握自己、发展自己以及自我角色认同等特点，他们谦让、克己、谨慎、负责，敢于面对现实、尊重事实，具有较好的社会适应性和处理人际关系的能力。但是，由于公安大学生的学业要求和未来职业定向，决定了他们在人格发展的方向和内容方面必须与普通大学生有明显的不同。公安大学生健全人格的基本要求主要有以下几个方面：

（一）正确的人生观和价值观

正确的人生观和价值观是每一个大学生都应该具备的，但是对公安大学生来说，它所包含的意义会更深。由于公安工作的性质和职业特点，要求公安大学生必须具有奉献和吃苦耐劳的思想和心理准备，这里所说的奉献，不是一般的付出，而是包含着鲜血甚至生命的代价；这里所说的吃苦耐劳，也不是一般意义上的辛苦，而是包含着忍辱负重。因此，公安大学生必须正确理解作为一名人民警察应该具备的人生观和价值观，在校期间，除了学校的严格要求、加强教育之外，公安大学生也应该自觉地、有意识地不断加强自我锤炼。

（二）对人对己的负责态度

个体对外界和自己的态度从某种意义上讲，能够反映出他的人格倾向。态度是非常重要的，公安大学生在形成和发展健全人格的过程中，要努力培养良好的负责态度，这是公安大学生未来人生和职业要求使然。态度包括了对待客观外界的事物以及对待自身两个方面：对待客观外界事物的态度主要有对待社会、集体和他人等方面的内容以及对待工作、学习等方面的内容，

如先公后私、热爱集体、热情周到、礼貌待人、富有同情心以及勤劳踏实、认真仔细、吃苦耐劳、富有创新等；对待自己的态度实际上包含了在与社会和他人打交道过程中的认识反应表现，如尊重他人、宽厚待人、谦虚谨慎、严于律己等。

（三）善于克己的坚强意志

要善于克制自我，根据客观外界和自身实际情况调节自己的心理和行为，这是公安大学生健全人格的重要方面。善于克制自己、调节自己的心理和行为主要强调的是公安大学生在人格形成和发展过程中，努力培养善于把握调节自己心理活动的能力，对自己的行为目的具有清晰的认识，在行为过程中不会轻易受到其他因素的干扰，学会如何克制自己、理智冷静地去对待行动过程中所出现的干扰，同时又具备持之以恒的心理素质，无论行为过程中出现什么困难或阻碍，都不会轻易放弃，而是坚定地、果断地、勇敢地去面对。

（四）高尚的情趣和乐于服务的品格

高尚的情趣和乐于服务的品格，实际上是一种健全人格的魅力体现，对于公安大学生来说尤为重要。

高尚的情趣强调的是公安大学生应该注重陶冶自己的情操、培养自己多方面的兴趣爱好，其中包括对公安工作有直接和间接关系的各类社会、人文、自然、科学、音乐、艺术等知识的兴趣爱好。一个人的人格魅力的展示和吸引，在很大程度上就是依赖于高尚的情趣来完成的，因此，公安大学生要努力使自己在校期间，有意识地不断陶冶自己的情操和培养广泛的兴趣爱好，以便更好地适应未来的公安工作。

乐于服务的品格是根据公安工作服务于社会、服务于大众的要求，对公安大学生提出来的，它是健全人格魅力的具体体现。公安大学生应该通过日常的学习、教育，逐步养成乐于服务的品格，并致力于现实。公安大学生乐于服务品格的养成，有利于今后更快、更好地适应公安工作，更好地为人民群众服务，从而赢得人民群众的欢迎和信任。

（五）正确评价自己，有面对现实的勇气

正确评价自己是非常重要的，它是人格健全的重要标志，公安大学生更应该在自我评价方面有一个正确的表现。

能够正确地面对客观现实，不否认现实、不逃避现实；对自己有客观合理的判断，既不过高地评价自己，也不过低地评价自己。

（六）过硬的职业技能和本领

警察职业技能和本领的高低，也可以作为公安大学生的人格力量出现。公安大学生的警察职业技能和本领的掌握，主要是通过在校期间的严格训练获得的。警察职业技能和本领的掌握过程，包含着公安大学生个体的动机水平、知识经验、对相关要求的理解和执行以及主动积极和意志成分等影响因素，而这些影响因素的存在，无不反映了人格形成和发展的要求。例如，公安大学生的成就动机就能够充分反映出他们的人格特征，因为成就动机强的学生对技能的掌握具有更高的积极性，能够更好地控制自己不受外界环境的影响。又如，知识经验虽然不能替代技能和本领，但是技能和本领的掌握必须要有知识经验作为基础，个体通过运用知识经验，达到掌握技能和本领的目的。当个体具有了高超的职业技能和本领，能够在实际工作中得心应手、运用自如，工作效率和质量就会提高，人格的魅力就自然会显现出来。

二、公安大学生人格发展中应该克服的缺陷

公安大学生在人格发展过程中由于种种因素的影响，可能会出现某些方面的缺陷，而这些缺陷相对于普通大学生而言，又具有自己的特点。因此，公安大学生要认真分析自身存在的人格缺陷，努力加以克服，摆脱人格缺陷对自己成长的影响。

（一）自卑

自卑，是指对自己不满意，鄙视和否定自己的情感。在行为上主要表现为缺乏自信、自惭形秽和退缩不前，不敢展现自己和表现自己。自卑的本质就是自我评价过低。

进入公安院校后，公安大学生都会面临着重新自我评价的问题，尤其是他们的比较对象和范围相对于中学而言，都发生了很大的变化，使他们会产生“相对平庸化”的心理感觉，难以感到像以前那样出类拔萃，于是对自己产生了怀疑和否定的态度，有的同学甚至会将自己的短处与别人的长处进行比较，更觉得自己一无是处，于是自卑心理就会油然而生。究其原因，一方面，公安大学生和普通大学生一样，经过严格的高考脱颖而出，进入大学后他们发现周围的同学个个都是“高手”，不但学习成绩优秀，而且体育、技能也很出众，还有很多同学有艺术、绘画、表演等方面的特长，自己与他们比较，有许多差距，感到自卑；另一方面，在与普通院校的同学接触的过程中，感到自己所学的专业面知识面窄、学业深度不够，不如普通院校的同学学习面广、基础扎实、适应性强，担心自己毕业以后走上工作岗位不能够适应社会、做好工作，产生心理压力，感到自卑。

有自卑心理的公安大学生可能会出现一些诸如退缩、脆弱、悲观、破罐破摔、过于敏感、自尊心强、经不起批评以及人际关系不良等表现。

克服自卑，可以从以下几个方面入手：

（1）正确评价自己，多发现自己的长处，相信自己的能力，悦纳自己，并且努力寻找成功的体验。

（2）在正确评价和分析自己的前提下，通过积极的行动，使自己的长处得以最大地发挥和光大，增强获得更大成功的信心。

（3）有意识地加强个人能力的锻炼和个人特长的培养，使自己的大学生活更加丰富多彩，从而提高自信。

（4）要以平常心态去看待周围的同学，要“允许”他们比自己“强”，要懂得“人无完人、金无足赤”的道理，以宽慰平和的心态与同学进行比较。

（二）嫉妒

嫉妒是当别人具有了比自己优越的地位、成就，或者自己原有的优越地位、成就被别人所取代时所产生的一种含有不满、憎恨的激烈情感。嫉妒的产生是极其有害的，它不仅会伤害到别人，也会伤害到自己。

公安大学生中，不乏嫉妒者的存在。当同学们通过高考的选拔，成为佼佼者进入公安院校后，大家都会面临着同样的问题：学业成绩、个人才艺、能力、进步等。这就意味着公安大学生必须面对现实、面对同学，通过自己的努力争取好的成绩。这种努力，实际上就是一种竞争，就是一种“你先我后”或“我后你先”的拼搏。当然，竞争就会有所谓的“成功和失败”的结果，如何看待这种结果，不同心态的人，会有不同的行为表现。有的人凡事唯恐别人比自己强，看到别人在学习成绩、个人才艺、能力和进步等方面超过自己时，没有静下心来认真思考分析，找出自己落后的原因，而是一味埋怨别人有“本事”，怨恨别人。这种怨恨的情绪，容易导致一些极端行为的产生，如设法拖别人的后腿或挡别人的道，或明里暗里诋毁、败坏别人的成绩和名誉等，所有这一切都将会给自己和别人带来不良的结果。

克服嫉妒，可以从以下几个方面入手：

1. 要充分认识嫉妒给自己和别人带来的危害

嫉妒绝对不会给自己带来任何的好处，更不会提高自己的成绩、增强自己的才干和促成自己的进步，嫉妒也不会给自己带来别人“停止不前”的“愿望”；嫉妒带给自己的只能是心理上的痛苦，甚至还会导致身体健康的损害。由于嫉妒是发生在个人与他人之间的，因此嫉妒的存在会导致双方或多方受到伤害，如损害人际关系、失去知心朋友等，同时嫉妒的存在还会在校园内产生很大的负面作用。所以，公安大学生一定要充分认识到嫉妒的危害性，要用平常之心去看待周围的人和事，要做到心胸宽广，以宽容之心去对待他人、他事，以欣赏之心去看待他人、他事。

2. 要加强和发挥自我意识的正确导向作用，进行合理的自我心态调节

嫉妒源于深层的自卑，它实际上是对自己的成就、能力、品质等过低评价后感到内心挫折而转向对外攻击的一种表现，嫉妒者企图通过以嫉妒的方式来获得心理上的补偿。但企图用嫉妒的方式来获得心理补偿的做法是不可

取的，公安大学生面对挫折要通过加强和发挥自我意识的正确导向作用，提高自己的认识能力、心理承受能力、道德修养能力和自我实现能力，并进行合理的自我心态调节，借助诸如转化、升华等心理调节方法，将自己的嫉妒心理转化为不断前进、赶超他人的动力。

3. 要勇于面对现实、实事求是，宁静致远，不断进取

公安院校是一个人才济济、竞争激烈的地方，公安大学生要勇于面对现实、实事求是，要经常保持怡然平静的心态，宁静致远，不断进取。要有博大的胸怀和自知之明的态度，要坦然接纳别人的成就和荣誉，正视自己的不足和短处，这样就不会以自己之短比他人之长，就不会产生嫉妒。同时，也要有足够的勇气，奋发搏击，充分发挥自己的特长，以自己的聪明才智去赢得竞争中的胜利。

（三）压抑

压抑，是指生活、工作、学习中具有一定压力作用的因素给人带来的心理上欲释而难的情感体验。压抑的存在，使人在情绪上变得更为容易急躁或消沉，在认识上变得更为容易缺乏理智，在意志行为上变得更为容易失去控制。

进入公安院校后，由于学习、生活环境以及人际关系等方面与中学有了很大的差别，需要重新适应，这就会给公安大学生带来较大的压力，尤其是公安院校的管理体制和规章制度对他们提出了更高的要求。与普通院校的大学生比较，公安大学生不但感到学习上、训练上有更大的压力，而且也感到管理制度上、纪律作风上有更大的压力，因此，随着高强压力的不断积累，他们会从心理上感受到压抑。过度压抑的存在，对人的心理健康乃至身体健康都是不利的，在过度压抑的情况下，有的同学会对学习和训练有所放弃，有的同学会变得消沉、退缩和逃避，有的同学的人际关系会变得更为紧张，而有的同学可能会采取比较极端的手段来处理此事。

克服压抑，可以从以下几个方面入手：

1. 增强抵御压抑的能力

任何一个人都要面对工作、学习和生活所带来的各种压力，都不可能随心所欲地按照自己的想法和意愿行动。因此，对于个人来讲，产生压抑心理的现象是正常的，不同的区别在于有的人会经常感到压抑的存在，而有的人则较少感受；有的人会觉得难以忍受压抑的存在，而有的人则可以一挺而过。存在这种差别的关键就是抵御压抑的能力不同。公安大学生平时就应该有意识地加强抵御压抑能力的训练，首先要正确认识各种压力以及各种压力所带来的心理影响，其次面对各种压力要有意识地通过各种手段进行自我调节和外部调节，以增强抵御压抑的能力，从而有效地减缓压抑或消除压抑。

2. 学会正确地缓解压抑的有效方法

学会缓解压抑的方法是十分重要的。一般来说，可以借助以下方法来缓解压抑：

（1）保持乐观的为人处世态度。事实上，一个人的心理压抑感的强弱，与这个人的为人处世态度有很大的关系，也与这个人的人生观、价值观、得失观等有很大的关系。只有树立了正确的观念，具有宏大的气度和胸怀，才能保持积极乐观的为人处世态度，才能有一个平常的心态，才能保持心态的安宁和稳定。公安大学生应该具备乐观的为人处世态度，做到心胸开阔、海纳百川，自然也就能够保持好的心态。

（2）自我安慰。自我安慰也称为合理化作用，实际上是一种自我暗示，通过自己的认知、语言、思维等心理活动来调节和改变自身的心理状态，缓解内心的矛盾和冲突，消除烦恼、焦虑、失望和压抑。运用积极的自我安慰，可以将消极的心态转化为积极的心态，有时可以起到惊人的效果。比如，“大难不死，必有后福”、“塞翁失马，焉知非福”、“吃一堑，长一智”等都是较好的例证。

（3）适度的发泄。适度的发泄，就像夏天的暴风雨一样，能够净化周围的空气。通过适度的发泄，让人倾吐内心的苦衷，可以起到缓解压抑的作用。发泄的方法很多，如可以找知心朋友谈心，可以通过心理医生咨询，也可以将内在的感受书写下来，还可以通过大喊大叫或痛哭一场等，借助这些方法，达到缓解压抑的目的。适度的发泄，不等于动辄就无端地大发雷霆或喋喋不休，发泄要有节制，要有分寸。否则，容易影响与同学和老师的关系，也容易给自己带来更大的压抑。

（四）急躁

急躁，是指考虑问题或做事不够冷静，容易急促和冲动的情感表现。公安大学生身上所表现出来的急躁现象还是比较常见的。

由于公安院校对在校大学生的学业要求高、训练要求严，使他们内心除了紧张、焦虑、压抑等情感体验产生以外，还伴有急躁的情绪心理表现。为了能够达到学校提出的要求以及为自身前途着想，公安大学生往往担心自己学业或训练难以完成而出现急躁的现象。具体表现在学习、训练以及与他人交往过程中的耐心、细心和恒心不够等方面。

克服急躁，可以从以下几个方面入手：

1. 凡事要冷静

用冷静和理智的心理去应对所面临的一切，要学会“说话不着急、决断不着急、行动不着急”，要根据实际情况或可能会出现的情况作出相应的行为判断，从而采取积极有效的方式果断行动。

2. 从点滴做起，从小事做起，以小积大

有的人希望自己能够“一口吃成一个大胖子”，脱离实际，追求完美，这往往会造成欲速则不达。所以，做事要学会认真、细致、脚踏实地，一步一个脚印，以小积大，以累积“小作为”而终成“大作为”。

3. 要学会耐心和恒心

做事切勿急躁，要从容不迫，应对自如，千万不能因准备不足而仓促上阵。同时，一旦作出决策，就要持之以恒，坚持到底，绝不能因挫折等原因半途而废。

（五）自我中心

自我中心，是指以自己的意志为主导，过分关注自己，不顾及他人的利益、思想和情感，并且在行动上和观念上表现出自私自利、我行我素的特点和处世态度。自我中心的人往往更多地考虑自身的需要和利益，忽视他人的存在、需要和利益。一般而言，这些人缺乏关心他人和体谅他人的基本素质，而却要求他人对自己的关心和体谅，不能容忍他人对自己有任何利益上的伤害和威胁，在人际交往中也往往表现出自命不凡和过于敏感。

自我中心在公安院校的大学生身上仍有明显的表现。一方面，和普通大学生一样，当代的公安大学生大多数来自独生子女家庭，很多孩子从小生活在较为“优越”和“宠爱”的环境之下，在“百般呵护”和“有求必应”中长大，缺乏利益分享、相互关心、礼仪谦让、公平兼顾等方面的熏陶，在自我意识中逐渐形成了“唯我”的心理和行为；另一方面，他们在中学阶段学习上都是“尖子”，学习成绩的出类拔萃，使他们很容易获得来自老师的“赞许”和同学的“敬佩”，逐渐在心理上产生了“至尊”的地位，行为上也出现了“唯我”的表现。公安大学生的自我中心存在，不但会影响到他们与同学和其他人的人际交往关系，还会影响到他们认知和归因的思维定式。

克服自我中心，可以从以下几个方面入手：

1. 有意识地关注自我意识的表现

自我中心实际上是自我意识外显的具体表现，它是个人日久养成的不良人格，要克服自我中心，就要求公安大学生在平时就应该积极主动地关注自己的心理表现和不良行为表现，及时发现、及时纠正，力求通过意志的努力加以控制和引导，最后达到理想的状态。

2. 不断加强自我修养，逐步养成豁达的胸怀

自我中心，在某种程度上讲也就是心胸狭窄、不够豁达的心理折射。公安大学生应该明白的是，在与他人的交往和相处当中，要学会包容，要允许他人的“意见、建议、想法和行为”的存在，要做到心胸开阔、海纳百川。既要考虑到自己的感受，也要考虑到他人的感受，在不断的自我修养和陶冶

中，提高自己的心理素质和行为素质，以博大的胸怀去迎接自己所要面对的一切。

3. 通过利他行为，获得他人尊重的心理感受

自我中心的显著特征就是从自己的感受出发，而轻视甚至忽视他人的感受。当然，在现实生活中，如果个人一味只求自己的利益和感受而不顾及他人的利益和感受，那么最终给他带来的只能是痛苦和失去友情。因此，公安大学生可以通过日常的助人为乐等利他行为，来获得同学和其他人的认同、尊重，获得更为融洽的人际关系。

第三节　公安大学生健全人格的塑造

公安大学生健全人格的塑造，必须结合自身的心理健康特点和发展规律以及社会和时代发展的要求进行。公安大学生可以通过以下方法和途径进行健全人格的塑造。

一、以科学的知识和方法塑造健全人格

公安大学生健全人格的塑造必须根植于科学的知识、方法，以科学的知识和方法加以指导。因为公安大学生健全人格的塑造已不再像中小学生的人格形成和发展那样，仅仅局限于通过感性的认识加以塑造，而必须建立在更为理性的认识基础之上，这就需要充分运用科学的知识和方法加以指导。

要使公安大学生明白为什么科学知识对健全人格的塑造具有极为重要的作用。综观历史和现实，具有超凡人格魅力的伟人（如牛顿、爱因斯坦、霍金、钱学森、袁隆平等），他们都是在运用科学知识造福人类的同时，也使自己的人格魅力提升到了令人敬佩的地位。因为正确运用科学知识不仅能够创造世界，而且还能够启迪人的心智、活跃人的思想、开阔人的心胸、陶冶人的情操、培养人的创造能力等。公安大学生在校期间不仅要学好、掌握专业知识，还要注重其他相关的自然科学知识、人文社会科学知识、心理健康知识等的学习。

运用科学的方法塑造健全人格也是十分重要的，不仅要通过课堂教育来塑造公安大学生的健全人格，还要注重通过课外实践（尤其是社会实践）来塑造公安大学生的健全人格。因为课堂教育只是局限于一个很小的时空范围，信息接收有限、实践操作有限，因此仍需要通过大量的课外实践来得到应有的补充。在塑造公安大学生健全人格的过程中，课外实践（尤其是社会实践）是最好的教科书。

二、注重内在修养，塑造健全人格

个体内在修养对人格的影响很大，个体健全的人格需要其内在的修养来支撑。因此，公安大学生应该注重自身内在的修养，通过良好的内在修养，来获得健全的人格品质。

个体内在修养可以包括多方面的内容，如人文知识、影视艺术、琴棋书画、文学等。通过对人文知识的学习和掌握，引导公安大学生对社会变迁、人生等问题的深入思考；通过对影视文化、文学艺术的学习和掌握，提高公安大学生积极的欣赏乐趣；通过对琴棋书画的学习和掌握，激发公安大学生课余爱好的热情。原苏联著名的教育学家苏霍姆林斯基在谈到文学的美育作用时曾经说过，阅读的目的不仅仅是使学生增长知识，更重要的是使学生“吸取美的思想、欣赏人类文化的财富、提高自己的道德威望”，使学生“形成内心世界，形成他们的道德、修养和美感”。在此，苏霍姆林斯基强调的文学美育作用与我们阐述的注重内在修养对健全人格的影响是一致的。

由此可见，注重内在修养和塑造健全人格是紧密相连的。我们希望培养出来的公安大学生不仅具有扎实的专业知识、良好的修养，而且具有健全的人格。

三、不断磨炼意志，强化人格魅力

意志在人格特征中占有非常重要的地位。坚韧或软弱、克制或放任等人格特征主要是通过意志的发展水平体现出来的，因此磨炼坚强的意志品质是塑造健全人格的重要内容和途径，尤其是公安大学生更要注重自己的意志品质的磨炼，强化自己的人格魅力。

当然，意志的磨炼还将直接影响到其他人格特征的培养，对健全人格的塑造具有重要的作用。一个毫无意志可言的人，不可能会有所成就，也就谈不上什么人格的魅力。

四、积极投身社会实践，在实践中铸就健全人格

实践是最能磨炼人、塑造人的途径，美好的追求只有通过实践才能产生意义。公安大学生塑造健全人格的过程应该更多地投入到社会实践环境中去，在与他人、集体、社会不断作用中展示自己的人格，从自身的感悟和外界的各种评价中获得鼓励、赞扬、认同和愉悦，或是感受压抑、指责、排斥，从而得到启发，有助于自己及时发现问题、及时调整。公安大学生在其人格的塑造中，只有实践才能领悟物竞天择、优胜劣汰的真正含义。

五、注重和谐人际交往，积极融入集体之中

健全人格的塑造过程，实际上也是人的社会化过程，是个体与他人、集体、社会相互作用的过程。人格是个体与外界在相互作用的过程中形成和发展的，其中人际交往、集体活动具有十分重要的作用。人际交往是个体参与实践、融入集体活动的一个平台，也是展示自己人格的一个平台，同时又是个体认识自己人格的一面镜子。公安大学生通过人际交往，参与集体活动，在人际交往和集体活动中去体验自己某些人格特征获取评价的感受，如赞扬、鼓励或批评、指责等，从而进行有效的自我调节。当然，在人际交往和集体活动中，个体也能够得到他人或集体的帮助，使自己的不良人格品质得以改正。可以这样认为，公安大学生平时应该注重良好的人际交往，积极融入集体之中。

六、通过心理咨询，重塑健全人格

运用心理咨询的方法，通过与公安大学生的交谈、磋商、指导的过程，透过表象，比较深刻地挖掘和发现他们身上存在的某些人格问题的真正原因，为他们提供有益的意见和建议，帮助他们重塑健全的人格，以达到心理健康的目的。当前，大学生中出现的各类心理问题逐年增多，公安院校中的大学生同样也存在这些问题，一项关于公安大学生心理健康水平和人格特征的研究报告（邵晓顺、倪晓峰等，2005年）指出，在少部分公安大学生身上表现出人格特征的某些不良倾向，如果不加以教育引导，任其发展，最终会形成某些不良的人格品质，甚至发展成为人格障碍。该研究报告认为，必须加强对他们进行个别或团体的心理教育辅导，并提供有针对性的心理咨询帮助，促使其改善人格特征。

心理咨询对于塑造健全人格是十分有效的，它有助当事人认识自己、悦纳自己、完善自己、重塑自己，维护和保持自己的心理健康。

第四节　气质类型测试

【指导语】

下面60题可以大致确定人的气质类型。在回答下面的问题时，若与自己的情况很符合的计2分，较符合的计1分，一般计0分，较不符合的计－1分，很不符合的计－2分，并将得分填入表3－3中。

【问卷项目】

（1）做事力求稳妥，一般不做无把握之事。

（2）遇到可气的事情就怒不可遏，想把心里话全部说出来才痛快。

（3）宁可一个人干事情，不愿与很多人在一起。

（4）到一个新的环境很快就能适应。

（5）厌恶那些强烈的刺激，如尖叫、噪音、危险镜头等。

（6）和人争吵时，总是先发制人，喜欢挑衅别人。

（7）喜欢安静的环境。

（8）善于与人交往。

（9）羡慕那些善于克制自己感情的人。

（10）生活有规律，很少违反作息制度。

（11）在多数情况下情绪是乐观的。

（12）遇到陌生人觉得很拘束。

（13）遇到令人气愤的事情，能很好地自我克制。

（14）做事总是有旺盛的精力。

（15）遇到问题总是举棋不定、优柔寡断。

（16）在人群中从不觉得过分拘束。

（17）情绪高昂时，觉得干什么都有趣；情趣低落时，又觉得什么都没有意思。

（18）当注意力集中于一个事物时，别的事情很难让我分心。

（19）理解问题总比别人快。

（20）遇到危险情境，常有一种极度恐怖感。

（21）对学习和工作有很高的热情。

（22）能够长时间做枯燥乏味的工作。

（23）符合兴趣的事情干起来就劲头十足，否则就不想干。

（24）一点小事情就能引起情绪波动。

（25）讨厌做那种需要耐心和细致的工作。

（26）与人交往不骄不躁。

（27）喜欢参加热烈的活动。

（28）爱看情感细腻、描写人物内心活动的文学作品。

（29）工作学习时间长了，常会感到厌倦。

（30）不喜欢长时间谈论一个问题，愿意实际动手干。

（31）宁愿侃侃而谈，不喜欢窃窃私语。

（32）别人总是说我闷闷不乐。

(33) 理解问题常常比别人要慢一点。

(34) 疲倦时只要短暂的休息就能精神抖擞，重新投入工作。

(35) 心里有事，宁愿自己想，也不愿意说出来。

(36) 认准一个目标就希望尽快实现，不达目的誓不罢休。

(37) 学习、工作同样一段时间后，常比别人要疲倦。

(38) 做事有些莽撞，常常不考虑后果。

(39) 老师或者他人讲授新知识、新技术时，总是希望讲得慢一点，多重复几遍。

(40) 能够很快忘记那些不愉快的事情。

(41) 做作业或完成一件工作花的时间总是比别人要多。

(42) 喜欢运动量大的运动，或者参加各种文艺活动。

(43) 不能很快地把注意力从一件事转移到另一件事上去。

(44) 接受一个任务后，就希望把它迅速解决。

(45) 认为墨守成规要比冒风险强些。

(46) 能够同时注意几件事物。

(47) 当我烦躁的时候，别人很难使我高兴起来。

(48) 爱看情节起伏跌宕、激动人心的小说。

(49) 对工作抱认真严谨、始终如一的态度。

(50) 和周围人的关系总是处理不好。

(51) 喜欢复习学过的知识，重复做熟练的事情。

(52) 希望做变化大、花样多的工作。

(53) 小时候会背的诗歌，我似乎比别人记得清楚。

(54) 别人说我“出语伤人”，但是我不这么觉得。

(55) 反应敏捷，头脑机智。

(56) 在体育活动中，常常因为反应慢而落后。

(57) 喜欢有条理而不甚麻烦的工作。

(58) 兴奋的事情常使我失眠。

(59) 老师讲新概念时常常听不懂，但是弄懂了以后很难忘记。

(60) 假如工作枯燥无味，马上就会情绪低落。

【计分与解释】

把每行的分值相加即为该项的得分。

(1) 如果某一项或者两项以上的得分超过 20，则为典型的该气质。

(2) 如果某一项或者两项以上得分在 20 分以下 10 分以上，其他各项得分较低，则为该项一般气质。

（3）若各项得分均在10以下，但某项得分较其余为高，则为倾向于该气质。

一般来说，正分值越高，表明该气质特征越明显；反之，分值越低，表明不具备该气质特征。

表3－3　气质测试答卷

胆汁质	题号	2	6	9	14	17	21	27	31	36	38	42	48	50	54	58	总分
	得分																
多血质	题号	4	8	11	16	19	23	25	29	34	40	44	46	52	56	60	总分
	得分																
黏液质	题号	1	7	10	13	18	22	26	30	33	39	43	45	49	55	57	总分
	得分																
抑郁质	题号	3	5	12	15	20	24	28	32	35	37	41	47	51	53	59	总分
	得分																

第五节　内、外向性格测试

内向、外向是性格划分中最简单也是日常生活中使用最广泛的一种，它主要是基于人的心理活动是倾向于内部还是外部而划分的，前者被认为是内向的，后者则被认为是外向的。

【指导语】

请用“是”（记“√”）、“否”（记“×”）或“不置可否”（记“?”）来回答下列60题，最后把答案填入表3－4中。

【问卷项目】

（1）在大庭广众面前不好意思。（　　）

（2）对人一见如故。（　　）

（3）愿意一个人独处。（　　）

（4）好表现自己。（　　）

（5）与陌生人难打交道。（　　）

（6）开会时喜欢坐在被人注意的地方。（　　）

（7）遇到不快的事情，能抑制感情，不露声色。（　　）

（8）在众人面前能爽快地回答问题。（　　）

(9) 不喜欢社交活动。(　　)

(10) 愿意经常和朋友在一起。(　　)

(11) 自己的想法不轻易告诉别人。(　　)

(12) 只要认为是好东西立即就买。(　　)

(13) 爱刨根问底。(　　)

(14) 容易接受别人的意见。(　　)

(15) 凡事很有主见。(　　)

(16) 喜欢高谈阔论。(　　)

(17) 会议休息时宁可一个人独坐也不愿意同别人聊天。(　　)

(18) 决定问题爽快。(　　)

(19) 遇到难题非弄懂不可。(　　)

(20) 常常未等别人把话讲完，就觉得自己已经懂了。(　　)

(21) 不善于和人辩论。(　　)

(22) 遇到挫折不易丧气。(　　)

(23) 时常因为自己的无能而沮丧。(　　)

(24) 碰到高兴事，极易喜形于色。(　　)

(25) 常常对自己面临的选择犹豫不决。(　　)

(26) 不大注意别人的事。(　　)

(27) 好把自己同别人比较。(　　)

(28) 好憧憬未来。(　　)

(29) 容易羡慕别人的成绩。(　　)

(30) 相信自己不比别人差。(　　)

(31) 注意别人对自己的看法。(　　)

(32) 不大注意外表。(　　)

(33) 发现异常现象，容易想入非非。(　　)

(34) 即使有亏心事也很快遗忘。(　　)

(35) 总是把家里收拾得干干净净。(　　)

(36) 自己放的东西常常不知在哪里。(　　)

(37) 做事很细心。(　　)

(38) 对于别人的请求乐于帮助。(　　)

(39) 十分注意自己的信用。(　　)

(40) 热情来得快，消退的也快。(　　)

(41) 信奉“不干则已，干则必成”。(　　)

(42) 做事情更注意速度而不是质量。(　　)

(43) 一本书可以反复看几遍。(　　)

(44) 不习惯长时间读书。( )
(45) 办事大多有计划。( )
(46) 兴趣广泛而多变。( )
(47) 学习时不易受外界干扰。( )
(48) 开会时喜欢同人交头接耳。( )
(49) 作业大都整洁、干净。( )
(50) 答应别人的事情经常会忘记。( )
(51) 一旦对人有看法不易改变。( )
(52) 容易和人交朋友。( )
(53) 不喜欢体育运动。( )
(54) 对电视节目中的球赛尤有兴趣。( )
(55) 买东西前总要估量一番。( )
(56) 不惧怕从来没有做过的事情。( )
(57) 遇有不愉快的事情，会生气很长时间。( )
(58) 自己做错了事，容易承认和改正。( )
(59) 常常担心自己会遭遇失败。( )
(60) 容易原谅别人。( )

【记分与解释】

表中，凡题号为单数的，选“√”计0分，“?”计1分，“×”计2分；凡题号为双数的，选“√”计2分，“?”计1分，“×”计0分。把所有得分相加，即得总分。总分含义如下：

90以上为典型外向，81~90为较外向，71~80为稍外向，61~70为混合型（略偏外向），51~60为混合型（略偏内向），41~50为稍内向，31~40为典型内向。测验结果仅供参考。

表3-4 内、外向性格测验答卷

题号	1	3	5	7	9	11	13	15	17	19	21	23	25	27	29	小计
答案																
得分																
题号	2	4	6	8	10	12	14	16	18	20	22	24	26	28	30	小计
答案																
得分																

题号	31	33	35	37	39	41	43	45	47	49	51	53	55	57	59	小计
答案																
得分																
题号	32	34	36	38	40	42	44	46	48	50	52	54	56	58	60	小计
答案																
得分																

思考题：

1. 什么是人格？它有哪些主要的特征？
2. 公安大学生健全人格的基本要求主要有哪些？
3. 请你分析一下自己身上存在的人格缺陷主要有哪些。
4. 公安大学生应如何塑造健全的人格？

第四章　公安大学生的健康情绪

第一节　情绪概述

一、什么是情绪

情绪是人们内心活动过程中所产生的心理体验。

牛津英语字典上将情绪解释为：心灵、感觉或感情的激动或骚动，泛指任何激动或兴奋的心理状态。心理学家吴伟士认为情绪是有机体的一种激动状态，各种情绪的反应都以其引起的情境来定义。例如，愤怒与他人所引起的不愉快情境相关联，内疚与由自己所招致的不愉快情境相关联，悲伤则与环境控制的不愉快情境相关联。

简单地说，情绪是客观事物是否符合个体的需要所产生的态度体验，是人脑对客观事物与人的需要之间关系的反映。

二、情绪解析

（一）情绪的构成

情绪由三个要素构成，即情绪的主观体验、情绪的外在表现及情绪的生理唤醒。

1. 情绪的主观体验

这是指人在主观上感觉到、知觉到的情绪状态。各种各样的情绪具有十分独特的主观体验色彩，如喜、怒、哀、恐等。

2. 情绪的外在表现

外在的情绪表现，即表情，具体指面部表情、言语表情和体态表情。表情在情绪活动中具有独特作用，是情绪本身不可分割的生理机制，也是传递情绪信息的外在表现，如有的人遇到伤心、悲痛的事就捶胸顿足、呼天抢地，遇到高兴的事就手舞足蹈。表情与情绪之间的关系见表 4－1。

表4－1　表情和与之关系最紧密的情绪

表情	可能的情绪	表情	可能的情绪
脸红	羞愧	尖叫、出汗	痛苦
身体接触	友爱感	毛发直立	害怕、气愤
紧握拳头	生气	耸肩	顺从
哭泣	悲伤	嘘声	藐视
皱眉	生气、挫折	发抖	害怕、担心
笑	高兴		

3. 情绪的生理唤醒

大脑中枢神经系统对情绪起着调节和整合的作用。大脑皮层对有关感觉信息的识别和评价在引起情绪以及随后的行为反应中起着重要的作用；网状结构的激活是产生情绪的必要条件；边缘系统参与情绪体验的产生；内分泌系统与自主神经系统之间的联系直接参与情绪反应的产生。

在不同的情绪状态下，人会有不同的生理反应，神经、呼吸、循环、消化、内分泌等系统都要发生一系列的变化。例如，人在焦虑情绪中，会感到呼吸急促、心跳加快；在愤怒状态下，会血压升高、面红耳赤；而在恐惧体验时，则会出现身体颤栗、瞳孔放大等生理特征。这些变化都是受人的自主神经支配的，不受人的意识控制。表4－2表明了情绪体验的身体反应。

表4－2　情绪体验的身体反应

客观的（生理的）	主观的（情绪的）
1. 心跳加快	1. 心脏猛烈跳动
2. 血液迅速流到皮肤表面	2. 脸红的面部表情
3. 胃动	3. 不舒服的胃动的感觉
4. 肾上腺素的血糖增加	4. 感到更强而有力
5. 肌肉紧张度增加	5. 紧张的情绪
6. 唾液分泌减少	6. 口干舌燥

（二）情绪的分类

人的情绪是复杂多样、丰富多彩的。“喜、怒、哀、惧、爱、恶、欲”，我国古代就有“七情”说。现代心理学认为情绪可分为原始情绪、基本情绪和复合情绪。

1. 原始情绪

（1）快乐，是人类最基本的情绪之一，是一种积极而美好的感受。从心理学的角度讲，快乐是盼望和追求的目的达到后或紧张解除后的情绪体验。

一个人的需要得到满足后，就会产生喜悦、满意、振奋的情绪。

（2）愤怒，是指由于所追求的目的受到阻碍，愿望无法实现而产生的一种消极情绪体验。愤怒时人的紧张感会增加，有时不能自我控制，甚至出现攻击行为。

愤怒也有程度上的区别，一般的愿望无法实现时，只会感到不快或生气，但当遇到不合理的阻碍或恶意的破坏时，愤怒会急剧爆发。德国哲学家康德曾说，生气是拿别人的错误惩罚自己。因此，控制愤怒的情绪对每个人来说都是重要的。

（3）恐惧，是企图摆脱和逃避某种危险情景而又无力应付时产生的情绪体验。所以，恐惧的产生不仅仅由于危险情景的存在，还与个人排除危险的能力和应付危险的手段有关。同时，恐惧具有很强的感染力，一个人的恐惧往往会引起他人的恐惧和不安。

（4）悲哀，是指心爱的人或事物失去时，或理想和愿望破灭时产生的情绪体验。悲哀情绪的体验程度取决于对象、愿望、理想的重要性与价值。悲哀时会带来紧张的释放，会导致哭泣。当然，悲哀并不总是消极的，它有时能够转化为前进的动力。

2. 基本情绪

一般认为，悲伤、恐惧、愤怒、快乐、信赖、厌恶、羞耻、惊讶是人们的基本情绪。也有学者对情绪发展的研究，按面部表情区分出十种基本情绪，分别是兴趣、愉快、痛苦、惊奇、愤怒、厌恶、惧怕、悲哀、害羞和自罪感。

3. 复合情绪

在原始情绪和基本情绪基础上衍生出纷繁复杂的复合情绪。具体如下：

（1）愤怒的情绪，如生气、愤恨、发怒、不平、烦躁、敌意、暴力。

（2）恐惧的情绪，如焦虑、惊恐、紧张、慌乱、忧心、警觉、疑虑。

（3）快乐的情绪，如如释重负、满足、幸福、愉悦、骄傲、狂喜。

（4）喜爱的情绪，如认可、友善、依赖、和善、亲密、挚爱、宠爱。

（5）惊奇的情绪，如震惊、惊喜、叹为观止。

（6）厌恶的情绪，如轻视、轻蔑、讥讽、排斥。

（7）羞耻的情绪，如愧疚、尴尬、懊悔、耻辱。

三、情绪的功能

（一）信息传递的功能

人的情绪可以通过它的外在表现形式，即表情来发挥它的信号功能，以此来传递思想、相互交往。俗语说，“出门看天色，进门看脸色”，人们可以通过察言观色了解他人的心理状况、情感体验和意图。

例如，同学之间的一个眼神、一个微笑，就可以表示关心。朋友之间的一个动作、一个表情，就能使对方心领神会。情绪还可以相互影响和传播。当一个同学兴高采烈时，他（她）就会将这种情绪传染给周围的人；当一个同学沮丧、愤怒时，也会使这种情绪在周围传播开来，影响别人的情绪。

（二）人际沟通与调节的功能

情绪在人际沟通中起着非常重要的调节作用，如微笑、热情、喜悦、宽容和善意的情绪表达，会促进人际的沟通和理解；而冷漠、猜疑、嫉妒、排斥和轻视的情绪反应，则会构成人际交往的障碍。

人的情绪还可以调节人的思想和行为。稳定的情绪体验能激发和维持人的行为，甚至成为人生的强大精神动力，帮助人们克服行动中的障碍。积极愉快的情绪能够增强人的活动能量，提高活动效率，使人精力充沛、注意力集中、感觉灵敏、记忆力增强、想象丰富、思维敏捷、意志坚定、富有创造力。消极、不稳定的情绪则起相反的作用。

例如，热爱警察这一职业，立志从警，这种积极的情感可以激励我们不畏艰险、克服困难、无私奉献。

（三）自我保护的功能

每一种情绪都有其自我保护的功能，即使像生气、痛苦、恐惧等负面情绪也有其重要作用。当身体或人的其他方面受到威胁时，人产生恐惧以应对；当发生利益或权利上的冲突时，人产生愤怒以应对；当吃到不适食物或污物时，会产生厌恶感，等等。这些情绪反应表现出非常明显的自我保护倾向。

情绪能够帮助我们作出更迅速的反应。例如，警察执行任务时面对突发危险，在勇敢应对的同时，不可避免会心生恐惧不安的心理反应，而正是这份恐惧不安的感觉让我们变得更警觉、反应更敏捷。

第二节　公安大学生的情绪调适

一、公安大学生的健康情绪

（一）健康情绪的基本标志

情绪是心理健康的窗口，它在很大程度上反映了心理健康的状况。一般认为健康情绪有三个基本标志：

1. 情绪的目的明确、表达方式恰当

情绪健康的人能通过语言、仪表和行为准确表达情绪，能够采用被自己和社会所接受的方式表达或宣泄。

2. 情绪反应适时、适度

情绪健康的人，他（她）的情绪反应不论是积极的还是消极的，都是由一定的原因引起的。情绪反应的时间与反应的强度相适应。

3. 积极情绪多于消极情绪

健康情绪并不否认消极情绪存在的合理性和它的意义。但情绪健康者应该是积极情绪多于消极情绪，而且所出现的消极情绪时间较短、程度较轻，不涉及与产生消极情绪无关的人和事，即对象明确。

除此之外，心理学家们从各自的研究领域提出了不同的情绪健康的标志及特点。

心理学家索尔提出健康情绪的八个特点如下：

（1）独立，不依赖父母。

（2）增强责任感和工作能力，减少被外界接纳的渴望。

（3）去除自卑情结、个人主义及竞争心理。

（4）适度的社会化与教化，能与人合作，并符合个人良心。

（5）成熟的性态度，能组织幸福家庭。

（6）培养适应，避免敌意与攻击。

（7）对现实有正确的了解。

（8）具有弹性以及适应力。

心理学家瑞尼斯等人提出健康情绪的六项指标如下：

（1）发展出某些技巧以应付挫折情境。

（2）能重新解释与接纳自己与情绪的关系，不会一直自我防卫，能避免挫折并安排替代的目标。

（3）知觉某些情境会引起挫折，可以避开并找寻替代目标，以获得情绪满足。

（4）能找出方法，缓解生活中的不愉快。

（5）能认清各种防卫机制的功能，包括幻想、退化、反抗、投射、合理化、补偿，避免成为错误的习惯，以致防卫过度，造成情绪困扰。

（6）能寻求专家的帮助。

（二）公安大学生的健康情绪

对于一名公安大学生来说，健康情绪应该是：

（1）要有喜、怒、哀、乐等正常的情绪反应。

（2）积极情绪体验多于消极情绪体验。

（3）对不良情绪具有调节控制能力。

（4）高级社会情感不断完善和发展。

二、公安大学生面对的情绪困扰及调适

当一名中学生经过严格的高考，进入公安院校成为公安大学生后，由于周围的环境、条件和要求与中学时相比发生了很大的变化，会在他们身上出现一些比较明显的情绪困扰，主要表现有：

（一）焦虑

焦虑是因为个体主观上对威胁性事件或情况的预料而产生的一种高度不安的状态，同时伴有忧虑、烦恼、害怕、紧张等情绪体验。焦虑情绪表现为持续性精神紧张（紧张、担忧、不安全感）或发作性惊恐状态（运动性不安、小动作增多、坐立不安或激动哭泣），常伴有自主神经功能失调表现（如口干、胸闷、心悸、出冷汗、双手颤抖、厌食、便秘等）。

根据不同的特征，焦虑情绪可以分为四个层次：

1. 身体紧张

常常觉得自己没有办法放松，全身紧张，眉头紧锁，表情严肃，长吁短叹。

2. 自主神经系统反应强烈

交感神经和附交感神经系统常常超负荷工作，表现为易出汗、眩晕、呼吸急促、心跳过快、身体时冷时热、手脚冰凉或发热、胃部难受、大小便频繁、喉头有阻塞感。

3. 对未来产生无名的担心

常常为未来担心，担心自己的学习、工作、生活、亲人和健康。

4. 过分机警

每时每刻都像一个站岗放哨的士兵，对周围环境的每个细微变化和人们的言行充满警惕。

焦虑可划分为三类：一是神经性焦虑。这是指当人意识到内心的欲望与冲突而无法控制时所产生的恐惧感。有时以无名的恐惧出现，有时发生强烈的非理性的恐惧。二是现实性焦虑。这种焦虑是由现实环境的压力与困难引起的，自我无力应付。三是道德性焦虑。这是由社会生活准则引起的对自我的责备与羞愧感，因而唯恐犯错误或触犯不能逾越的规定，时常自责，受到罪恶感的威胁。这三种类型的焦虑不一定是单一的，有时是混合的，甚至是三种类型的混合。

引起焦虑情绪的原因通常有以下几个方面：

第一，要求严格，生活节奏加快，心理和行为受到冲击，容易产生困惑、迷惘、紧张、焦虑和无所适从。公安院校实行警务化管理，生活节奏很快，纪律作风等要求严格，对公安大学生产生冲击。

第二，信息膨胀，竞争激烈。繁重的学习训练任务，感到紧张、担忧、焦急。公安大学生除了完成专业理论知识学习以外，还要进行高强度的体能、技能等训练，同时面对信息膨胀和激烈竞争，使他们的情绪会有所变化。

第三，少数学生谨小慎微，优柔寡断，依赖性强，害怕困难，自怨自艾，也容易产生焦虑。严格纪律、严格管理、严格要求和严格训练，使原本独立意识差、依赖性强、抗外界压力差的少数学生更容易出现情绪问题。

并非所有的焦虑都是病理性的。在公安大学生身上反映出来的焦虑现象大多属于正常表现，即客观的、现实的焦虑。这种焦虑是一种比较普遍的情绪反应，往往时过境迁，自动消失。适度的焦虑具有积极的作用，它能鞭策学生，使公安大学生在各种活动和学业上表现出色；不适当或过分的焦虑，使人过度紧张，情绪不稳定，不能正确推理判断，记忆力减退，影响公安大学生的学习训练生活。那些有自己无法控制的、比较严重和持久的焦虑表现，或有焦虑性神经症表现的学员，应及时寻求心理帮助和治疗。

克服焦虑情绪，通常可以尝试以下方法：

第一，正确认知。认知评价对个体的焦虑水平影响很大。以考试为例，一个人如果认为某次考试非常重要，他就会十分在意，焦虑水平就会提高。适度的焦虑让我们有紧迫感，如若过度则适得其反。

第二，勇敢面对。面对感到害怕的对象不再逃避，而是按自身的实际情况，先识别引发害怕的情景，把每个情景分解成可达到的若干小目标，然后循序渐进，达到最终适应这个情景的目标，从而战胜焦虑。

第三，学会放松。由于焦虑是与肌肉相关联的，所以你必须学会自我深度松弛，进行适量的体育锻炼，释放紧张情绪，并通过想象放松、音乐调节来平静心情，解除焦虑。

（二）抑郁

抑郁是一种因为感到无力应付外界压力而产生的消极情绪，常伴有厌恶、痛苦、羞愧、自卑等情绪体验。抑郁的主要表现是：情绪低落、郁郁寡欢、思维迟缓、兴趣丧失、缺乏活力、反应迟钝，严重时甚至有悲观绝望、痛苦难熬、生不如死的感觉。

抑郁人皆有之，对于大多数人来说，抑郁只是偶尔出现，时过境迁，很快会消失。但是，那些性格内向、多疑多虑、不爱交际的人，在生活中遭遇意外挫折时更容易长期处于抑郁状态，严重者在抑郁的状态下不能自拔，容易酿成自杀的悲剧，像著名作家海明威、三毛等。

一般而言，引起抑郁的原因通常有以下几个方面：

第一，由心理和社会因素引起，这也是最易引发抑郁情绪的原因。有些公安大学生在认识方面存在一定缺陷，容易把生活看成非黑即白、非好即坏，且多看其消极和黑暗面，悲观沮丧、情绪低落。当遇到一些不快或遭受突发事件打击后，可能导致抑郁情绪。性格内向、敏感多疑、依赖性强、容易悲观的学生比其他学生更易陷入抑郁情绪。

第二，内源性原因，与遗传有直接关系，多数人莫名其妙地发病，有时与季节性有关，这种情况的治疗以吃药为主。因此，公安大学生在日常的学习、生活中要进行自我观察，体验是否存在相关的抑郁情绪，以便及时矫正和治疗。

第三，药源性原因，如同吃药过敏，一些治疗高血压的药物能导致某些人出现抑郁症状，此时应立即停止服药。

抑郁是一种持续时间较长的消极情绪体验，持久而严重的抑郁情绪可能导致多种身心疾病，因此必须引起我们的高度重视。消除抑郁，恢复健康情绪，不妨尝试以下方法：

1. 纠正偏误，端正认识

要纠正“挫折和不幸不该发生”、“我不能失败”等偏见和误解，要有受挫心理准备，把困难和不幸视为生活磨砺、成长的契机。相信自己会走出困境，走向成功。

2. 重新评价，接受自我

要善于发掘自己的优点，增强自信心和自尊心。对于自己的缺点，要不断克服；对于不可改变的现实，如家庭、相貌等，应坦然接受，尽量在其他方面加以补偿。

3. 积极交往，参加活动

增强交往的主动性，改变孤僻、退缩的行为方式。例如，主动向同学微笑、致意、交谈，关心帮助他人，参加多种文体活动，广交朋友，感受友谊的珍贵和生活的美好。

（三）恐惧

这里所说的恐惧，指的是病理性的恐惧，强调的是以对某一种特殊物体、活动或情境产生持续的和不合理的恐惧为特征的神经症性障碍，常伴有植物神经功能紊乱症状，患者常不得不回避某害怕的对象或情境。恐惧症是违背病人意志的强迫性行为，患病者自己明知这种恐惧过分、不正常并且无必要，但不能自制，无法摆脱。对于一名公安大学生来说，恐惧不仅极大地干扰了我们正常的学习、训练、生活，同时，与警察的职业素质要求相违背，有碍我们的职业行为。

根据患者恐怖对象的不同，恐惧症可分为社交恐怖、物体恐怖、处境恐怖和疾病恐怖四种类型。同时，恐惧症是一组以恐惧症状为主要临床表现的神经症。它有以下三个表现特征：

第一，患者对所处客体或处境感到害怕，并主动采取回避的方式来解除其恐惧与焦虑。

第二，这种害怕的程度与实际危险存在较大差距，甚至并无危险。

第三，患者明知自己的恐惧与焦虑是过分的、没有必要的、不合理的，但却无法控制，从而影响正常的生活和工作，内心有痛苦感。

大学生活中常见的恐惧症主要是社交恐惧，特别是与异性交往中常常有畏惧、紧张情绪。患有社交恐惧症的学生，往往表现出明显的回避行为，并伴有面部表情紧张、手足无措、语无伦次、内心紧张不安以及心慌、胸闷等现象。这种现象应该引起公安大学生的注意，如果在自己身上出现类似情况，不及时加以矫治，会影响日后的工作。

恐惧症的病因不是单一的，一般都认为与以前生活中的不良经历有关，或是通过条件反射作用而建立的一种不适应行为。此外，患有恐惧症的大学生也常表现出一定的性格特点，如胆小、孤僻、敏感、退缩等。

恐惧症是极为常见的心理障碍。这些人明知自己的恐惧是毫无理由的，却无法控制恐惧的爆发性发作。幸运的是，多数恐惧症是有“解药”的。

1. 行为疗法

在心理医生的监护下，有意识地去接触那些诱发恐惧之物。例如，害怕登高，则在医生的陪同下到楼梯登楼，逐步养成对“高处”的适应性，克服病态的恐惧感。

2. 认知疗法

勇敢地去面对那些恐惧之物，从而认识到自己的莫名恐惧是错误的。认知疗法的目的就是帮助患者转变认知，随着认知曲解得到矫正，情绪和行为障碍也得以消除，从而克服病态的恐惧。

3. 自我调节

一旦恐惧发作，最实用、最简便的方法是双目紧闭，集中全部心思计算，即从“100”开始逐次地减去“3”，持续5~8分钟，或者算报刊、书籍上某页共有多少个字。这种“分神式自我调节法”往往很奏效。

4. 药物疗法

在心理、行为疗法无效时，可以在医生的指导下使用一些抗焦虑药物和抗抑郁药物治疗严重的恐惧症。但药物治疗并非长远之计，所以结合其他疗法治疗或许会收到意想不到的效果。

（四）发怒

发怒是一种紧张的情绪状态，在心理学上叫愤怒，它是由于人的主观愿望和活动与客观事物相违背，或愿望受阻、无法实现时产生的激烈的情绪反应。愤怒的程度可以从不满、生气、愠怒、激愤到暴怒。

当人发怒时，常会出现心跳加速、心律紊乱等现象，频繁的愤怒会导致躯体疾病，由于易怒而导致心悸、失眠、高血压、胃溃疡、心脏病以及猝死症的也不在少数。此外，易怒也会使人丧失理智，从而导致损物、伤人甚至犯罪等许多失去理智的行为。

多数情况下，愤怒情绪是自己引发的，如果放任自己处于愤怒的情绪中，很可能导致他人厌恶，使自己更加心神不宁。因为职业性质，愤怒这种情绪对一名公安大学生来说是危险甚至是致命的。如何驾驭“易怒”情绪？

1. 加强修养

以开阔的胸襟宽容、体谅他人，不要为小事斤斤计较，如此才能得到别人的信任、尊重和理解。

2. 冷静克制

暂时离开使自己动怒的环境，或暗示自己“要冷静、别发火”，或写“制怒”、“三思而后行”等条幅，提醒自己。

3. 合理发泄

当自己觉得心神不宁、有发怒倾向时，可采用交谈、写信、写日记、参与文体活动、大声喊叫等方式来宣泄愤怒。

三、公安大学生的情绪优化

（一）自然、恰当地表达自己的情绪

情绪是人们重要的心理活动，只要人们在思维、有行为，就一定会产生这样或那样的情绪。调节和控制情绪不是克制和约束情绪。表达自己的情感是正常的、正当的，表达自己的情绪有益于身心健康。对于公安大学生来说，要学会自然、恰当地表达自己的情绪。

如何表达自己的情绪，才算是“自然、恰当”呢？

1. 恰当的原因和对象，引发与之相适应的情绪反应

当同学们能够明确知道产生喜、怒、哀、惧等情绪的原因和产生相应的情绪类型时（例如，比赛得奖，会产生喜悦的情绪；考试失败，会产生沮丧的情绪等），这时他们应该知道是什么导致了喜悦情绪的产生和为什么是喜悦而不是愤怒，不是出现莫名其妙、不明原因的情绪反应。这样的情绪表达才是自然、恰当的。

2. 情绪反应与刺激情境一致

这里所说的“一致”，主要是指引起情绪反应的刺激强度和情绪反应强度的一致性。例如，同学们由于比赛失利而日不思食、夜不能寐甚至轻生，就是情绪反应过度了。通常，人们把能够抑制情绪反应看成理性的胜利，但从心理健康的角度看，情绪反应过弱也是不正常的。

3. 情绪反应有一定的作用时间限度

情绪的产生是一定客观环境和个体认知状况共同作用的结果。情绪反应随着环境和认知水平的变化而变化。如果环境变化没有引起相应的情绪变化，则情绪可能会有非正常反应。例如，前面所提到的同学们如果因为比赛失利产生沮丧情绪，数月后仍沉浸于其中不能自拔就是不正常了。

（二）主动体验积极情绪

1. 恰当的自我定位

从中学到大学是一个巨大的转折，环境的变化和竞争的加剧，会使不少同学感到心理不适，失落感明显。因此，在大学生活中给自己一个恰当的定位十分重要。

大学生在与他人竞争时，应该有所选择和侧重，注意发挥自己的优势，想想该做什么，怎么做，做到何种程度。不要过分关注别人的事，要把注意力集中在有意义的事上，避免精力分散，做无谓的竞争。

不妨"知足常乐"。知足常乐不是说满足现状、不思进取，而是把理想和需要定得切合实际，增加获得成功的机会。

2. 寻找、创造快乐

生活中不是缺乏快乐，而是缺乏寻找快乐的眼睛和心灵。快乐就在我们身边，但有人善于发现它，有人却任其从身边悄悄溜走。

做一个善于寻找、创造快乐的人。不妨试试从身边平凡的琐事中发掘乐趣，积极参与生活、体验生活乐趣。听音乐、运动、郊游、阅读、与好友聊天都是不错的方法。用微笑迎接困难，从战胜困难的努力中寻找自己的乐趣。困难不可避免，与其怨天尤人，不如转换心情，笑迎困难。

3. 学会宽容悦纳

宽容既表现为对他人的宽厚容忍，不斤斤计较；也表现为对自己的悦纳包涵，不过分苛求。一个不肯宽容别人的人，既容易被别人怨恨，在人际关系中不受欢迎，也往往使自己身心受到伤害；一个不肯宽容自己的人，则常常会处于自责、悔恨中。"人无完人，金无足赤"，如果不能宽容悦纳，整天带着苛求的眼光去看待他人或自己，只能将自己陷在悲苦的泥潭里。

当然，宽容并不是不讲原则，而是能以一种豁达的胸襟理解人生，承认并接受生活中的不完美，给自己和他人一个伸缩的空间。悦纳自己、悦纳他人是心理健康的重要标准。

（三）调适消极情绪

1. 采用合理情绪疗法调节情绪

合理情绪疗法（Rational - emotive Therapy，RET）是 20 世纪 50 年代由艾利斯在美国创立的，它是认知疗法的一种，因其采用了行为治疗的一些方法，故又被称为认知行为疗法。合理情绪疗法的基本理论主要是ABC理论。

ABC理论认为人的情绪不是由某一诱发性事件的本身所引起的，而是由经历了这一事件的人对这一事件的解释和评价所引起的。例如，在教室里，小张和小李与同学们一起讨论问题，老师进教室检查，老师看了他们一眼，就径直走过去了。小张立刻停止了讨论，并且在之后的一整天里都闷闷不乐、忧心忡忡；小李则继续讨论，没有太大的情绪变化。为什么同一件事对两个人造成的影响会不一样？原来，当看到老师时，两人的想法不一样。小张想："老师为什么不理我们？还瞪了我一眼！是不是以为我们在聊天，没有好好学习？完了！要挨批了！"而小李的想法是这样的："老师可能正在想别的事情，没有注意到我们。即使是看到我们而没理睬，也可能有什么特殊的原因。我们是在讨论问题，问心无愧！"

从这个简单的例子中可以看出，人的情绪及行为反应与人们对事物的想法、看法有直接关系。在这些想法和看法背后，有着人们对一类事物的共同看法，这就是信念。小张的信念是不合理的信念，而小李的信念称为合理的信念。合理的信念会引起人们对事物适当、适度的情绪和行为反应；而不合理的信念则相反，往往会导致不适当的情绪和行为反应。人们坚持某些不合理的信念，将导致不良情绪甚至是情绪障碍的产生。

在ABC理论模式中，A是指诱发性事件（Activating Events）；B是指个体在遇到诱发性事件之后相应而生的信念（Believes），即他对这一事件的看法、解释和评价，以及自言自语的述说；C是指特定情境下，个体的情绪及行为的结果（Consequence）。通常人们会认为，人情绪的行为反应是直接由诱发性事件A引起的，即A引起了C，其实不然，人的情绪和行为反应通常是由他们在遇到诱发性事件之后相应而生的信念B引发的。

在小张和小李的例子中，他们面临同样的诱发性事件（A）："老师没有理我"，对于这件事两个人的信念和在心里的自言自语（B）却是不一样的。小张想："是不是以为我们在聊天，没有好好学习？完了！要挨批了！"这种不合理的信念导致了他焦虑、抑郁的情绪（C）；而小李的想法属于合理的信念："老师可能正在想别的事情，没有注意到我们。"这种合理的信念使得小李没有产生明显的情绪困扰（C）。

ABC理论主要是通过对人们不合理信念的改变来帮助人们调节情绪。

（1）寻找诱发性事件A。当消极情绪产生时，同学们首先应该寻找到诱发消极情绪的事件是什么。它可以是现实的事件或预期将要出现的情况，如与朋友吵架、考试失败等。

除了当前事件外，A也包括对过去事件的回忆，如被所爱的人拒绝的痛苦记忆等。另外，A还包括我们预期的未来可能发生的事件和情境。例如，预计这次上级交代的任务很难完成等。

总之，寻找诱发性事件，就是在你的记忆中、在当前体验到的或将要发生的各种情境中，寻找使自己产生不良情绪的事件。

（2）识别情绪C。在找到了诱发性事件之后，同学们就要识别自己的消极情绪到底是什么。最常见的消极情绪有焦虑、抑郁、愤怒、生气、失望、恐惧、挫折感等。

（3）寻找不合理的信念B。可以包括以下两个方面：

①分析自己对诱发性事件的解释和评价。在意识到自己的消极情绪是什么之后，同学们就要开始寻找造成这种消极情绪的不合理的信念是什么，即仔细倾听自己的自言自语，分析自己面对诱发性事件时头脑里在想些什么。此时不妨问问自己：我正在自言自语些什么？我的想法是什么？现在是什么东西占据着我的心灵？

②推断自己的不合理的信念。同学们要根据自己对这些解释和评价的分析，来推断出自己的不合理的信念是什么。

（4）驳斥不合理的信念D。在找出自己的不合理的信念之后，同学们的下一个目标就是驳斥、挑战和根除它们了。

驳斥（D）就是对自己的那些不合理信念的真实性、有用性进行挑战、辩论和斥责。使自己深信：使自己产生烦恼的不合理的信念是缺乏逻辑的、不是以事实为基础的、是毫无用处的，应该用其他更合理的信念代替它。驳斥为同学们提供了一个有效的方法来削弱和根除那些引起情绪困扰的不合理的信念。被否定了的不合理的信念将不再控制我们的情绪。

（5）产生健康的情绪E。对不合理的信念的驳斥如果成功，则有助于建立新的合理的信念，进而产生新的结果和新的情绪，即E（包括新的情绪和新的行为）。

成功地驳斥可以根除不合理的信念，可以使同学们在很大程度上降低不愉快的情绪，诸如焦虑、愤怒和抑郁等。合理的信念会导致健康的情绪、更强的满意感，使同学们的应对能力和实现目标的能力更强。

2. 采用行为训练方式调节情绪

（1）放松训练。放松训练又称为松弛反应训练，是一种通过肌体的主动方式来增强人对自我情绪控制能力的有效方法。它对于应付过度焦虑、恐惧、稳定情绪具有特殊效果。放松训练的基本原理是通过训练方式所产生的躯体反应，如减轻肌肉紧张、减慢呼吸节律、减慢心率等，使焦虑情绪得到缓解。放松训练通常可分为渐进性肌肉放松法、腹式呼吸放松法、冥想放松法和肌肉紧张/放松训练法。

（2）系统脱敏训练。系统脱敏，是指通过循序渐进的过程逐步消除焦虑状态及其他不适应反应的一种行为疗法。它是根据条件反射学说中关于刺激的增强与消退原理，每当焦虑反应出现时，即给予信号放松，使两种互不相容的反应发生对抗，使焦虑或恐惧等不适应反应受到抑制，进而建立正常反应，以达到消除焦虑或恐惧的目的。系统脱敏技术主要包括三个程序：

①帮助当事人学会一种与焦虑或恐惧反应相对抗的松弛反应，并使之熟练。

②将当事人的各种不适应反应，根据严重程度按由弱到强的次序排列，即确定其等级。

③按不适应反应的等级逐渐加强引起不良反应的刺激强度，要求当事人松弛。

(3) 疏泄法。疏泄法是常用的心理治疗方法。其基本原则是让求诊者将心中积郁的苦闷或思想矛盾倾诉出来，以减轻或消除其心理压力，避免引起精神崩溃，以能较好地适应社会环境。疏泄法不但对神经症、心因性精神障碍、情绪反应性等精神疾病有较好的疗效，而且对心身性疾病和正常人的心理问题也有相当大的帮助。

“男儿有泪不轻弹。”从心理健康的角度看，不管男人或女人，在遭遇到严重情绪创伤之后，如果为了某种缘故（如“大男人形象”）而强行压抑内心情感不暴露，不如痛痛快快地大哭一场。人的不良情绪就像垃圾，需要定期倾倒。因此受到严重创伤或长期压抑的人，应当向自己所信赖的亲友或医生倾诉内心的积郁，把情感垃圾及时排放出来，这有利于身心健康。人的心理承受能力是有限的，长期承受不良情绪而不加排放，就会精神崩溃。只有把情绪垃圾清理干净，才会心情开朗、乐观向上。

疏泄法不但可通过求诊者的倾诉和谈话进行，也可通过运动、旅游、心理剧等方法来实现。通过体育运动而获得疏泄的方法又称为“运动性疏泄法”。“心理剧疏泄”是结合与患病有关的事件，事先编好一个特殊的剧本，让来访者或病人扮演其中的角色，使其在演戏中尽力发泄自己被压抑的情绪和思想，并通过剧中其他角色的影响纠正其心理疾患和适应生活的方式。

第三节 公安大学生的情商

一、什么是情商

情商（emotional quotient，简写 EQ）又称情绪智力，是近年来心理学家们提出的与智力和智商相对应的概念。以往人们认为，一个人能否在一生中取得成就，智力水平是第一重要的，即智商越高，取得成就的可能性就越大。

但现在人们认识到，情商水平的高低对一个人能否取得成功也有着重大的影响作用，有时其作用甚至要超过智力水平。那么，到底什么是情商呢?

1990年美国耶鲁大学的彼得·沙洛维教授和新罕布什维尔大学的约翰·梅耶教授首次提出了“情感智商”的概念，他们将情感智商定义为社会智力的一种类型，并对其应包含的能力内容作了界定，认为情感智商包括区分自己与他人情绪的能力、调节自己与他人情绪的能力、运用情绪信息引导思维的能力。

1995年10月，美国《纽约时报》专栏作家丹尼尔·戈尔曼出版了《情感智商》一书。在书中丹尼尔·戈尔曼明确指出，情商不同于智商，它由三种可以学习的能力组成，分别是了解自己情绪的能力、控制自己情绪的能力和激励自己的能力。

近年来，心理学家们普遍认为情商包含以下五种能力：

（一）认识自身的情绪

认识情绪的本质是情商的基石，当人们出现了某种情绪时，应该承认这些情绪而不是躲避或推脱。只有对自己的情绪有更大的把握性才能成为生活的主宰，才能更好地知道自己的人生，更准确地决策；反之，不了解自己真实情绪的人，必然沦为情绪的奴隶。

（二）妥善管理自己的情绪

情绪管理，是指能够自我安慰，能够调控自我的情绪，使之适时、适地、适度。这种能力具体表现在通过自我安慰和运动放松等途径，有效地摆脱焦虑、沮丧、激怒、烦恼等因失败而产生的消极情绪的侵袭，不使自己陷于情绪低潮中。这方面能力较匮乏的人常需与低落的情绪交战；而这方面能力较强的人可以从认识挫折和失败中迅速调整，走出生命中的低潮，重新出发。

（三）自我激励

自我激励，是指将情绪专注于某项目标上，为了达成目标而调动、指挥情绪的能力。任何方面的成功都必须有情绪的自我控制——延迟满足、控制冲动、统览全局。拥有这种能力的人能够集中注意力、易自我把握、积极发挥创造力、主动热情地投入工作，并能取得杰出的成就。缺乏这种能力的人则易半途而废。

（四）认知他人的情绪

这是与他人正常交往、实现顺利沟通的基础。具有这种能力的人，能通过细微的社会信号敏锐感受到他人的需要与欲望，能分享他人的情感，对他人的处境有共同的感受，还能客观理解、分析他人的情感。

（五）人际关系的管理

人际关系的管理可以理解为调控与他人的情绪反应的技巧。这种能力包括展示情感、富于表现力与情绪感染力，以及社交能力（包括组织能力、谈判能力、解决冲突能力等）。人际关系管理可以强化一个人受欢迎程度、领导权威、人际互动的效能等。能充分掌握这一能力的人，常是社交上的佼佼者；反之则易于攻击别人、不易与人协调合作。因此，一个人的人缘、领导能力及人际和谐程度，都与这一能力有关。

二、情商与智商

智商（intelligence quotient，简写 IQ）是用以表示智力水平的工具，也是测量智力水平常用的方法，智商的高低反映着智力水平的高低。情商（emotional quotient，简写 EQ）是表示认识、控制和调节自身情感的能力。情商的高低反映着情感品质的差异。情商对于人的成功起着比智商更加重要的作用。智商和情商，都是人的重要的心理品质，都是事业成功的重要基础。它们的关系如何，是智商和情商研究中提出的一个重要的理论问题。正确认识这两种心理品质之间的差异和联系，有利于更好地认识人自身，有利于克服智力第一和智力唯一的错误倾向，有利于培养更健康、更优秀的人才。

（一）智商和情商反映着两种性质不同的心理品质

智商主要反映人的认知能力、思维能力、语言能力、观察能力、计算能力、律动的能力等。也就是说，它主要表现人的理性的能力。情商主要反映一个人感受、理解、运用、表达、控制和调节自己情感的能力，以及处理自己与他人之间的情感关系的能力。

（二）智商和情商的形成基础有所不同

情商和智商虽然都与遗传因素、环境因素有关，但是，它们与遗传、环境因素的关系是有所区别的。智商与遗传因素的关系远大于社会环境因素。据英国《简明不列颠百科全书·智力商数》词条记载，根据调查结果，70% ~80% 的智力差异源于遗传基因，20% ~30% 的智力差异系受到不同的环境影响所致。情商的形成和发展，先天的因素也是存在的。例如，人类的基本表情通见于全人类，具有跨文化的一致性。美国心理学家艾克曼的研究表明，从未与外界接触过的新几内亚人能够正确地判断其他民族照片上的表情。但是，情感又有很大的文化差异。民俗学研究表明，不同的民族的情感表达方式有显著差异。儿童心理学研究表明，先天盲童由于社会交流的障碍导致的社会化程度的影响，其情感能力相对薄弱。人类学研究表明，原始人类的情感与文明人的情感有极大差异。他们易怒易喜，喜怒无常，自控能力很差。美国有的人类学研究者认为，人类童年时代的情感控制能力很弱，以今天的眼光看，很像是患有集体精神病。从近代史研究中也可以看到，人的情感容易受到社会环境的影响，人总是有着根深蒂固的从众心理。

（三）智商和情商的作用不同

智商的作用主要在于更好地认识事物。智商高的人，思维品质优良，学习能力强，认识程度深，容易在某个专业领域作出杰出成就，成为某个领域的专家。调查表明，许多高智商的人成为专家、学者、教授、法官、律师、记者等，在自己的领域有较高造诣。情商主要与非理性因素有关，它影响着认识和实践活动的动力。它通过影响人的兴趣、意志、毅力，加强或弱化认识事物的驱动力。智商不高而情商较高的人，学习效率虽然不如高智商者，但是，有时能比高智商者学得更好，成就更大。因为锲而不舍的精神促使勤能补拙。另外，情商是自我和他人情感把握和调节的一种能力，因此，与人际关系的处理有较大关系。其作用与社会生活、人际关系、健康状况、婚姻状况有密切关联。情商低的人人际关系紧张，婚姻容易破裂，领导水平不高。而情商较高的人，通常有较健康的情绪，有较完满的婚姻和家庭，有良好的人际关系，容易成为某个部门的领导人，具有较高的领导管理能力。

三、做一个高情商的公安大学生

心理学家认为，情商水平高的人特点包括社交能力强，外向而愉快，不易陷入恐惧或伤感，对事业较投入，为人正直，富有同情心，情感生活较丰富但不逾矩，无论是独处还是与许多人在一起都能怡然自得。警察职业需要高情商的人，因此，公安大学生在校期间，不仅要认真学好专业知识、练就过硬的职业技能，而且还要有意识地培养、提高自己的情商，使自己成为一个高情商的大学生。

情商是一种能力，情商是一种创造，情商又是一种技巧。既然是技巧就有规律可循，就能掌握，就能熟能生巧。只要同学们多点勇气，多点机智，多点磨炼，多点感情投资，就能够营造一个有利于自己生存的宽松环境，建立一个属于自己的交际圈，创造一个更好发挥自己才能的空间，赢得事业上的成就。

如何做一名具有高情商的公安大学生呢？

（一）学会划定恰当的心理界限，这对每个人都有好处

也许有人会认为与别人界限不明是一件好事，这样一来大家能随心所欲地相处，而且相互之间也不用激烈地讨价还价。这听起来似乎有点道理，但它的不利之处在于，别人经常伤害了自己的感情，而自己却浑然不知。

其实，仔细观察周围的人和事，我们可以发现，界限能力差的人易于患上病态恐惧症，他们不会与侵犯者对抗，而更愿意向第三者倾诉。如果我们是那个侵犯了别人心理界限的人，发现事实的真相后，我们会感觉自己受到伤害，因为我们既为自己的过错而自责，又对一个第三者卷进来对我们评头

论足而感到愤慨。

界限清晰对每个人都有好处。公安大学生必须明白什么是别人可以和不可以对你做的。当别人侵犯了你的心理界限时，请你告诉他，以求得改正。如果总是划不清心理界限，那么你就需要提高自己的认知水平。

（二）找一个适合自己的方法，在感觉快要失去理智时使自己平静下来，从而使血液留在大脑里，作出理智的行动

美国人曾开玩笑地说，当遇到事情时，理智的孩子让血液进入大脑，能聪明地思考问题；野蛮的孩子让血液进入四肢，大脑空虚，疯狂冲动。事实的确如此，当血液充满大脑时，人的头脑会变得更加清醒，行为举止会变得更加得当；反之，当血液都流向四肢和舌头的时候，人就会作出一些较为愚蠢的事情，就会变得比较冲动、暴躁，口不择言。

事实上，科学实验证明，当人们在压力之下变得过度紧张时，血液的确会离开大脑皮层，于是人们的举止就会失常。此时，大脑中动物的本性起了主导作用，使人们像最原始的动物那样行事。

控制情绪爆发有很多策略，其中一个方法就是让人们注意自己的心律，心律是衡量情绪的精确标尺。当人的心跳快至每分钟100次以上时，整顿一下情绪是非常重要的。在这种心跳速率下，身体分泌出比平时多得多的肾上腺素，于是在这样的情形下人就容易失去理智，变成好斗的蟋蟀。心理学家建议，当人体血液开始涌向四肢时，人们不妨选用以下的方法来平静心情：

（1）深呼吸，直至冷静下来。慢慢地、深深地吸气，让气充满整个肺部。把一只手放在腹部，确保你的呼吸方法正确。

（2）自言自语。比如对自己说："我正在冷静。"或者说："一切都会过去的。"

（3）有些人采用水疗法。洗个热水盆浴，可能会让你的怒气和焦虑随浴液的泡沫一起消失。

（4）你也可以尝试美国心理学家唐纳·艾登的方法：想着不愉快的事，同时把你的指尖放在额头上，大拇指按着太阳穴，深吸气。据艾登说，只要这样做几分钟，血液就会重回大脑皮层，你就能更冷静地思考了。

（三）在生活中找一个鲜活的榜样

通过寻找生活中的活生生的榜样，向他们学习，使自己成为一个快乐的人、一个高情商的人。

在寻找榜样并准备效仿时，同学们应该注意的是，榜样个性或风格也许与自己迥异，自己不必完全按照榜样的方式行事，但是可以模仿他们，学习他们身上值得自己学习的事，以自己的方式来完成，从而体会那种从未察觉

到的自身潜能。

公安大学生可以从周围的人中（包括自己的同学、室友等）找出自己学习的榜样，使自己在追赶他们的过程中自然地提高自己的情商。

（四）从难以相处的人身上学到东西

很多人都会憎恨自己周围那些牢骚满腹、横行霸道、装腔作势的人，并且希望这些人从自己的视野中消失，因为这些人的存在的确使人们生气和绝望，甚至发狂。然而，如果用辩证的眼光来看待问题，可以发现这些难以相处的人恰恰可以帮助人们提高情商。因为，同学们可以从多嘴多舌的人身上学会沉默，从脾气暴躁的人身上学会忍耐，从品行邪恶的人身上学到善良，并且不需要对这些“老师”感激涕零。

在日常的生活学习中，公安大学生可以用“灵活”这种最为有效的方法来应付难以相处的人。也就是说，发现他们的方式，在与之交往的过程中，尽量灵活采用与之相同的方式。如果这人喜欢先闲谈再谈正事的话，你的反应应当是放松下来，聊聊家常；如果这人直截了当，你也应当闲话少说，直奔主题。这样，在与难以相处的人打交道时会更有效率，而且会发现这些人并不那么难以相处。

（五）时不时尝试另一种完全不同的方式，用以拓宽自己的视野，提高情商

在日常的生活学习中，同学们不妨采取一种与自己惯常思维或行为迥然不同的方式，去尝试与外界的交流，这样可以拓展自己的视野，提高自己的情商。因为，每个人的偏好或习惯，如果按部就班，习以为常，往往会将自己封闭在一个狭小的圈子内，从而妨碍自己的成长。例如，性格内向的人，在与别人交往时，可以放弃被动等待他人和自己打招呼的习惯，而变为主动上前向对方问好。

第四节 情绪稳定性自我测验量表

情绪是身心健康的重要标志，一个人的情绪是否稳定反映了他的身心健康状况。那么怎样测量你的情绪是否稳定呢？请做一做下面这个测验。

【指导语】

该测验共有30道题，每道题都有三种答案可供选择，请你从中选择出与自己的实际情况最接近的一种答案，对测验题中与自己生活、身份不相符合的情况，可以不予选择。

【问卷项目】

(1) 看到自己最近一次拍摄的照片，你有何想法？(　　)

A. 觉得不称心　　B. 觉得很好　　C. 觉得可以

(2) 你是否想到若干年后会有什么使自己极为不安的事？(　　)

A. 经常想到　　B. 从来没有想过　　C. 偶尔想到过

(3) 你是否被朋友、同事、同学起过绰号、挖苦过？(　　)

A. 这是常有的事　　B. 从来没有　　C. 偶尔有过

(4) 你上床以后是否经常再起来一次，看看门窗是否关好？(　　)

A. 经常如此　　B. 从不如此　　C. 偶尔如此

(5) 你对与你关系最密切的人是否满意？(　　)

A. 不满意　　B. 非常满意　　C. 基本满意

(6) 半夜里，你是否经常觉得有什么值得害怕的事？(　　)

A. 经常有　　B. 从来没有　　C. 偶尔有

(7) 你是否经常因梦见可怕的事而惊醒？(　　)

A. 经常　　B. 从来没有　　C. 极少有

(8) 你是否曾经有过多次做同一个梦的情况？(　　)

A. 是　　B. 否　　C. 记不清

(9) 是否有一种食物使你吃后呕吐？(　　)

A. 是　　B. 否　　C. 记不清

(10) 除去看见的世界外，你心里是否有另外一种世界？(　　)

A. 是　　B. 否　　C. 记不清

(11) 你心里是否时常觉得你不是现在的父母所生？(　　)

A. 是　　B. 否　　C. 偶尔是

(12) 你是否曾经觉得有一个人爱你或尊重你？(　　)

A. 说不清　　B. 否　　C. 是

(13) 你是否常常觉得你的家庭对你不好，但你又确切地知道他们的确对你好？(　　)

A. 是　　B. 否　　C. 偶尔是

(14) 你是否觉得没有人十分了解你？(　　)

A. 是　　B. 否　　C. 说不清

(15) 在早晨起来的时候，你最经常的感觉是什么？(　　)

A. 忧郁　　B. 快乐　　C. 讲不清楚

(16) 每到秋天，你经常的感觉是什么？(　　)

A. 秋雨霏霏或枯叶遍地　　B. 秋高气爽或艳阳天　　C. 不清楚

（17）在高处的时候，你是否觉得站不稳？（　　）

A. 是　　　　B. 否　　　　C. 偶尔是

（18）你平时是否觉得自己很强健？（　　）

A. 是　　　　B. 否　　　　C. 不清楚

（19）你是否一回家就立刻把房门关上？（　　）

A. 是　　　　B. 否　　　　C. 不清楚

（20）当你坐在房间里把门关上时，是否觉得心里不安？（　　）

A. 是　　　　B. 否　　　　C. 偶尔

（21）当需要你对一件事作出决定时，你是否觉得很难？（　　）

A. 是　　　　B. 否　　　　C. 偶尔是

（22）你是否常常用抛硬币、玩纸牌、抽签之类的游戏来测凶吉？（　　）

A. 是　　　　B. 否　　　　C. 偶尔是

（23）你是否常常因为碰到东西而跌倒？（　　）

A. 是　　　　B. 否　　　　C. 偶尔是

（24）你是否需用一个多小时才能入睡，或醒得比你希望的早一个小时？（　　）

A. 经常这样　　　　B. 从不这样　　　　C. 偶尔这样

（25）你是否曾看到、听到或感觉到别人觉察不到的东西？（　　）

A. 经常这样　　　　B. 从不这样　　　　C. 偶尔这样

（26）你是否觉得自己有超越常人的能力？（　　）

A. 是　　　　B. 否　　　　C. 不清楚

（27）你是否曾经因有人跟着你走而觉得心里不安？（　　）

A. 是　　　　B. 否　　　　C. 不清楚

（28）你是否觉得有人在注意你的言行？（　　）

A. 是　　　　B. 否　　　　C. 不清楚

（29）当你一个人走夜路时，是否觉得前面潜藏着危险？（　　）

A. 是　　　　B. 否　　　　C. 偶尔

（30）你对别人自杀有什么想法？（　　）

A. 可以理解　　　　B. 不可思议　　　　C. 不清楚

【计分与评价方法】

以上各题的答案，凡选 A 得 2 分，选 B 得 0 分，选 C 得 1 分。请将你的得分统计一下，算出总分。根据你的总分查下面评价表，便可知你的情绪稳定水平。

【结果评价】

1. 总分：0～20分，表示情绪稳定、自信心强。
2. 总分：21～40分，表示情绪基本稳定，但较为深沉、冷静。
3. 总分：41分以上下，表示情绪极不稳定，日常烦恼太多。

第五节　情商测试量表

【指导语】

下面是一组测试你的情商的问题，请你按照要求进行回答。

【问卷项目】

第1～25题：请你从下面的问题中，选择一个与自己最符合的答案。

1. 我有能力克服各种困难。（　　）
A. 是的　　B. 不一定　　C. 不是的
2. 如果我能到一个新的环境，我要把生活安排得（　　）。
A. 和从前相仿　　B. 不一定　　C. 和从前不一样
3. 一生中，我觉得自己能达到我所预想的目标。（　　）
A. 是的　　B. 不一定　　C. 不是的
4. 不知为什么，有些人总是回避或冷淡我。（　　）
A. 不是的　　B. 不一定　　C. 是的
5. 在大街上，我常常避开我不愿打招呼的人。（　　）
A. 从未如此　　B. 偶尔如此　　C. 有时如此
6. 当我集中精力工作时，假使有人在旁边高谈阔论（　　）。
A. 我仍能专心工作　　B. 介于A、C之间　　C. 我不能专心且感到愤怒
7. 我不论到什么地方，都能清楚地辨别方向。（　　）
A. 是的　　B. 不一定　　C. 不是的
8. 我热爱所学的专业和所从事的工作。（　　）
A. 是的　　B. 不一定　　C. 不是的
9. 气候的变化不会影响我的情绪。（　　）
A. 是的　　B. 介于A、C之间　　C. 不是的
10. 我从不因流言飞语而生气。（　　）
A. 是的　　B. 介于A、C之间　　C. 不是的
11. 我善于控制自己的面部表情。（　　）

A. 是的　　　　　B. 不太确定　　　　C. 不是的

12. 在就寝时，我常常（　　）。

A. 极易入睡　　　B. 介于 A、C 之间　C. 不易入睡

13. 有人侵扰我时，我（　　）。

A. 不露声色　　　B. 介于 A、C 之间　C. 大声抗议，以泄己愤

14. 在和人争辩或工作出现失误后，我常常感到震颤，精疲力竭，而不能继续安心工作。（　　）

A. 不是的　　　　B. 介于 A、C 之间　C. 是的

15. 我常常被一些无谓的小事困扰。（　　）

A. 不是的　　　　B. 介于 A、C 之间　C. 是的

16. 我宁愿住在僻静的郊区，也不愿住在嘈杂的市区。（　　）

A. 不是的　　　　B. 不太确定　　　　C. 是的

17. 我被朋友、同事起过绰号、挖苦过。（　　）

A. 从来没有　　　B. 偶尔有过　　　　C. 这是常有的事

18. 有一种食物使我吃后呕吐。（　　）

A. 没有　　　　　B. 记不清　　　　　C. 有

19. 除去看见的世界外，我的心中没有另外的世界。（　　）

A. 没有　　　　　B. 记不清　　　　　C. 有

20. 我会想到若干年后有什么使自己极为不安的事。（　　）

A. 从来没有想过　B. 偶尔想到过　　　C. 经常想到

21. 我常常觉得自己的家庭对自己不好，但是我又确切地知道他们的确对我好。（　　）

A. 不是　　　　　B. 说不清楚　　　　C. 是

22. 每天我一回家就立刻把门关上。（　　）

A. 不是　　　　　B. 不清楚　　　　　C. 是

23. 我坐在小房间里把门关上，但我仍觉得心里不安。（　　）

A. 不是　　　　　B. 偶尔是　　　　　C. 是

24. 当一件事需要我作决定时，我常觉得很难。（　　）

A. 不是　　　　　B. 偶尔是　　　　　C. 是

25. 我常常用抛硬币、翻纸、抽签之类的游戏来预测凶吉。（　　）

A. 不是　　　　　B. 偶尔是　　　　　C. 是

第 26～29 题：下面各题，请你按实际情况如实回答，仅须回答"是"或"否"即可，在你选择的答案旁打"√"。

26. 为了工作我早出晚归，早晨起床我常常感到疲惫不堪。

是（　　）否（　　）

27. 在某种心境下，我会因为困惑陷入空想，将工作搁置下来。

是（　　）否（　　）

28. 我的神经脆弱，稍有刺激就会使我战栗。　是（　　）否（　　）

29. 睡梦中，我常常被噩梦惊醒。　是（　　）否（　　）

第30～33题：本组测试共4题，每题有5种答案，请你选择与自己最切合的答案，在你选择的答案旁打“√”。

答案标准如下：1——从不；2——几乎不；3——一半时间；4——大多数时间；5——总是。

30. 工作中我愿意挑战艰巨的任务。　1　2　3　4　5

31. 我常发现别人好的意愿。　1　2　3　4　5

32. 能听取不同的意见，包括对自己的批评。　1　2　3　4　5

33. 我时常勉励自己，对未来充满希望。　1　2　3　4　5

【参考答案及计分评估】

计分时请按照计分标准，先算出各部分得分，最后将几部分得分相加，得到的那一分值即为你的最终得分。

第1～9题，每回答一个A得6分，回答一个B得3分，回答一个C得0分。计________分。

第10～25题，每回答一个A得5分，回答一个B得2分，回答一个C得0分。计________分。

第26～29题，每回答一个“是”得0分，回答一个“否”得5分。计________分。

第30～33题，从左至右分数分别为1分、2分、3分、4分、5分。计________分。

总计为________分。

测试后如果你的得分在90分以下，说明你的EQ较低，你常常不能控制自己，你极易被自己的情绪所影响。很多时候，你容易被激怒、动火、发脾气，这是非常危险的信号——你的事业可能会毁于你的急躁，对于此，最好的解决办法是能够给不好的东西一个好的解释，保持头脑冷静，使自己心情开朗，正如富兰克林所说：“任何人生气都是有理的，但很少有令人信服的理由。”

如果你的得分在90～129分，说明你的EQ一般，对于一件事，你不同时候的表现可能不一，这与你的意识有关，你比前者更具有EQ意识，但这种意识不是常常都有，因此需要你多加注意、时时提醒。

如果你的得分在130～149分，说明你的EQ较高，你是一个快乐的人，不易恐惧、担忧，对于工作你热情投入、敢于负责，你为人更是正义正直、同情关怀，这是你的优点，应该努力保持。

思考题：

1. 近来的生活中有问题困扰着你的情绪吗？如果确有存在，请你尝试用合理情绪疗法调适一下。

2. 请你简要阐述一下公安工作需要怎样的情商品质，在大学期间如何有意识地培养这些品质。

第五章　公安大学生的适应与心理健康

第一节　适应心理概述

适应能力是心理素质的核心内容之一，是心理健康的一项最基本的标志，是大学生必备的心理素质。公安大学生面对未来复杂多变、竞争激烈的社会环境，只有具备较强的适应能力，才能够获得更充分的生存与发展的条件，才能够成为社会所需要的合格人才。

一、心理适应的含义

朱智贤主编的《心理学大辞典》中，关于适应的定义是这样描述的："适应是来源于生物学的一个名词，用来表示能增加有机体生存机会的那些身体上和行为上的改变。心理学中用来表示对环境变化作出的反应。"著名心理学家皮亚杰认为，智慧的本质从生物学来说是一种适应，它既可以是一个过程，也可以是一种状态。有机体是在不断运动变化中与环境取得平衡的，它可以概括为两种相反相成的作用：同化和顺应。适应状态则是这两种作用之间取得相对平衡的结果。这种平衡不是绝对静止的，某一个水平的平衡会成为另一个水平的平衡运动的开始。如果机体与环境失去平衡，就需要改变行为以重建平衡。这种平衡——不平衡——平衡的动态变化过程就是适应。

这一定义至少从以下三个方面说明了适应这一心理现象的性质与特点：第一，心理适应是主体对环境变化所作出的一种反应，没有环境的变化就无所谓适应或不适应；第二，心理适应是一个重建平衡的动态变化过程；第三，心理适应在心理学上通常是指当外部环境发生变化时，人们通过自我调节系统作出能动反应，使自己的心理活动和行为方式更加符合环境变化和自身发展的要求，使主体与环境达到新的平衡的过程。

这说明，适应现象是伴随着环境的变化而出现的，由于人们生活的环境（包括自然环境、心理环境和社会环境）经常处在不断的变化之中，因此，每个人在学习和生活中都会产生不断适应新环境的需要。从这个意义上说，适应是人的一种基本需要，是人一生中随时都要面临的任务，也是人应当具备的一种基本素质。

对于公安院校的大学生而言，只有适应大学生活，正确认识环境并与之保持协调、良好的适应关系，敢于正视现实和未来，不断地自我修正，才能最终使自己发展并成熟起来，成为一名合格的人民警察。正因为如此，心理适应教育是大学生心理健康教育的重要内容。

二、心理适应的类型

关于适应的类型，可以依据不同的标准将其分为不同的类型。

根据适应的对象可以将其分为对自然环境的适应和对社会环境的适应，根据适应的基础可以分为生理适应和心理适应，根据适应的程度可以分为浅层适应和深层适应，根据适应过程中是否有意识地参与可以分为有意识的适应和无意识的适应，根据适应过程中态度的积极或消极又可以分为主动适应与被动适应。

除了以上几种分类外，还可以根据适应的效果分出消极适应和积极适应，根据适应表现的方式分为内部适应与外部适应，根据适应的内涵分为狭义适应和广义适应，等等。

消极适应是个体改变自己的行为或态度以适合外部环境的要求，这是一种基本的、比较被动的适应方式，其作用只是求得一时的内心平衡；积极适应是主体充分发挥自身的主观能动性，尽最大可能去改变环境使之适合自己发展的需要，这是一种比较高级、比较主动的适应方式。在个体发展过程中，生存与发展之间存在十分密切的、相辅相成的关联，因此这两种适应方式之间也存在不可分割的联系。事实上，消极适应和积极适应这两种适应对人都有重要价值，首先要能够生存，然后才谈得上发展。生存是发展的基础，发展是生存的目的。但从个体适应能力形成的过程看，通常是要先学会生存适应，然后才能达到发展适应的水平。

内部适应，是指在心理上达到认知和情感上的平衡状态的适应。外部适应，是指在行为上能够符合外部环境要求的适应。一般而论，可以认为，内部适应是外部适应的基础，外部适应是内部适应的外在表现，二者应该是一致的。但在某些特殊条件下，也可能存在不一致的情况。例如，有时候屈从于某种外部压力，为了避免更大的挫折，尽管内心并不情愿，但有可能在行为上暂时遵从某种规范，表现为表面上的顺从或服从，这就是一种外部适应与内部适应不一致的情况。

狭义的适应，是指在遭受心理挫折后人们采用自我防卫机制来减轻压力，恢复心理平衡的过程。广义的适应，是指当外部环境发生变化时，主体通过自我调节系统作出有效反应，使自己的潜能得以充分发挥，使内外环境重新恢复平衡的心理过程。前者更多地表现为无意识的适应过程，具有一定的自发性；后者则主要表现为有意识的适应过程，带有更明显的自主性。在个体发展过程中，前者出现得较早，而后者出现得较晚。但是，随着个体心理成熟水平和思维水平的提高，后者的作用就会越来越大，并逐渐占据主导地位。

三、心理适应和社会适应的关系

适应是一个人通过不断调整自身使个人需要能够在环境中得到满足的过程，适应也是自我表现与环境和谐统一的一种良好生存状态。因而，心理适应是一个人适应社会的前提和基础，只有建立了良好的心理适应才能认识社会并与之保持协调、良好的适应关系。

社会适应，是指个体对社会生活环境的适应。有人认为，社会适应是指社会或文化倾向的转变，即人的认识、行为方式和价值观因为社会环境的变化而发生相应的变化。从局部或具体的事件看，社会适应是个体社会行为的自我调节过程；而从个体发展的全过程看，社会适应实际上就是个体实现社会化的过程。从社会化的角度看，社会适应的内容应当包括以下几项：第一，对社会生活环境的适应，包括对不同生活条件与方式的适应；第二，对各种社会角色的适应，包括各种角色意识的形成以及对不同角色行为规范的掌握；第三，对社会活动的适应，包括各种活动规则的掌握和活动能力的形成，如学习、交往、工作、休闲等能力的形成与发展。联合国教科文组织提出的关于现代教育的四大支柱（即四项培养目标：学会做事、学会求知、学会与人共处、学会生存）所反映的都是社会适应方面的基本要求。有人认为，社会适应最重要的就是对人际交往和人际关系的适应。这一观点也有一定道理，因为不论从事哪个方面的活动，都离不开人际交往，都要同人打交道。生活也好，学习也好，工作也好，都是与人交往的过程，都要以良好的人际关系为基础。所以，善于与人相处，善于协调人际关系，是使生活美满、事业成功的重要保证。

心理适应与社会适应的关系十分密切。心理适应作为一种综合性的心理功能，是社会适应的心理基础。离开以同化、顺应以及其他一系列复杂的心理活动为基础的内化过程，个体社会化的实现是不可能的。反之，如果脱离对社会环境的良好适应，那么心理适应本身也就失去了实际的意义。

第二节　心理适应的内部机制

有人把适应过程归纳为需要——阻挠——反应——解决问题四个环节。这一观点的可取之处是从心理动力与主、客体之间关系的角度解释了适应过程，不足之处是流于表面，没有深入到内部机制的层面进行分析。

一、心理适应的内部机制

按照皮亚杰的观点，心理适应的内部机制就是同化与顺应的平衡。这是从发生认识论的角度对适应过程作出的一种解释。从这一角度出发，可以认为心理适应就是主体对外部变化所作出的一系列自我调节的过程，其最终目的是重新适应新的环境变化。但是，只用同化和顺应这两个过程来说明适应似乎过于简单了些。在解释社会适应中一些复杂的适应过程时有必要对此作出进一步的说明。结合认知心理学和社会心理学的有关理论，我们认为，心理适应的内部机制可表述为如图 5－1 所示的模式。

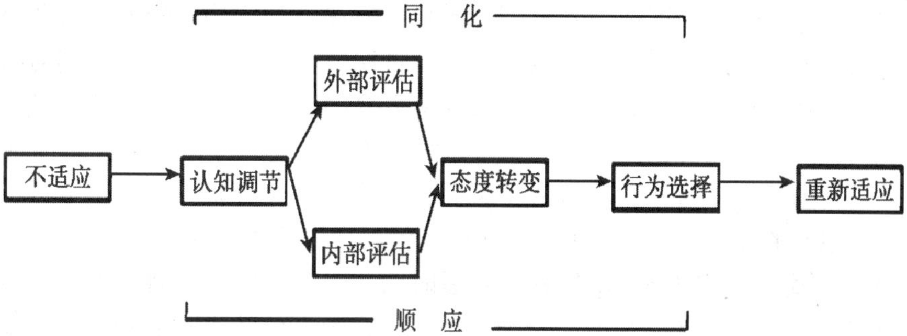

图 5－1 心理适应的内部机制

这一模式表示，从出现不适应现象到重新适应中间一般要经历认知调节、态度转变和行为选择三个环节，其中认知调节又可分为外部评估和内部评估两个部分。具体运行过程以及各环节的作用大致如下：

（一）认知调节

认知调节是适应过程的起始阶段，这一环节包括外部评估和内部评估两部分。

1. 外部评估

外部评估是认知调节的第一阶段，指主体对变化了的外部环境及其对自身发展所具有的影响作用进行全面了解并作出新的判断的过程，主要任务是确定外部环境中发生了哪些新变化，提出了哪些新要求，这些变化和要求对自身发展所具有的影响，在此基础上应能对发展中遇到的困难作出准确的判断，对新的角色期待形成正确的理解与把握。如果这个阶段中的认识、判断出现了偏差，就可能产生不适应的表现。例如，一个刚刚结束警察院校第一学期学习的公安大学生 A 面对期末考试 3 门不及格的“史无前例”的情况，出现了一时的不平衡，即不适应的现象。为了重新恢复平衡，适应新环境，就要正确判断考试不合格的原因，然后找到有效的对策。首先要分析的就是客观的原因，如学习任务、学习方法等方面的新特点与新要求，并对此作出正确、合理的判断。如果这种了解比较准确、全面，就为下学期有效调节打下了良好的基础。如果对新环境的新特点缺乏全面、客观的判断，就会给适应带来困难。

2. 内部评估

内部评估，是指主体在对外部变化作出正确判断的基础上，对自身内部状态进一步的了解与判断。实际上这是一种在自我监控系统的参与下，自我评价和自我意向重新调整的过程。具体包括对因外部变化引起的内部不平衡状态的估计，对不适应现象的归因分析，对已有经验的检索与比较，对原有行为方式应对效果的审视与判断等。通常自我评价的结果会影响到自我体验的改变，如自信心的增强或削弱。同时，自我体验的改变也会影响到对行为目标的重新选择，包括对目标价值及成功概率的重新评估以及在此基础上所形成的新的自我期待，等等。例如，上面例子中提到的那位公安大学生 A 对学习环境的新特点与新要求有所了解后，还要进一步分析一下内部原因，如对自己原有的经验和能力作出一个估计，判断自己是否有能力满足新的要求。如果认为第一学期期末考试失利只是暂时的，主要原因是一时的不适应或努力不够，这时他的自信心不会受到影响，自我观念仍然是积极的；但假如认为期末考试失利的原因主要是自己的能力不足，这就会使自信水平下降，同时会感到紧张和担忧。

由外部评估到内部评估，这是认知调节发展的必然过程。在这一过程中，主体的理解力、判断力和自我评价的水平对认知调节的效果具有直接的影响。

（二）态度转变

认知过程的变化必然会引起情绪体验的变化，同时也会导致行为意向发生相应的变化。当认知、情感和行为意向都发生了变化时，就会引起态度的转变。态度的转变实际上是对动力系统和反应倾向的调节，这是适应新环境的变化、保持和恢复心理平衡的一种背景条件。例如，公安大学生 A 如果能对考试失利的原因作出正确解释，相信自己有能力改变这一现实，他就能继续保持对待学习的积极态度；但如果由于考试失利而开始怀疑自己的实力，从而导致自信水平下降，产生自卑感和紧张、焦虑感，其结果就会使他的学习态度发生消极的变化，产生厌学心理。在这一过程中，主体的价值观念、对目标的期望水平以及情绪、情感的深刻性，对态度的转变具有重要的影响作用。

（三）行为选择

行为选择实际上是一个比较与决策的过程，其核心是对原有行为方式的调整与改变。行为方式的重新选择是以认知的调节与态度的改变为基础的，受思维方式与态度倾向的直接制约。思维方式与态度倾向如果是积极的，那么主体的行为方式也会是积极的；思维方式与态度倾向如果是消极的，那么行为方式也会是消极的。例如，上例中提到的公安大学生A的行为就可能有不同的选择：如果他认为学习对自己非常重要，同时对学习和自己充满了信心，就会表现出积极进取的态度和坚持不懈的努力；相反，如果认为学习无足轻重，同时对学习和自己又丧失了信心，产生了明显的厌学态度，就会表现出退缩和放弃的行为倾向。在此过程中，远大目标的引导，坚毅、顽强的性格特征，高度的自尊与自信，是影响行为选择的重要因素。

在这一过程中，同化与顺应这两种调节方式始终在发挥着作用。面对内外环境的复杂性和行为效果的多重可能性，主体的判断与选择不可能一次性完成。所以，适应过程必然会表现为一个反复循环的动态过程。一般规律是，经过以上几个环节，如果所选择的行为方式取得了令人满意的结果，对适应环境起到了积极的作用，就意味着同化与顺应的过程基本上实现了平衡，这一行为就会因受到正强化而巩固下来，逐渐形成稳定的态度倾向与行为习惯。这就是性格形成的过程。如果行为反应的效果不理想，主体与环境之间仍然存在不适应的现象，说明同化与顺应之间并不平衡，这时就需要再次进入上述的自我调节系统中进行重新选择。有时这种选择需要经历若干次的重复循环，才能取得理想效果，达到同化与顺应的平衡状态。

二、与心理适应能力有关的心理素质

根据对心理适应内部机制的上述假设，可以看出与心理适应能力有关的基本心理素质主要有以下几项：

（1）对新情况或复杂情况能够迅速作出正确反应的能力，主要表现为分析问题和作出正确判断的能力，特别是运用辩证思维的方法去分析问题和作出判断的能力。

（2）对自己进行全面、客观评价的能力，以及在此基础上所形成的积极的自我观念。这两项都是与第一个环节有关的心理素质。

（3）积极的生活态度和明确的生活目标，包括远大的理想和坚定的信念，同时还要有积极的自我体验，做到自尊、自爱，对自己始终充满自信。这是与第二个环节有关的心理素质。

（4）良好的性格特征，特别是意志品质方面的特征。例如，坚韧、顽强、果断和较强的自制力，较强的竞争意识和好胜心，对人对事宽容的态度与豁达的胸怀等。这些是与第三个环节有关的心理素质。

（5）自我监控的意识和自我调节的能力，特别是自省、自查和自我审视的意识，以及自我调节与自我控制的能力。这是同全部适应过程都有关联的心理素质，也是决定一个人心理适应水平的关键。

上述基本素质应当成为心理适应能力培养的主要目标。

第三节　公安大学生的角色变化与社会适应能力培养

心理适应问题的核心就是角色的适应，角色的适应又与社会适应息息相关，大学生的社会适应指的就是高校大学生在毕业离开学校走入社会阶段，通过社会互动，努力与社会达到一种和谐状态的一个角色转换过程。它同时包含了大学生在校学习生活期间的各种适应，如学校生活环境的适应、学校学习环境的适应、学校人际环境的适应等。大学生社会适应能力是大学生在学校和在社会生活中为达到与所处环境的和谐状态而必须具备的一种综合能力。本节所要论述的大学生社会适应能力主要是指大学生在大学校园生活环境中所必须具备的各种能力。

一、公安大学生角色变化障碍产生的原因分析

在生活中，就像演员在舞台上扮演不同的角色一样，人处在不同的社会地位，从事不同的社会职业（或中心任务）都要有相应的个人行为模式，即扮演不同的社会角色。因此，社会角色就是个人在社会关系体系中处于特定的社会地位，并符合社会要求的一套个人行为模式。

角色改变适应主要是因为“惯常的思想和行为的改变”，江西省曾经对三所高校2313个新生，使用“大学生人格问卷（UPI）”进行心理状况调查。调查结果表明，72.41%的新生有适应问题，其中46.72%的学生表示对人际关系不能适应，67.11%的学生表示对学习不能适应，4.30%的新生由于适应问题引起心理障碍。浙江警察学院对2007级新生也曾经做过角色改变适应方面的调查，结果发现，公安大学生不能顺利进行“惯常的思想和行为的改变”就会产生失调，出现角色改变障碍，这是公安大学生常见的心理问题之一。产生角色变化障碍主要有以下几个方面的原因：

（一）教育体制因素

中国是世界上升学压力较大的国家之一。应试教育对大学生心理产生的负面影响是不容忽视的。长期以来，在高考指挥棒的指引下，学生、家庭、学校均以高考作为主要目标来实施教育。这种思想严重束缚了青少年的全面发展，“两点一线”的生活使学生们不同程度地疏离了社会，在狭小的社会圈子里形成了自己的思维定式，对社会和人生缺乏全面客观的认识和思考，因而也缺少了应对各种挫折的能力。进入大学后，随着眼界开阔、阅历增加，

他们原有的世界观受到巨大冲击。同时，角色的转变、理想和现实的差距、人际关系的复杂、学习和生活方式的变化等，都会使“两耳不闻窗外事，一心只读圣贤书”的学生出现环境适应不良、人际交往不适应、学习没动力、业余时间空虚无聊等不适症状。

（二）学校因素

学校是大学生社会化的重要场所，学校环境、风气对个体产生的影响也是不容忽视的。如果一个学校学风浓厚，课外活动丰富多彩，学生思想政治工作行之有效，心理教育工作落到实处，学生出现心理问题的就少。反之，如果忽视青年学生正确人生观与价值观的培养，忽视学生心理健康教育，不重视学生的课外生活，那么学生出现心理问题的就较多。大学同学往往需要朝夕相处，同学关系成为大学生最主要的社会关系。如果处理得好，就可以相互学习、相互促进，反之，轻则影响个体的生活，重则带来心理问题。因此，对大学生与人相处能力就提出了更高要求，需发展更高的社会交往能力。

与此同时，警察院校的学习内容具有鲜明的职业性，更趋向于专业化、职业化，是基础知识在专业技能中的应用，对学生的分析能力和应用能力都有较高的要求。公安大学生的学生角色带有鲜明的“警察职业色彩”，他们被老百姓认为是警察，而却又不具备警察的身份；他们认同自己是执法者，但又不具备执法资格；这种角色认同的冲突很可能带来公安大学生角色变化的障碍。

（三）家庭因素

家庭是个体成长的第一环境，父母是孩子的第一任教师。家庭对个体的成长具有长久而深远的影响。影响个体良好心理素质的第一家庭因素是家庭氛围，这是个体良好心理素质形成的前提，家庭成员之间的语言和人际氛围直接影响着家庭中每个成员的心理。尤其是在生命初期，父母的爱能使个体形成信任与希望的美好品质，这是个体成年后与他人顺利交往的保证。而父母关系恶劣、家庭气氛紧张，经常发生冲突，特别是父母离异，往往会使孩子形成不良的性格特征，如冷漠、孤僻、自卑、敏感多疑、缺乏安全感等，表现为缺乏生活热情、缺乏爱心、人际关系羞怯、恐惧等心理问题，很难与同学、老师建立和谐的人际关系，出现人际交往障碍。

此外，家庭的经济能力对大学生的心理也有一定的影响。随着大学交费制度的实施，特困生的问题也开始凸显。对此，国家出台了助学贷款、奖学金制度等政策，各大学也采取了多种方法资助特困生。但是困难学生不仅仅是经济困难。一些困难学生常因经济条件差而自卑，甚至自我封闭，尤其是学习成绩不理想的学生，往往承受着更重的心理负担，这些都不利于他们的健康成长。

（四）个体因素

大学生处于青年中后期，生理方面基本发育成熟，心理上正处于迅速走向成熟，又未完全成熟的阶段。这一时期的大学生世界观、人生观尚未定型，可塑性强，面对角色转换、人际交往、社会责任、激烈竞争等，产生心理矛盾、心理冲突绝非偶然。但是，个体的人生经历及心理素质对心理健康的影响也应引起我们的重视。例如，不同的人生经历对人的个性形成和心理发展会产生不同的影响。生活中的大事，如高考、患病、家庭变迁、亲人亡故、失恋等，会增加个体适应环境的压力，个体每经历一次就要付出巨大的代价去调整和适应因为这些事件带来的生活上的变化，从而产生应激。生活事件造成的应激越强烈、持久，对心理平衡的影响就越大。有时一个大的打击可能会使人长期消沉，丧失生活勇气。而面对同样的生活事件，不同的个体有不同的反应，因为个体有着不同的人格特征。在部分大学生中存在不同程度的人格发展缺陷，如孤僻、冷漠、多疑、急躁、冲动、固执、偏激、骄傲、虚荣、过分的自我中心等。当遇到诱惑或挫折时，由于缺乏对社会科学、全面、客观的认知，加之人格缺陷，缺乏自我表现调适的能力，便会产生悲观、失望、消沉等心理问题，从而出现偏差行为。

二、公安大学生社会适应能力的构成

公安大学生社会适应能力的构成要素主要从认知能力、独立生活能力、学习能力、人际交往能力、应对挫折能力以及实践能力等方面来进行分析。

（一）认知能力

认知是人类个体对客观世界的认识过程，包括感觉、知觉、记忆、想象和思维等环节。社会认知能力的强弱与大学生的社会适应能力强弱有很大的关系。警察作为社会管理工作者，要面对各种错综复杂的社会现象，消除大量的社会“阴暗面”，如何能够自觉地运用辩证唯物主义和历史唯物主义思想、观点，来正确地分析、解决现实生活、学习、工作中的问题，并且能够正确评价自己和他人，客观看待个人得失，清晰地分辨是非对错，对公安大学生来说尤为重要。

（二）独立生活能力

大学生的独立生活能力主要是指大学生在自主自立、自我管理、自我调适和独立处理问题等方面的能力。自主自立能力是个体成长中最重要的基础因素，它包括自理能力和独立精神，这是一个人最基本的素质，是人生的基础，是人之所以为人、人之所以能在世界上立足的基础。奥地利著名作家、思想家茨威格说过：“世界上最辉煌、最宏伟的事业就是使个人站起来。”我们教育的最终目的，就是帮助个体用自己的双脚在这个世界上站起来，这既是家庭的需要，也是社会和民族的需要。

（三）学习能力

学习能力一般是指人们认识、理解客观事物并运用知识、经验等解决问题的能力。它是大学生在学习、工作、日常生活中必须具备、广泛使用的能力。社会发展日新月异，公安工作需要每个从业人员都有继续学习和终身学习的能力。因此，公安大学生在校期间，就要培养对新知识、新事物强烈的兴趣，以及坚忍不拔、勇往直前的进取精神，并且掌握科学的学习方法，为终身学习打下厚实的基础，为更好地适应社会、适应职业需要创造良好的条件。

（四）人际交往能力

人际交往又叫社会交往，是指个人与个人、个人与团体或团体之间的相互作用、相互影响的方式和过程。大学生的社会交往，是指大学生之间以及大学生与其他人之间沟通信息、交流思想、表达情感、协调能力的互动过程。大学生通过人际交往，积累了社会生活经验，学到了社会生活所必需的知识、技能、态度、社会规范，逐步摆脱以自我为中心的倾向，意识到集体和社会的存在，意识到自我在社会中的行为和责任，学会与人平等相处和竞争，养成了遵守法律和社会规范的习惯。作为将来要从事社会管理工作的公安大学生来讲，人际交往能力是至关重要的，是职业能力的重要组成部分。

（五）应对挫折能力

应对挫折能力是个体遭遇挫折后，对挫折进行直接的调整和转变，积极改善挫折情境，解脱挫折状态的能力。正确应对挫折有助于发挥挫折的积极作用，防止和克服其消极作用。由于社会进步，时代变化很快，各种社会要求都会被大学生所反映，从而使大学生产生各种与现实有矛盾的需要和动机。因此，大学生在学习、生活、交往中遇到各种挫折是必然的和无法避免的。培养应对挫折能力也是大学生有效适应社会的一个重要方面。

（六）实践能力

实践能力，是指人们在实践活动的基础上形成的有目的及有意识地改造自然、社会和人的自身的实际活动的能力。实践能力是综合性的能力，是大学生运用知识的载体，是大学生各种能力的整体显现和实际运用，是检验大学生的知识及其他能力发挥程度的标尺，并作为整合能力的最终价值体现。公安工作实践性极强，在专业知识学习的同时十分注重知识的应用和技能的培养。公安大学生在校期间就要进行形式多样的实践锻炼，这是提高实践能力的非常有效的载体。

三、提高公安大学生社会适应能力的途径

大学阶段是大学生成才的一个极其重要的阶段，在大学阶段所获得的经

验将有助于培养大学生全面适应社会的能力，作为警察院校的大学生同样如此。提高公安大学生社会适应能力的途径主要包括以下几个方面：

（一）强化认知训练，提高公安大学生的认知能力

强化认知训练，有利于大学生提高对自己、他人和社会的认识、了解，并对此作出正确的评价。正确地认识自我是大学生培养健全的自我意识的基础，主要包括以下三个方面：一是全面深刻地了解自我；二是客观评价自我，在全面深刻地了解自己的基础上，对自我进行较为客观、准确的评价，既不要妄自菲薄，也不要夜郎自大；三是时常反省自我，个人自己的观察与思考也是自我认识的一个重要方面。他人对自己的评价不等于自己对自我的评价，两者往往存在一定的差距。因而，大学生个人还应该时常反省自我，对自己作一分为二的分析，严于剖析自我，敢于批评自我。

（二）加大“三自”教育力度，提高公安大学生的独立生活能力

从对他人的依赖到独立生活，这是人生发展的必然趋势和结果，是一个人健康、成熟的具体体现。可以说，大学生一进入大学就意味着独立生活的开始。

警察院校在大学生教育管理中，除了坚持特色办学的宗旨外，还应充分尊重公安大学生的权利，千方百计地为公安大学生的成长进步创造条件，如果管得过严、统得过死，就会使大学生自我教育、自我管理和自我服务活动死气沉沉，甚至自行废止。建立民主的管理模式和营造宽松的教育环境为公安大学生的“三自教育”提供了有利的外部条件，有利于提高大学生的独立生活能力。

（三）注重学习方法的训练，提高公安大学生的学习能力

古语云“授之以鱼，不如授之以渔”。现代西方教育理论也认为，最有用的学习，是对学习的学习。达尔文曾说过“最有价值的知识是关于方法的知识”。可见，学习能力的培养和提高对于个体的学习之重要。培养学习能力有助于提高学习的兴趣，有利于知识向能力的转化，有助于适应未知的工作环境。随着素质教育的不断推行，对公安大学生学习能力的培养越来越引起人们的关注和重视。警察院校应把培养公安大学生的学习能力融入到日常教育教学之中，注重公安大学生智力因素和非智力因素的养成，使公安大学生逐步学会学习和具备自主学习的能力。

（四）加强人际沟通，提高公安大学生的人际交往能力

1. 要注重培养公安大学生良好的个性品质

美国学者安德森经研究认为在人际交往中排在序列最前面、受喜爱程度最高的六种人格品质是：真诚、诚实、理解、忠诚、真实、可信。公安大学生要想获得良好的人际关系，必须有意识地培养促进人际关系的积极的个性

品质，并避免养成对人际关系起破坏作用的人格特点。

2. 要鼓励公安大学生勇于表现，适度推销自己

公安工作需要做大量的群众工作，在学校期间，就要为学生创造更多的表现机会，帮助公安大学生克服羞怯心理，勇于表现自我，适度推销自己，以增强交往对象对自己的熟悉程度，为后续交往奠定良好的心理基础。

3. 要学会必要的人际交往艺术与技巧

学会必要的人际交往艺术和技巧对公安大学生来说是很有必要的。例如，学会尊重别人；拥有自信，主动与人沟通；善于换位思考；把握好批评和建议的艺术等。同时，处理好人际关系还需保持一颗“感恩”的心。在同他人交往时，不要漠然地视别人对自己的付出为“应该”，要有“受人滴水之恩，当以涌泉相报”的心态，一味地只利用而不“投资”，只索取而不奉献，再亲密的关系也会变得疏远。

4. 运用团体心理辅导模式，提高大学生的人际交往能力

团体心理辅导独特影响机制特别适合人际交往能力的培养。可以充分利用警察院校集中管理、辅导员与学生朝夕相处等优势，开展团体辅导和咨询。

（五）优化心理适应的辅导，提高公安大学生的应对挫折能力

要加强心理健康教育，提高公安大学生的情绪调控能力和容忍挫折的能力。重视公安大学生健康人格的培养，使他们有理解和控制所处社会环境的心理优势感。矫正公安大学生“挫折心理”的具体工作方法包括精神发泄法、说理疏导法、目标重置法、意志激励法、改变氛围法等。

（六）加大实践性教育的力度，提高公安大学生的实践能力

大学教育，不仅仅培养一个人的学习能力，同时，更重要的是锻炼了一个人的社会适应能力，开发了一个人在今后社会发展中的潜能。警察院校的人才培养目标要求这类学校应建立加强大学生实践能力的工作目标，开辟适当规模的实践场地，增添丰沛的专业实践设施，拓宽学生参与专业实践的方式，并通过教育引导，不断强化大学生实践能力自我培养意识，发挥专业导师、社团等作用，不断提高公安大学生的社会实践能力。

总之，以上多种能力培养的最终目的都是提高公安大学生的社会适应能力，各种能力培养的途径是交叉的、相互的，并不是一种途径只对一种能力的培养起作用，只有把各种培养途径综合起来，形成合力，才能真正使公安大学生的社会适应能力得以提高，满足公安大学生社会化的需要，满足社会发展的需要。

第四节 适应能力测验

适应能力是人的一种综合心理特性，是人适应周围环境的能力。在人的

生活中经常遇到考试、比赛等种种复杂、紧急的情况，适应能力强的人，能够摆脱困境，发挥自己应有的能力水平；适应能力差的人，则会紧张、不知所措，发挥失常。为了帮助大家了解自己的适应能力，我们根据美国心理学家赫普纳的问卷题，结合我国的实际情况，编制了一套简便易行的适应能力测查问卷。该套问卷共有20个题目，每个题后有三个供选择的答案。你可以根据自己的实际情况，选出其中一个答案。

【问卷项目】

（1）假如你的朋友突然带来一个你最不喜欢的人到你家里，你会（　　）。
A. 表示惊奇
B. 把你的感觉完全隐藏着
C. 暂时忍耐，以后再把实情告诉你的朋友
（2）对自己的某次失败，你会（　　）。
A. 只要别人有兴趣随时都会告诉他
B. 只在谈话时顺便说出来
C. 决不说，怕会被别人抓住弱点，对自己不利
（3）遇到难题时，你会（　　）。
A. 毫不犹豫地向有关专家征求意见
B. 经常向熟人请教
C. 很少麻烦别人
（4）你骑车去一个较远的地方参加社交活动，中途找不到路标，你会（　　）。
A. 赶快查自带的地图
B. 大声埋怨，不知何时才能到达目的地
C. 耐心等待过路车或有人走过时，问个清楚
（5）当你选择衣服时，你会（　　）。
A. 总是固定在一种款式上
B. 跟随新潮流，希望适合自己
C. 在选定以前，先听取陪同的朋友或售货员的意见
（6）当你知道将要有不愉快的事时，你会（　　）。
A. 自己进入紧张状态
B. 相信事实并不会比预料的厉害
C. 感觉完全有办法应付
（7）在嘈杂、混乱的环境里，你会（　　）。
A. 总觉很烦，不能静下心来读书

B. 仍能集中精力学习，但效率降低了
C. 不受影响，照常学习
(8) 和别人争吵起来时，你会（　　）。
A. 能有力地反驳对方
B. 常常语无伦次，事后才想起如何反驳对方，可是已经晚了
C. 能反驳，但无多大力量
(9) 每次参加正式的考试或竞争，你会（　　）。
A. 常常比平时的成绩更好些
B. 常常不如平时的成绩
C. 和平时的成绩差不多
(10) 必须在大庭广众面前讲话时，你会（　　）。
A. 因怯场，便不知所措或说话结结巴巴
B. 感觉虽然难，但还是想方设法完成
C. 侃侃而谈
(11) 对团体或社会性的集会，你会（　　）。
A. 总是想主宰讨论
B. 只有在知道是讨论的题目时才参加
C. 讨厌在集会上说话，所以不参加
(12) 受到别人的批评，你会（　　）。
A. 想找机会反过来批评他
B. 想查明受到批评的原因
C. 想直接听一下批评的理由
(13) 当情况紧迫时，你（　　）。
A. 仍能注意到该注意的细节
B. 粗心大意，丢三落四
C. 慌慌张张
(14) 参加各种比赛时，赛场越激烈，群众越加油，（　　）。
A. 你的成绩越好
B. 你的成绩越上不去
C. 你的成绩不受影响
(15) 碰到阻力或困难时，你会（　　）。
A. 经常改变既定的主意
B. 不改变既定的主意
C. 越有干劲
(16) 你符合下面哪一种情况：（　　）。

A. 不安于现状，总想改变点什么

B. 凡事只求“规范”，不办破格的事

C. 礼貌要讲，但事也要办

（17）你赞成下面哪一种说法：（　　）。

A. 只要是正确的，就坚持，不怕打击，敢于孤立

B. 在矛盾方面让一让，就过去了

C. 尽量求平和，把批评和斗争降到不得已的程度

（18）假若自己被登报时，你会（　　）。

A. 有点自豪，但并不以为然

B. 很高兴，想让朋友也看看

C. 完全不感兴趣

（19）为了给人留下好印象，你会（　　）。

A. 想方设法，并花一定时间考虑计划

B. 不特意去做，但有机会就利用

C. 根本不想在别人面前做这种事

（20）你同意下列哪一种观点：（　　）。

A. 为了深入地了解自己的国家，学习外国的东西是件好事

B. 外国的事与我们没有任何关系

C. 学习外国的东西比学本国的东西更感兴趣

【计分与评价方法】

根据你的选择，然后对照表 5－1，算出你的总分数。

表 5－1　得分表

	1	2	3	4	5	6	7	8	9	10	11	12	13	14	15	16	17	18	19	20
A	2	2	3	2	1	1	1	3	3	1	2	1	3	3	1	3	3	3	2	3
B	1	3	2	1	3	2	2	1	1	2	3	3	2	1	2	1	1	1	3	2
C	3	1	1	3	2	3	3	2	2	3	1	2	1	2	3	2	2	2	1	1

（1）如果你的得分为 49～60，说明你的适应能力很强。

（2）如果你的得分为 37～48，说明你的适应能力较强。

（3）如果你的得分为 25～36，说明你的适应能力一般。

（4）如果你的得分在 25 分以下，说明你的适应能力较差，你需要在今后的学习、生活、工作实践中，有意识地培养自己在这方面的能力，以提高心

理的承受能力和适应能力。

思考题：

1. 浅析心理适应与社会适应之间的关系。

2. 从大学生社会适应能力的构成这个角度来谈谈如何从自身做起，增强社会适应能力。

3. 分析自己现阶段学校生活的最大困惑是什么，通过什么方法可以得到解决？

第六章　公安大学生的压力与心理健康

生活中处处充满着压力。同学们经过激烈的高考竞争，如愿以偿地跨入了公安院校，然而，伴随大家的并不是完全轻松的氛围，而是紧张的学习、训练和严格的警务化管理。公安大学生们面对着更多、更为直接的压力，会感受到挫折，产生内心的冲突。

第一节　压力概述

一、什么是压力

（一）压力的含义

压力（Stress），源于工程物理学中的术语，意思是“物体所承受的，并可能使其发生变化的力量”。

把压力与人身心联系起来运用时，主要是指躯体的和精神的一些感受，包含应激、紧张、紧迫、重压的意思。有人认为，压力是对精神和肉体承受力的一种要求。也有人认为，压力是人对感知外界事物的过程中产生的心理应激反应。还有人认为，压力是个体对某一没有足够能力应对的重要情景的情绪与生理紧张反应。

压力，是指人的需要、动机、本能和行为等受挫后所产生的消极情绪与生理紧张反应。压力由人的思维所产生，并被人的身心所感受。压力有一部分是由已经发生或即将发生的生活事件引起的，如艰苦的训练、未完成的作业、即将来临的考试、必须面对的人际矛盾和冲突等。人们对待同一事件引起的压力反应因人而异，有些人会觉得不足挂齿，而另一些人却认为是天大的事。对待压力的反应是举重若轻还是举轻若重，与一个人的人格特征大有关系，那些对自己要求过多、过严的人，就容易把小事化大，变小压力为大压力。

一般来说，构成压力的事件，多半都是负面的事件。但是，正面的、好的事件，一样可以变成巨大的压力。例如，考上公安院校应该是一件好事，但公安院校的学习和管理不像普通高校那样相对比较自由，学习、训练、管理方面的要求会更高些，这会让某些同学产生不适应的情况，他们很可能较快地就被由此产生的压力折腾得寝食难安。

普通的人际关系也会造成一定的压力。人际交往过程中，由于相互竞争、取悦他人、摆脱制约、符合群体标准等都会给人造成压力。

即使没有外在事件的作用，由内心冲突造成的压力一样令人难受。这样的压力首先在价值观层面。一个人在成长的过程中，会接触到不同的价值观，某一些价值观是和另一些价值观相互对立的，于是人们的心灵就会成了这些价值观相互对立、斗争的战场。一个没有稳定价值观的人，他面对的压力要比一个有稳定价值观的人大得多。

还有一种来自生理需要和社会准则之间的冲突，也会给人造成压力。生理需要有"为所欲为"的倾向，社会准则的作用就是要限定这种倾向，冲突由此产生。这是每一个人都有的压力，区别仅仅在于，一些人将生理需要巧妙地转化为高级的需要，以适应社会准则的要求，从而达到相对和谐的状态；另一些人则钻社会规则的空子，维持一种不与现实冲突的平衡；还有一些人，则直接对抗社会规则，等待他们的就会是强制性的规则惩罚了。

要非常准确地定义压力是很难的，因为每个人都可以有自己关于"压力"的理解和相关感受，如对某个人来说是具有挑战性和有价值的任务，但对于其他人来说却可能充满了压力和焦虑。由于每个人的知觉和评价的独特性，只有当一个事件被认为对一个人的机会、资源或反应能力构成挑战时，压力才会随之产生。从这个意义上说，压力主要与个体的知觉、价值观以及个体被其他事物干扰的程度有关。

（二）压力的特点

一般来说，压力具有以下特点：

1. 固有性

压力是无处不在的，任何事情都可以产生压力。不论好事还是坏事，都可能会给人们造成压力。例如，受到表扬，为维护自己形象而产生了压力。受到任命、接到任务，唯恐办事不顺利，也会造成压力。

2. 两面性

压力具有正面作用和反面作用的两面性特点。没有压力就很难做好工作，压力是做事的动力源泉，这就是压力的正面作用。压力的负面作用，可以使人产生焦虑、烦躁、迷茫、工作效率低下等，严重时可使人产生心理疾病。

3. 差异性

压力作为个体对某个事件的反应，是相当个体化的。不同的人对相同的压力事件有不同的反应。例如，有人在森林里遇见黑熊会感到危险、紧张和惧怕，但也有人会感到好玩、幸运。同样，飞行、蹦极、跳伞及野外训练活动对一些人来说是非常愉快而刺激的事情，但对另一些人来说却很有压力。人与人之间的压力承受域值差异性很大，这和个人自身素质有关，每个人本身对各类事物的压力承受域值的差异也很大。调控压力其实就是提高压力承受域值。

4. 动态性

压力是动态变化的。在第一次开车、第一次演讲、第一次主持节目、第一次参加比赛时，人们一般都会感到压力，但经过反复练习后，压力就会减轻或变得不太有压力。当然，即使具有多次经历后，由于具体的对象不同、任务性质不同、环境不同以及自己的身心状况等变化也会产生一定的压力感。

5. 累积性

压力的知觉和效应是累积的。长期的压力能够让人深感疲劳，并不堪重负。一段时期内应付某个压力事件还可以过得去，但长期连续的此类事件就会有难以招架的感觉，这就是压力的累积效应。当然，这些累积效应并不会让所有人都感到难以忍受，相反，有的人会产生增强抵抗和忍受同样压力的能力。

6. 消融性

各种压力之间，有一种很有意思的相互抵消的现象。从表面上来看，各种压力混在一起，人能够感受到的压力会是各种压力之和。其实不然。例如，学习上压力太大，如果去看一场同样会给人压力的、对抗激烈的足球赛，学习的压力就会暂时被缓冲、减轻或更换掉。每个人都可以找到自己的方式，来用一种压力缓解另一种压力。

（三）压力的种类

压力的种类按强度区分，可分为以下三大类：

1. 一般单一性生活压力

一般单一性生活压力，是指人们在生活的某一时间阶段内，经历着某一种事件并努力去适应它，而且其强度不足以使人们崩溃的压力。例如，入学考试、完成困难的任务、遭遇从未经历的事情、恋爱、婚姻、就业、失业、亲人亡故、迁居等，这些事件是人们在生存和发展过程中无法回避的。

经历一般单一性生活压力，对于承受人来说，其后效不完全是负面的。在适应这类压力的过程中，虽然付出了许多生理和心理的资源，但是只要在衰竭阶段没有崩溃，并且没有再发生任何事件，那么，承受人在经历过一次压力之后，就会提高和改善自身的适应能力。以往有许多研究证实，经历过各种压力而未被击垮的人，可以积累许多适应压力的经验，从而使他有利于应对未来的压力，这正像通常所说的“吃一堑，长一智”。

2. 叠加性压力

叠加性压力，是指极为严重和难以应对的压力，它给人造成的危害很大。

有的人可能在“四面楚歌”中倒下，有的人可能在衰竭阶段被第二组压力冲垮。

叠加性压力有两类：

（1）同时性叠加压力。在同一时间里，有若干构成压力的事件发生，这时当事者所体验到的压力称为同时性叠加压力，俗称“四面楚歌”。

（2）继时性叠加压力。两个以上能构成压力的事件相继发生，后继的压力恰恰发生在第一个压力的第二阶段或第三阶段，这时，当事者体验到的压力称为继时性叠加压力，俗称“祸不单行”。

3. 破坏性压力

破坏性压力又称极端压力，包括战争、大地震、空难、遭受攻击、被绑架、被强暴等。在人类实际生活中，此类压力并不罕见。

经历极端压力之后，心理症状是多方面的。情绪方面以沮丧为主，如战士常常会因为战友的牺牲使自己获救产生罪恶感，易激惹、暴怒，同时伴有攻击行为，与亲人变得疏远，对当时的记忆丧失，长期注意力难以集中，等等。

二、压力源

压力源是导致个体产生压力反应的情境、刺激、活动、事件等。压力源主要包括以下三个方面的内容：

（一）生活事件

生活事件主要是指那些非连续性的、有清晰起止点、可以观察、明显的生活改变。例如，家庭婚姻和恋爱的变故、失业、失学、法律纠纷、受辱等消极生活事件。由于这些事件所带来的变动太突然，所以人们很难有效地应对和处理。

（二）日常烦扰

日常烦扰，是指长时间的、无休止的打扰、挫折和应对的要求。日常烦扰可以分为生活小困扰和长期社会事件所带来的烦扰。生活小困扰的严重程度虽不足以造成很大的压力，但是积累的压力会对个人身心造成不良的影响和干扰；长期社会事件（如交通拥挤、环境污染、升学竞争等）会给人造成心理上的压力。

日常烦扰具体可以反映在家庭经济、工作稳定性、身心健康、时间分配、生活环境、生活保障、人际关系等方面。

（三）心理困扰

心理困扰（也称心理性压力源），是指困扰个人、导致个人形成压力的内在心理因素。它是个人产生压力的重要来源。例如，个人心理冲突、行为动机、行为挫折、个人期望、完美主义、对过去经历的追悔、对人际关系的不满等。显然，这种压力可能是当前的，也可能是过去的或将来的。

三、压力差异和压力反应

压力源能否引起个体的压力反应，能够引起多大强度的压力，关键在于个体的承受能力。对于某一个压力源，有的人感到压力很大，心理显得十分紧张；而有的人却感到压力不大甚至感受不到压力的存在，心理显得比较轻松。显而易见，压力的产生存在个体之间的差异。

（一）人格差异和压力反应

人格是隐藏在面具背后的一个人的真实本质，它同健康和应对存在某种程度的联系。每个人都有自己独特的人格。面对不同性质的事件，具有不同心理特征的人可能会作出不同的反应。

1. A 型人格的反应

这类人格特征主要表现为：做事麻利，喜欢速战速决，急躁，没有耐心，紧张，不安于现状，有很强烈的竞争意识和攻击性，精力旺盛，有“工作狂”倾向。例如，在闲暇或度假休息时间也离不开工作上的事，想“一口吃成个大胖子”，尽可能在最短的时间内完成最大工作量。由于 A 型人格的人长时间地处于和时间赛跑或剧烈运动的状况，因此，他们感受到的压力更大，反应也更为强烈。

2. B 型人格的反应

这类人格特征主要表现为：放松，悠闲，不轻易生气，工作有规律，很少感到时间紧迫，不过分关心社会成就，动作、说话较慢。B 型人格的人也会努力地工作，但是他们更有目标，更有希望，更少感到压力。

（二）情绪差异和压力反应

情绪的差异主要表现在人的乐观性、悲观性和紧张释放率方面。乐观性不是盲目乐观，而是举重若轻，努力用建设性的方法来处理各种压力。而悲观性则是对生活、事业和前途抱着失望和毫无信心的态度，甚至感到人生如梦幻，苦多乐少，生不如死，经常陷入绝望的状态。

在某种意义上讲，压力本身就是紧张情绪。紧张释放率实际上就是指个体把紧张、困扰“打开”而不是“封闭”，紧张释放率高的人较少存在压力。

（三）性别因素与压力反应

心理学研究表明，面对种种压力，男性与女性所承受的压力大小存在一定的差异。在个人自身压力方面，男性的压力感显著高于女性；在社会压力方面，女性的压力感显著高于男性；在恋爱、身体健康、适应和挫折方面，男性的压力感显著高于女性；在学业压力上，女性的压力感高于男性（大约高出20个百分点)，女性承受着比男性更多的压力；在家庭方面，男性往往承担着家庭更多的期望，因此压力也就更大；在就业方面，随着我国高等教育制度的改革，高校毕业生数量逐年猛增，就业岗位竞争日益激烈，对在校大学生，尤其是相对弱势的女大学生增加了巨大的压力。

四、压力与健康

压力的危害主要表现在对人的生理、心理和行为容易造成不良影响。一是易致生理疾病。严重的压力容易导致诸如胃溃疡、肝硬化、肾炎、偏头痛、气管炎、肿瘤等疾病。二是易致不良情绪反应和认知障碍。在长期或强烈的压力状态下，极易产生愤怒、焦虑、压抑、无助感等不良情绪反应。此外，还会因过重的压力出现认知、活动方面的障碍，表现为思维肤浅、狭窄；思维缺乏预见性和灵活性；思维缺少独立性、批判性，以及自我评价不恰当等。三是易致行为偏差。压力易导致行为发生偏差，并且所致行为偏差会波及个人的生活和工作。诸如，在生活上，家庭关系紧张、夫妻不和睦、离婚以及失眠、赌博、酗酒、自卑甚至自杀等；在工作上，效率低下、缺勤、离职、错误增多、易出事故、遇事退缩不前等。

事实上，“压力”本身并不全是一个负面的词汇。心理学实验证明，压力也有积极的作用。一个人在一定的压力范围内，业绩与压力是正相关的，即压力越大，业绩越好；但当压力超过一个人的承受能力限度时，就会出现相反的情况，此时压力就会影响人们的身心健康和工作表现。

压力对大学生的身心健康影响主要表现在以下几个方面：

（一）对身体健康的影响

大学生正处于由青春期向成年期转变的关键阶段，身心正由不成熟向成熟过渡，承受过大的压力无疑会对他们的成长极为不利。大学生面临压力时经常出现的身体反应有：心跳加速、手心或其他身体部位出汗、头痛、紧张、食欲不振或暴饮暴食、失眠、健忘等。压力是刺激与反应的交互作用，如果这些症状较轻微，持续时间也很短，则属于正常的心理应激反应，但是若症状非常明显，且持续时间很长，则会对大学生的身体产生巨大的伤害，严重时会影响学业与生活质量。

（二）对情绪的影响

几乎所有的压力都会伴有一系列情绪反应，有的可能是多种情绪反应。大部分压力带来的是负向情绪，这些负向情绪除了令个体感到不快，本身也会增加个体的压力。大学生正处于身心发展的关键阶段，情绪、情感比较强烈，许多美好而高尚的情操在逐渐形成中。同时，很多大学生还不能很好地控制自己的情绪情感，容易沉迷于自我的情感陶醉。大学生所面临的压力可以激发他们身体的潜能，促使他们奋发向上，追求更远大和崇高的理想。但是过大的压力会增加大学生的心理负担，强烈的情绪和情感更加难以控制，容易造成情感的大爆发，导致某些预想不到的突发事件。据有关调查表明，大学生面对压力时，有42.6%的学生认为自己会偶尔出现情绪不稳或失控，52.6%的学生认为有时情绪低落并经常感到不开心。[①] 情绪的不稳定及低落容易导致大学生逃避压力。许多大学生为了回避压力带来的责任，沉迷于各种低级趣味活动，以此来回避问题和责任，终日得过且过，以致深陷其中，无法自拔。

（三）对认知的影响

心理学研究表明，压力会影响人的认知功能。一般来说，压力越大，个体用于关注压力来源及个人焦虑的注意力就越大，认知效率也越低，思考的变通性越差。压力还会影响记忆，干扰问题解决、判断和决策能力。温州医学院心理系主任何金彩在其编著的《我为什么总发愁》中写道，在被采访的大学生中有46.8%的学生表示在面对压力时很难集中注意力，严重影响了学习及生活。大学生的认知能力正处于发展阶段，许多学生还没有掌握正确的思考方法和科学的思维方式，因此过大的压力会影响大学生科学思维习惯的形成，对公安大学生认知的发展带来不利影响。

（四）对人格的影响

人格是大学生稳定心理特征的总和。具有健全统一的人格，是大学生心理健康最重要的方面。健全的人格应该是人格中的各因素协调一致，它包括积极进取的人生观、正确的自我意识、高尚的道德品质、良好的个人修养和个性特征。由于大学生多为独生子女，缺乏独立生活的能力，而现代社会的竞争激烈，对未来又具有更高的要求，这些都会转化成巨大的压力，不利于大学生良好人格的形成。因为积极进取的人生观是理想与现实的有机结合，过大的压力会让学生看不到目标实现的希望，容易打消学生进取的念头。

上述所列的压力对身心健康产生影响的这些现象，在公安大学生身上同样可以反映出来，有时甚至还比较严重。在公安院校，经常听同学们讲压力太大，疲惫不堪，缓解困难。的确，压力是每个现代社会的人所面临的共同问题，不仅仅是包括公安大学生在内的大学生要面临的问题，也是其他各行各业的人同样要面临的问题，只是他们所面临的压力的性质与数量不同而已。据有关资料显示，在所有的应激性职业中，警察心理压力最大、心理障碍最多。这说明，公安大学生在心理上要积极做好面临未来更大压力的准备。[②]

---

① 温州医学院心理系主任何金彩编著：《我为什么总发愁》，人民卫生出版社2005年版。

② 《正视警察群体的心理压力》，载《瞭望》2004年10月。

第二节 公安大学生的压力特点与分析

公安大学生的压力来自多个方面，总体上呈现复杂化、多元化和个体化的倾向。学习、训练、实习、就业、管理、竞争、人际关系、恋爱、经济条件、生活、个人能力、身体健康等都可能成为公安大学生的压力源。其中，学习压力、训练压力、严格的警务化管理以及个人烦恼所带来的压力是主要来源。

一、纪律、规范的压力

一般来说，纪律有三种基本含义：纪律是指惩罚；纪律是指通过施加外来约束达到纠正行为目的的手段；纪律是指对自身行为起作用的内在约束力。这三层意思概括了纪律的基本内涵，同时也反映出良好纪律的形成过程是一个由外在的强迫约束逐步过渡到内在自律的过程。

规范是比较具体的规则和要求，体现为一系列的规章制度和法则。纪律和规范都具有对行为的约束力，但是，纪律的实质是服从，规范的实质是要求。纪律的约束力要比规范更强，违反纪律要比违反一般的规范所招致的惩罚更严厉，从而对行为人的压力更大。

学校纪律主要是指对学生的日常学习、训练行为施加的外部控制与规则。良好纪律的形成，不仅需要强制性的规则，而且需要学生的自制与自律。随着年龄的增长和自我意识的增强，学生一方面会反对学校的过多限制，另一方面又需要学校对他们的行为提供一定的指导和帮助。

公安大学生的纪律规范压力主要源自严格的警务化管理和训练所带来的压力。

我国公安院校坚持从严治警、从严治校的方针，依据有关条令、条例的规定，严格教育，严格管理，严格训练，严格纪律，对学生实行严格的警务化管理。这是公安院校一种特殊的教育管理机制，是公安警察院校区别于其他普通院校的重要标志。

警务化管理的基本任务是通过建立各种行为规范，保证公安院校良好的学习、生活、工作秩序，培养优良的学风和校风。良好的警察个性品质是警务化管理的重要培养目标。警务化管理教育又包括条令条例教育、纪律教育等要素，日常警务管理包括一日生活管理、警容风纪管理、内务卫生管理等要素，警务训练包括队列训练、警务技能训练等要素。

公安院校警务化管理通过各种行为规范有目的、有计划地向学生施加影响，如警容风纪中的着装和仪表、称呼和举止，内务制度中的一日生活、学习和训练时间分配、内务卫生，教学秩序，值班和紧急集合，奖励和处罚，还有体现公安警察院校特点的文化体育活动和劳动，学生在校期间特色鲜明的生活和学习，不仅使身体外形发生变化，而且他们的心理和精神已经被警务化管理的行为规范潜移默化了，学生的个性发展向着社会对警察共性要求方面接近。学生从遵守规范和参加活动中学习警察专业知识，树立坚定的政治立场，发展各项素质，养成良好的个性品质。

公安院校实施警务化管理，对公安大学生具有强制性的约束力，严格的纪律必然要引起压力反应。在严格纪律性的日常养成过程中，公安大学生要付出百倍的努力，在这期间，有许多学生会不同程度地产生一些不适应心理、紧张心理、痛苦心理、恐慌心理。由于学生个体之间存在一定的差异性，面对警务化管理所产生的心理压力情况也各不相同。与男生相比，女生面对警务化管理更容易产生心理不适。比较起高年级学生而言，警务化管理给低年级学生尤其是给新生带来的压力更大，相关心理行为问题也就更多。有的新生在报考警察院校前没有对严格的警务化管理做好充分的思想准备，加上自身的意志力不强，进入学校后对公安警察院校铁的纪律和严格的规范难以适应，相当长的时间里承受着紧张和痛苦，其个人的警察个性品质的培养和警务技能的提高受到很大的影响。与部队退伍（复员）的学员相比（注：公安院校招录体制改革后，招收部分来自部队退伍或复员的士兵学员以及地方院校毕业的大学生学员。本教材下同），从地方高等院校和普通高中毕业生中招收来的学生需要更长时间和更坚强的意志来适应警务化管理，在此过程中更容易产生种种心理不适应现象。高龄组学生中，有的已到了晚婚晚育年龄段，谈恋爱找对象已是迫在眉睫的任务，还有的已经生儿育女，已为人父人母（来自部队退复学员中有此现象），他们心里的牵挂多，而相对封闭的警务化管理不容易请假外出，这容易给他们带来心理压力。

另外，公安院校倡导学生自主管理，公安大学生除了日常的学习训练之外，也有许多管理服务工作要做，包括内务卫生工作、社团工作、学生相互检查督促及考核工作、区队管理工作、团支部管理工作、自管会管理工作、学生会管理工作等，这些管理服务工作的负担相对较重，加上高度的责任心也容易使人处于焦虑状态，这些都考验着公安大学生的心理承受能力。

二、学习、训练的压力

公安大学生的学习、训练压力，一部分来自于课程重、标准高、要求严，另一部分来自于学习方法、学习训练的兴趣、内心矛盾冲突和自我额外加压。

公安院校招生分配体制改革后，公安大学生毕业要参加政府人事部门组织的公务员统一考试，就业压力的加大，使不少公安大学生感到学习的压力变大了。当前公安院校中，大学生满足于“60 分”的现象已逐渐销声匿迹。学习成绩已成为影响公安大学生情绪波动的重要因素。

根据我们对浙江、福建、辽宁、山西等地的公安院校的调查，有 30% 的公安大学生感到学习压力很大。感到学习和择业压力大、对人生缺乏目标、不敢面对挫折等，成为大学生们普遍存在的心理问题。许多公安大学生感到自己所面对的学习、择业压力过大，这让他们有些不堪重负。一些公安大学生反映，随着就业形势越来越严峻，他们希望在学校里能储备更多的知识，给将来的就业增加砝码。因此，在学有余力的同时他们频频给自己充电、积累能量，以至于一些学生在超负荷的学习运转下有些吃不消，而且自己无法及时排解、释放这些无名的压力，造成了一定的心理问题。有一半左右的学生都是因学习、训练、择业的压力大，自己又无法调整过来，经常会感到很忧郁，所以才去学校心理咨询中心寻求帮助。

公安大学生的学习压力也有一部分来自于所学专业非所爱。报考公安警察院校并非是他们自主选择，而是父母的强迫或者主要根据亲友的意见所做的选择。这使他们较长时间处于冲突与痛苦之中。

公安大学生对各类训练也感到压力很大。平时的队列训练、体能训练、警务技能训练以及综合演练等，训练科目多、量大、强度大，考核严格，这都给学生们带来了很大的压力，尤其是身体素质条件相对差一些的同学更是感到紧张、焦虑。

面对学习、训练和择业方面的压力，男生和女生不同，新生和老生也不同。比较而言，女生普遍感到压力大，这与她们对学习成绩的期望值较高有很大的关系。新生感到压力大，主要是与他们对公安院校的学习、训练不太了解、不太适应有很大的关系。老生则普遍对公安实习活动和毕业后的公务员考试感到压力大。文化基础相对薄弱或有学科偏向的学生（如以理科考试招录的学生），在学习法学、治安管理学等偏向文科类知识的过程中会遇到更多的困难，容易产生心理紧张和不适现象。

三、个人烦恼的压力

公安大学生的个人烦恼的压力往往来自于六类“心病”：学习、评优评先、经济困难、职业特点、人际交往、情感困惑等。

（一）学习上不恰当地比较

大学学习倡导自主学习，课外阅读量增大，灵活性与创造性增强，不同专业又有独特的学习方法与技巧的要求。有的同学一时找不到适合自己的学习方法，看到别的同学学得那么好，自己却不得要领，这成了苦恼和焦虑的一个根源。这样比较的结果，就是要么“破罐子破摔”，要么加倍努力学习。

甚至有些学生为了在学习、训练方面超过别人，性格变得极端、敏感、褊狭。

事实上，通过死读书取得好的学习成绩，并不能保证在未来的工作中出类拔萃。更好的办法是欣赏和采纳别人之所长，取长补短，但同时也欣赏自己的优点，在自己感兴趣和更擅长的方面取得优势。

（二）评优评先

公安院校通过评优评先等活动，不但进一步促进了良好的校风，而且也使公安大学生有了自己学习、赶超的榜样和目标。但是，评优评先活动也会给公安大学生带来压力。

有的同学为了评优评先，放弃了素质教育、全面发展的总体目标，而仅仅把能够评上“三好生”、“优秀学生干部”、“奖学金获得者”或者立功受奖看成是自己的奋斗目标。在心理上表现出“害怕”别的同学超过自己的现象，在行为上采取不甚恰当的“竞争”手段等做法，以达到自己的目的和愿望。这样做，会在内心引起冲突，感到压力重重。还有的同学，面对他人成为先进或受表彰，不是虚心学习，而是在内心充满嫉妒和不服，以为他人获得的荣誉是通过“不光彩竞争”而来，认为别人能获得荣誉，为什么我就不能。这种想法的存在，不仅不会使自己获得进步，而且会使自己陷入后退的泥潭，造成更大的压力。

（三）经济困难

生活贫困也给大学生造成了心理压力。一些贫困生，学习之余还要为学费、生活费担忧。目前，公安院校在校生中约有20%是贫困生，而这其中5%～7%是特困生。多数贫困生觉得自己承受着较大的学习、生活压力，这些压力对他们造成了较大的心理困扰。经济的窘迫，使这些学生心理负担加重，使他们感到苦闷和压抑。究其原因是一些贫困的大学生并不懂得该如何去化解由于经济困难而造成的心理压抑感。

（四）未来职业特点和分配体制的改革

公安大学生未来主要从事警察职业。警察肩负着维护社会治安稳定和公民生命财产安全、严格执法、服务民众、打击犯罪的重大历史使命。警察职业还具有高应激、高对抗、高危险的特点。随着在校学习期间对警察职业的不断了解，公安大学生对未来所从事的职业感到压力也就在所难免，有的学生对未来缺乏自信心，产生一定的惧怕、紧张、退却等现象。

近年来，随着我国《公务员法》的贯彻落实，公安院校毕业生分配方案也在调整、改革中，那种传统的“招生即招警”和统分统配的毕业生分配模式即将逐步被“竞争一淘汰”模式所替代，公安大学生也将面临“找工作难”的境地。这对公安大学生造成了很大的心理冲击，使他们产生了很大的压力。

（五）人际障碍和冲突

人际障碍和人际冲突给部分公安大学生带来了很大的压力。有些公安大学生在人际沟通上存在较大的障碍，这部分学生所占比例较高，约有2/3。其主要表现是跟别人争吵、冷战，背后打小报告，人与人之间不能和睦相处，等等。

一般来说，公安大学生的人际关系紧张主要表现为与同学、异性朋友、老师特别是学生管理干部以及领导等关系的紧张。老师对学生的学习、训练表现不满意、不认可、不理解，管理干部在学生心目中的形象不良等，都会使公安大学生引起一系列的综合反应，如担忧、愤怒、不理解、委屈、报复、弥补和消沉等，这些反应的结果导致了公安大学生压力的产生。公安大学生的人际障碍和冲突带来的压力也因不同个体情况而存在一定的差异性。调查发现，低龄组的学生、性格内向或暴躁的学生、女性学生、少数民族或外省籍学生等相对容易在人际融合方面遇到更多困难和问题，容易产生更多的心理不适现象。

（六）情感困惑

情爱与性冲动是成年人正常的生理本能，合理满足心理和生理需要有助于身心健康。然而，当个人情爱需要和生理上的冲动与规范、制度相抵触时，人就会产生压力感。如果长期压抑情爱与生理上的冲动，会使人产生严重的焦虑、抑郁或不安烦躁等心理症状，影响身心健康。

公安大学生对情感方面问题的认识与处理是否正确，会给他们带来压力。就目前情况看，公安大学生因恋爱诱发的心理问题不可忽视。虽然公安院校警务化管理反对公安大学生在校期间谈恋爱，但是少部分学生无法抑制自己的青春期情爱需要和生理冲动，私下里恋爱的现象仍然存在。由于自己的恋爱行为与学校的管理制度发生冲突，处于恋爱中的那部分公安大学生，往往会感到压力很重。

第三节　公安大学生的压力管理

适度的压力有利于工作，也有利于人的身心健康。但凡事有个度，压力超过了个人能够承受的程度，就会影响身心健康，并影响工作、学习效率，因而需要及时缓解。如何缓解压力，保持心理健康呢？这就需要压力管理。

压力管理包含两层意思：一是针对压力源造成的问题本身去处理；二是处理压力所造成的反应，即情绪、行为及生理等方面的缓解。公安大学生的压力管理也不外乎这两个层面。公安大学生在紧张的学习和训练的同时，要重视压力管理，并正确认识压力，掌握科学方法和技术，不断提高自身的抗压能力，及时缓解压力。

一、正确面对、积极反应

当压力来临时，我们首先要做的是正确面对压力。如果压力是客观存在的，一味回避不是根本的解决办法。通常一般人面对自己无法顺利处理的压力源时，常采取较不理想的方式，如逆来顺受、逃避、无谓紧张或鲁莽行事，可是这样的态度，往往无法有效处理问题，有时还会惹来更大的麻烦。因此，变被动为主动，采取有效的行动去改变现状才是上策。这要解决两点认识问题：一是任何事情都是可以改变的，二是采取行动才能改变。例如，一个人感觉到自己在集体中缺少知己，与人不能沟通，由此压力很大。确定上述两点认识之后，开始找原因，有别人的原因，也有自己的原因。别人是难以直接改变的，或者说只有通过自己的改变才能影响别人的改变。

公安大学生应该认识到大学生活并不总是一帆风顺的，困难是不可避免、客观存在的。因此，当遇到困难时，不应该退缩，要无畏地去正视它、解决它。应采取积极的态度看待压力，那就是压力可以磨炼人的意志、激发人的智慧和潜能，把压力看成是生活的挑战、成长的机会。

公安大学生要树立积极乐观的应对态度，正确认识压力，学会与压力共处，并通过适当渠道疏导、宣泄压力。当面对压力时，千万不要怨天尤人，应勇于面对所出现的问题，分析问题的所在，以便下次更好地应对。要乐观地面对人生，俗话说“天将降大任于斯人也，必先苦其心志，劳其筋骨，饿其体肤”，要明白压力、挫折与不幸都是生活的组成部分，如果碰上也是一种值得珍惜的生活体验。

要学会应对压力，首先要认识到适度的压力是生命所必需的。人在其一生中，是无法摆脱压力的。在当今高速发展的社会中，人们无法控制压力的大小和去留，但绝对可以控制对压力的反应程度。如果有时感到压力过大，首要的便是通过适当渠道把心中的郁闷宣泄出来。

压力是对个人的提醒，压力管理更是自我完善的过程，如个性完善、理念的合理化、技能的提高。要真实地面对压力，善于接受压力，压力的增强常常来自于内心的躲避。要具体分析压力的来源，不要因为其他同学成绩好、进步快而生气。试问自己，压力是不是来自于自身的某种不良习惯？如习惯性地以消极念头看待自己和生活中的人，习惯性地自我怀疑和自我批评，习惯性地躲避压力。多年养成的不良习惯需要花时间和精力去改变。审视你的学习目标和期望，不要设立不切实际的目标，对自己的未来做合理的期望。注意自我保护，要肯定自己、接纳自己、善待自己，学会从不同角度看待事物。

面对压力要头脑冷静，注意力集中，学会弹性思维，在有压力的情况下清晰地思考。心理学家通过跟踪研究发现，一个富有弹性思维的人，往往能冷静地应付各种变化，化逆境为顺境，变压力为动力。所以，公安大学生要学会运用弹性思维，抱着“车到山前必有路”的潇洒气概，为自己创造一个积极、有序、宽松、和谐的生存环境。很多人在做一件事时，大脑里都会在想着另一件事，这些令人分散注意力、产生压力的想法会使人不能集中注意力，从而产生错位的观念，作出错误的决定，无法做好工作。这就需要公安大学生能及时地清除大脑中产生压力的想法，制止分散注意力的交谈，并重新得到对自身大脑的控制。无论何时，警察只要把注意力集中于手头上的事，就能放松自己，思维就会专心下来、清晰起来。

公安大学生做好压力管理，还应遵循以下四个原则：

（一）对压力有所觉察

肌体对压力往往有一种天生的“吸收—缓冲”机制，一般的生活压力会被身体转化成活力与激情。有两种压力可能使肌体调节失常：一是突如其来的过大压力，二是持久的低量压力。前一种压力使人的压力调节机制瓦解，后一种压力可能逃避正常的肌体反应，造成压力的蓄积。如果一个人生活在流动的、不断变化的压力丛中，他的肌体不仅是健康的，也是能量饱满的。压力过小的生活让人消沉，昏昏欲睡，肌体懈怠，思维变慢。

觉察压力包含三个层次：稍微过多的压力引发纷乱的情绪；较大的压力带来躯体的各种不适反应；过大的压力导致意识缩窄，对环境反应迟钝，心身处在崩溃的边缘。

（二）平衡

躯体与精神两种压力有点像跷跷板，躯体压力大，精神压力也会慢慢增大，反之亦然。通过放松来释放躯体压力，精神的压力也在释放。当我们集中心智学习太久，或者长期处在竞争的事态里，我们可以通过肌体的放松来释放内在的压力。当我们懈怠太久、无所事事的时候，可以通过肌体的运动来保持精神的活力。

（三）掌握处理压力的方法和技术

如何管理好各类压力有很多可操作的好方法，如写压力日志、生物反馈、肌肉放松训练、冥想与想象、倒数放松、自我催眠等。

（四）保持积极的心态

良好的心态会增加人们应对压力的能力，不良的心态本身就像一团乱麻，干扰人的内心。当然，更主要的是要对压力有正确的认识，压力并不可怕，可怕的是我们对压力有不恰当的观念与反应。越怕压力的人越是每天都生活在压力的恐惧中，喜欢压力的人在任何压力面前都会游刃有余。

二、加强修养、提高素质

提高自身素质，加强情操修养，是提高压力承受能力的主要手段。

（一）正确认识自我

许多压力都源于大学生自我认识、自我了解不够。例如，就业中某些学生没有客观分析和把握自己的特点，盲目选择职业，结果遭遇挫折，并一蹶不振，心灰意冷。如果大学生能客观地分析自己，了解自己，把握自己的性格特征、气质类型、情绪情感，就可以避免产生不必要的压力，从容乐观地面对学习和生活。

（二）磨炼意志

意志坚强的人不仅在生理疲劳时能继续顽强地生存下去，而且在心理疲劳时也能克服惰性，胜利地完成自己的任务，达到确立的行动目标。因此，平时要从小事做起，培养胜不骄、败不馁，百折不挠的顽强意志。要直面压力，升华自我。只有直接面对压力才能起到升华作用。例如，受到批评，敢于直接面对，认识错误，改正错误，同时鞭策自己，提醒别人。又如，受到表扬，不沾沾自喜，继续发扬优点，感染身边的人。

（三）自我鼓励，相信自己

用某些哲理或某些至理名言安慰自己，鼓励自己要克服痛苦和逆境。坚信“天生我才必有用”，遇到压力和挫折时，千万不要自暴自弃，而是要树立坚定的信心。只要相信自己的能力和责任心，相信自己会努力做好，还有什么可担心的呢？

（四）克服自卑心理

自卑是一个复杂的心理现象，既有客观方面的原因，也有人生态度、意志品格、认识和人生等主观方面的原因。自卑者的一个显著特点就是习惯从消极角度看问题，喜欢将阴暗面夸张，从而陷入孤独和冷淡中。

要克服自卑心理必须做到以下几点：

（1）要懂得人不自卑的理由。

（2）不要把自卑当做保护失望情绪的缓冲器，要懂得自信是希望之花、力量之源，同时也不要幻想出现奇迹，要脚踏实地，坚持不懈，全力以赴争取成功。

（3）要努力接近自信的人，观察他们的言行。

（五）改变人格的强迫倾向性

医学心理学研究表明，在工作和生活中要真正做到拿得起、放得下，关键是要调适容易导致自我紧张、自我加压的带有自我强迫倾向的人格特征。带有自我强迫倾向的人格特征的人常过于注重细节。考虑细节是应该的，但拘泥于细节，过分注重细节，容易使思维受细节束缚而难以自拔。事先计划打算、想得周到细致，也是必要的。但凡事谨小慎微、要求过高过严，容不得半点不完美，则是十分有害的。这样只能滋生内心的不安全感和烦躁情绪，产生不必要的焦虑。

要认识到这个世界并不完美。我们必须了解百分之百的完美是不可能达成的，能够达到90%，就已经相当成功了，按照完美主义者的标准去要求完美、追求完美，最后只会带给他们对职业生涯和个人生活的烦闷和不满，即使他们奋斗不懈，完美主义者并不见得比其他人有成就。

（六）加强情绪锻炼

现代心理医学研究表明，一个人心情舒畅、精神愉快，中枢神经系统处于最佳功能状态，则其内脏及内分泌活动在中枢神经系统调节下处于平衡状态，使整个机体协调、充满活力，身体自然健康。因此，公安大学生的情绪锻炼有时甚至比体格锻炼更为重要。要懂得平衡和享受自己的生活并尝试换个角度去想问题，抽空去想一想或回味一下那些令自己快乐的事情。作为公安大学生，要学会转移压力，当遇到挫折时，不妨寻找那些能给自己带来快乐的活动，以转移心中的紧张和郁闷，这会给自己带来意想不到的快乐，压力也会随之烟消云散。自娱自乐，自得其乐，会使你的情绪有所好转。

学会去放大自己的快乐。人生不如意事十有八九，人总会被这样那样的压力困扰着，如果天天忧心忡忡、度日如年，美好的生命将黯然失色。我们应该为活着高兴，要有快乐活着的勇气，要学会寻找和放大自己的快乐，让美好的心境伴随我们走过生命的每一天。想想以前开心的事，多做一些开心的事情。人生就好像是接力赛一样，没有一帆风顺的路，也没有都是平坦的路，但你要对自己有信心，所有的事情都会过去的。我们可以做一些自己喜欢的事情来充实自己的生活，每天都要保持好的心态，开开心心的，快快乐乐的，心情好比什么都重要。

（七）学会转变认识

要认识到问题也许没有自己当初想的那么严重，换一个角度考虑问题可能会豁然开朗，即使出现失误或错误也还有补偿的机会。当面对挫折时，不要将得失看得太重，要以“塞翁失马，焉知非福”来说服自己。心理学家认为，压力的产生在很多情况下是由于自己在认识上的偏差造成的。不要只看到某一面，要多方面分析，从某个角度来看可能会引起消极的情绪体验，只要转换视角，压力可能就不存在了。因此，当感到巨大的压力产生时，要学会转变认识，从不同的角度看待问题，当转变具有偏差的认识时，压力感也会随之减轻。受到挫折并非是坏事，失败是成功之母，找到缺点改正它才可以完善自己。

要进行正确归因。如果将受挫原因过多地归于主观，会使自己感到内疚与无助；如果将受挫原因过多地归于客观，也会使自己感到气愤与敌意。但是，无论将原因如何归属，都必须客观正确，这样才能真正找到受挫原因，有助于自己今后更好地发展。

(八) 创造和谐的人际环境

应与人为善，和亲友、同事等处好关系。经验表明，人只有生活在融洽、快乐的气氛中，才能有愉快的心境、开朗的性格、健康的心身，才不易产生疲劳，即使感到疲劳也容易很快消除。

要善于利用社会支持来缓解压力。当自己感到工作压力过大时，要有意识去寻求帮助；当别人提供帮助时，要乐于接受。把自己工作中的体验或苦恼，向自己的家人、朋友倾诉，这些都是很好的减压手段。承认自己在一定时期的软弱，然后通过外部有益的支持降低紧张、减弱不良的情绪反应是明智之举。

三、掌握方法、合理减压

压力是不可避免的，过多的压力会对人的身心造成损害。因此，公安大学生要掌握应对压力的具体方法和技术，加强自我调节。常见的应对压力的方法有宣泄法、放松法、语言调节法、注意力转移法、体育锻炼法、饮食调节法等。

(一) 宣泄法

宣泄，是指把自己心中的积郁与痛苦倾吐出来。通过宣泄，可以减轻心理上的压力，消除紧张情绪，使心理恢复平静。对不良情绪可以通过适当的途径排遣和发泄。当感到巨大压力时，可以向老师、亲友诉说，或者采取合理的宣泄方式（如大喊，运动等）释放内心的压力。如果消极情绪不能适当地释放，则容易影响心身健康。该哭时应大哭一场；心烦时找朋友倾诉；不满时适当地发发牢骚；愤怒时可以适当地出出气；情绪低落时可以参加游艺活动；心理矛盾不可解时，可到心理咨询门诊求助于心理医生的帮助。

当然，应该避免不合理的宣泄行为，如滥用药物、酗酒、大量抽烟及涉足不良场所等。

要多交朋友，经常找朋友聊天，推心置腹的交流或倾诉不但可以增进友谊和信任，还可以使精神舒畅，烦恼尽消。当情绪透过言辞传达出来后，心中的压力自然会减少。改善同学、师生、朋友等各方面的人际关系，保持良好的人际环境条件，学会请别人帮忙，分担压力，同时也帮助别人，这些都是十分有效而健康的减压法。

随身携带一个网球、小橡皮球或是什么别的，遇到压力过大需要宣泄的时候就偷偷地挤一挤、捏一捏，显然要比掐同事的脖子、在大家目瞪口呆之下歇斯底里地撕废纸、捶桌子要好得多。

（二）放松法

放松，是指精神或身体由紧张状态向松弛状态转变的过程。放松自我的方法有很多，如深呼吸放松法、渐进肌肉放松法、想象放松法等都是较为有效的方法，其他如体力劳动、锻炼、旅游、唱歌、跳舞、和朋友一起交往、做好事、帮助别人等也是放松的好方法。俗话说，退一步海阔天空。在越来越紧张的今天，有时候我们需要让自己放松一下。

1. 呼吸法

深呼吸有益于缓解压力。在日常生活中，人们经常是不自觉地进行呼吸，吸进氧气，呼出废气。有时，为了某种需要，人们可以有意识地控制自己的呼吸，并且通过呼吸影响心跳。深呼吸对保持健康和缓解压力十分有效。任何一个人都可以通过简单的学习获得深呼吸的基本方法。深呼吸可以促进人体与外界的氧气交换，使身体内部有足够的氧气，还能使人心跳减缓、血压降低。同时，它还可以转移人们的注意力，提高自我控制的能力与水平。当一个人意识到自己能够通过深呼吸来保持镇静时，就可以控制自己的意识，原来的焦虑也被打破了。

如果难以摆脱无形的负担，那就干脆关掉手机、电脑，找个安静舒适的环境，深吸气后屏住呼吸，并紧握双拳，收紧腹部和肩部肌肉，几秒钟后尽情地呼气，并彻底放松所有肌肉，或者轻微向前倾斜身体。在肋骨部位双手环抱自己的身体，给自己一个热烈的拥抱，或者用双手大拇指按住耳朵，其他手指在后脑勺轻轻按摩头部。

2. 吹气

吹气可以缓和即将爆发出来的情绪反应。可以通过从鼻子吸气，让它慢慢地流经腹部，然后到肋骨，再慢慢地从鼻子呼出这些气，而且轻轻地说声放松，只要几秒钟的动作就可以达到焕然一新的感觉。

3. 放松肌肉

在3分钟的时间内，可以试着做下面几个动作来放松肌肉。坐下，闭上眼睛，吸气，约持续吸气6秒钟，尽可能地收紧肌肉，发出嘶嘶声地呼出吸进的气，让身体松弛下来，然后有节奏地呼吸20秒。再重复两次即可。

4. 什么都不做

要一个忙得不可开交的人突然放下所有的事物，的确不容易，但是每个人都需要有段空白时间。现实生活竞争激烈，如果不留些时间给自己，将会使自己显得紧张、烦躁和焦虑不安，相对地也会影响到他人。

5. 每天沉思片刻

当感到压力大、内心焦虑不安时，可以坚持每天沉思片刻，有助于减少烦恼和压力。创造纯净的自我空间，安静冥想能促进全身血液循环，为全身组织器官输送大量的氧气和营养，可以明显地减轻焦虑。

沉思的方法无所谓正确或者错误。每天保持"宁静的警觉"状态20分钟，只需5天，体内的焦虑和压力就会减少。沉思的形式可以因人而异，但所有形式的沉思的核心都包括一种自我集中注意力的状态，即人需要将思想集中在一个参照点上。当我们一个人静静地、舒服地坐着时，也许会发现，自己的思想或灵感来得更深、更快。

6. 浸泡热水

热水澡是最古老的镇静剂，要放松自己，最好浸泡在比自己的体温略高一些的热水里，时间不要超过15分钟。温水浴有同样的帮助。

7. 散步

尽可能不要安排午餐约会，利用午餐时间让自己的心灵休息一下，独自一个人，全神贯注慢慢地享受午餐。之后可以去散散步，一段10分钟的轻松散步，可以让紧张的情绪得以纾解，效果可持续1~2小时。

8. 对自己说话

自言自语，对自己说话，这不代表自己疯了，事实上，这种方法可以帮助我们避免走上毁灭之路。和自己对话是处理压力的好方法。这个方法主要是可以让自己有机会去听、发现和思考自己的问题，如此一来，视野才不会变得狭窄。

9. 打开音乐，随歌而舞

平时应该多听音乐，让优美的乐曲来化解精神的疲惫。轻快、舒畅的音乐不仅能给人美的熏陶和享受，而且还能使人的精神得到有效放松。有专家说，放松心情的音乐应该由乐器慢慢地、静静地演奏出来，但如果你厌恶了某首乐曲，其实也没有关系，使人宁静的音乐有两个特性：熟悉与喜好，所以无论是何种音乐，只要能让你高兴就好。

10. 户外有益活动

户外有益活动也是消除精神压力的有效方法。户外活动的方式很多，如打球、跑步、散步、爬山、钓鱼等都不外乎是较好的方法。通过放风筝，也可以达到缓解压力的效果。放风筝时，人体多个部位在不停地运动、舒展，对缓解身心压力很有好处。放风筝在治疗神经衰弱、精神抑郁、心绪烦乱、失眠健忘、食欲不振等多种疾病方面，会起到意想不到的康复效果。尤其是放风筝时颈部不时变换姿势，能舒筋活络，缓解平时颈部肌肉的僵硬状态，有效防治身心疾病。放风筝多是在户外较为开阔的地方进行，空气清新，噪声较少，容易使人排解杂念，舒缓压力，愉悦心情。同时，放风筝时与家人、朋友互动，还可交友切磋技艺，能忘却烦忧，增加生活情趣。风筝在天上飞，引发童趣和遐想，使人心情愉悦，舒缓压力。“风筝在天，以能清目”，放风筝需要调整视觉，眼睛前后左右转动，因此可以调节或放松过度紧张的睫状肌，缓解眼睛的疲劳，预防青少年近视及中老年远视。

（三）语言调节法

语言是影响情绪的强有力工具。例如，通过有表情的朗诵，可以消除悲伤。当遇到悲伤时，大声朗诵马克·吐温小说中的一段滑稽的语言，可以消除悲伤，林则徐在墙上挂着“制怒”的条幅；有人在床头上写着“忍”、“冷静”之类的警句，等等。用无声的语言，自我命令，自我提醒，自我暗示，来调节自己的情绪。

（四）注意力转移法

注意力转移就是把自己的注意力从消极方面转到积极有意义的方面来。当不易摆脱某种消极念头时，有时可以强制自己立即去从事自己感兴趣且无暇思考其他事情的活动，如打乒乓球、羽毛球，唱歌等。这些活动都要求有高度集中的注意力，借此足以摆脱这种念头。但是，看小说、看电视因为可以分心，所以是无济于事的。

（五）体育锻炼法

医学研究发现，身体棒的人与身体弱的人相比，在承受压力方面存在很大的差异，身体越强壮，压力承受能力越强，这是一个不争的事实。

锻炼身体的作用主要表现在两个方面：一方面，增强身体素质，增加肺活量，提高骨骼、肌肉、韧带的活动强度，改善心血管功能，预防心脏病的发生，减少胆固醇、甘油三酯脂酶，减轻体重，消耗卡路里，增强生理机能，提高抵抗能力，改善睡眠，促进新陈代谢，延缓衰老，精力充沛；另一方面，放松身心，缓解紧张情绪，增加心理承受能力，锻炼意志，富有勇敢精神，增强自我控制能力，宣泄压抑的情绪，增加自信心，获得愉悦与满足，降低压力水平，提高心理活动效率与水平。

参加各种体育活动，可以增强身体素质，陶冶情操。有规律的体育活动可以促进多种心理品质的协调发展，使人感知敏锐、观察能力增强；可以消除孤独、抑郁的不良性格，形成朝气蓬勃、开朗、乐观、愿与其他人交际的性格，使压抑在心中的不良情绪在锻炼和训练中得到合理的、积极的宣泄；可以锻炼人的意志品质，增强果断性、持久性、毅力等；可以消除身体和心理上的疲劳，为我们提供一个良好的身体和心理的发展基础，为对付压力奠定良好的生理基础。

（六）饮食调节法

研究发现，在压力状态下，人体的新陈代谢较高，血液中的糖分、脂肪酸、乳酸等增加，蛋白质、碳水化合物代谢增加。由于大量的能量消耗，使有机体的平衡被打破，免疫系统受到破坏，很容易患上疾病。为了弥补身体对营养物质的需求，需要从食物中补充大量营养物质才能维持身体的各个方面的平衡。要注意自己的饮食习惯，合理膳食，如食物要多样，多吃蔬菜、水果和薯类，常吃奶类、豆类及其制品，经常吃适量鱼、禽、蛋、瘦肉，少吃肥肉和荤油，吃清淡少盐的膳食，食量与体力活动要平衡，保持适宜体重等。

不良的饮食习惯对于压力的调整不会起到积极的作用，反而会起到消极的作用。例如，过量食用糖，会消耗大量的维生素和矿物质。维生素和矿物质是维持身体各个系统尤其是神经系统功能的重要物质，缺少这两样物质，可能会导致过敏或紧张。另外，过多食用巧克力、咖啡、可乐等，反而会增加压力。因为这些物质对神经系统有刺激的作用，会降低压力的反应水平，甚至使人体表现出紧张、焦虑等反应。

不要偏食，忌饮食无规律、暴饮暴食，少吃油腻食物，多吃使人平静的食物，即含有较多“色氨酸”的食物；多吃含有“胰蛋白酶”的食物，可以为人体提供较多的能量；多吃含有复合维生素 B，维生素 A、C、E，以及钙和微量元素的食物，如大豆、瘦肉、谷类、鱼类等。

多吃水果和蔬菜，人在承受压力时最需要的是补钙，而水果和蔬菜中钙的含量较多。多吃新鲜食品，少吃罐头类食品。如果紧张影响消化时，最好只吃水果和蔬菜。多吃谷类食物，因为压力会消耗较多的营养。

保证一日三餐。吃好早餐，不要放弃早餐。

自我饮食调补。生活节奏快、饮食不规律会导致一些营养元素摄入不足。例如，维生素 B 群会影响神经系统的正常功能，缺乏这些元素会增加疲劳感，降低注意力。所以对于正常人来说，这只是作为辅助作用的保健营养品，但是对于处于高压力状态下又被“剥夺”了正常饮食“权利”的人来说就举足轻重了。专家建议白领多吃谷物，以补充必需的维生素 B 群。一项研究发现，硒元素也能有效减压，金枪鱼、蛋类和大蒜都富含硒。此外，随身自备一些鸡精也是不错的选择，它是一种富含短链蛋白质——肽的天然保健品，能够提高血液流通，减少脑力疲劳，提高注意力，从而缓解压力。

（七）合理地使用心理防御机制

面对压力，存在一些普遍性的心理活动倾向，通过调适心理，解除压力，可使之趋向内在的平衡。这就是人们普遍的心理防御机制。例如，被老师批评以后，想想关键是自己没有及时完成作业，老师应该批评，对其他人也是如此，这是合理的，自己可能就心平气和了。常用的心理防御机制有以下几种：

1. 否认（Denial）

所谓否认，就是遇到痛苦或不愉快的事，下意识地直接否认它的存在，彻底地忽视它，就当做没有这回事一样。

否认是心理防御机制中最原始也是最直接的。否定事实并不能改变事实，所以否认作用并不能解决问题，只能暂时缓冲压力，若长期使用否认机制，问题可能会越来越恶化。

2. 转移（Displacement）

有的时候，我们的一些情绪、想法，不能适当地向当事人发泄出来，便会转而发泄到其他人身上。例如，被老师批评后，一肚子火，又不敢顶撞老师，回到宿舍，看到同学在聊天、嬉笑，便怒火中烧，将所有的怨气都发泄到同学身上，这便是转移机制。

3. 投射（Projection）

所谓投射，指的是把自己无法接受的想法与情绪，推给其他人，认为是别人拥有这样的想法，而不是自己。

例如，某个人很讨厌一个人，处处找他的麻烦，但又觉得自己的行为不对，没什么道理。这时候，投射作用就可能发生，他会认为是那个人讨厌他，找他的麻烦，所以他才会反击。

4. 退行（Regression）

成长的过程中，一些幼稚的行为会慢慢被较成熟的行为所取代，这是正常的状态。然而当压力事件过大，当事人无法解决时，一些幼年时期的幼稚行为就有可能再次出现，当事人等于又退回到早期的阶段。

例如，小孩子做错事，只要撒娇、耍赖，别人就会原谅他。成年后一旦有某天犯了错误，自己就不知道该怎么办。这时，潜意识里的撒娇、耍赖行为就再度出现了，该人就像个小孩子般，生气、逃避，不敢面对现实。这便是典型的退行机制。

退行作用只会让一个人的适应能力变得更差，并无助于问题的解决。

5. 反向（Reaction Formation）

所谓反向，简单地讲，就是人们心中有一些冲动与欲望，但自知这些冲动与欲望是不能见容于社会的，所以反而表现出相反的行为来，为的就是要压抑这些冲动与欲望。

例如，自己越是想将某职位占为己有，越是不敢提及该职位；自己越是仇恨某个人，反而对那个人更加友善——因为你担心真实想法万一曝光，可能惹来更多麻烦。

6. 合理化（Rationalization）

任何现象，都可以从不同的角度去解释，得到的结果，对人的影响并不相同。所谓合理化作用，便是人们为了减轻痛苦减少冲突，选择性地相信特定解释。

酸葡萄心理就是很典型的合理化作用：人们因为得不到，就说事物不好，这样一来，自己的心情就比较能平衡。例如，学生考试成绩差，就怪罪于老师教得不好。像这样，刻意强调或忽视某些事实，以得到让自己舒服的解释，就是合理化机制。

7. 抵消（Undoing）

所谓抵消，指的就是用一些象征性的动作，来抵消另一些已经发生的不愉快事件的影响。

例如，过年的时候，打破了碗，要说一声岁岁平安，目的就是抵消原有事物在心中所造成的不舒服感。

抵消作用很常见。但是万一被滥用，就可能导致疾病。例如，看到病人呕吐的画面，心里不舒服，洗个手，抵消作用发挥，也就释怀了。但是有人内心焦虑无法解决，就不断重复洗手的动作，这就可能是生病了。

8. 补偿（Compensation）

当一个人在某方面受挫时，他可能采取其他方式来弥补自己原有的缺陷，以减少自己不舒服的感觉。就像一个运动成绩很差的学生，为了弥补自己的缺陷，就刻意在文化知识的学习方面狠下苦功，用知识上的成就来弥补运动上的失败。

倘若补偿机制运用得好，将会是一种不错的工具。

9. 升华（Sublimation）

升华是最成熟的心理防御机制之一。它的原理是：人们内心有些冲动与欲望无法排解，便改变成社会赞赏的行为发泄出来。

例如，一个人内心对于火有莫名的兴奋，如果他直接去放火，他就变成了纵火犯。但透过升华作用，他把对火的欲望改变成救火的行动，当了一位消防队员，自此每次看到火警，他都兴奋得一马当先，勇往直前，救人无数。又如，自己得了癌症，并不气馁，成立癌症病人互助会等。

升华是效果强大、最能解决问题的心理防御机制，但它也需要最高的自我成熟度。

心理防御机制不只上述这些。实际上，人们不会单单运用其中一种来减压，通常是合并使用的。有的心理防御机制是很笨拙而且幼稚的，就像否认，企图借助忽视事实，来减少压力，不管怎样，问题都不会因此消失。所以这类心理防御机制虽然短时间内有效，长期使用下来，压力反而上升。

另外，一些心理防御机制，诸如升华、补偿，它会帮助我们用另一种方式来解决问题，达到立即性的减压效果。像这类心理防御机制，就能真正长时间地保护我们。

四、改善管理、科学训练

公安院校要高度重视和研究公安大学生所承受的各种压力，采取积极措施，排除和缓解压力，使公安大学生充满积极向上的健康心理，实现素质教育、全面健康发展，逐步成长为合格的公安应用型人才。

与普通大学生一样，公安院校的大学生有着强烈的主体发展需求。他们希望在大学生活里，自己的个性能获得良好的培养与发展，他们除了有学习公安专业理论知识和实践技能的强烈需要外，还有涉猎其他领域知识的全面发展需求。所以，公安院校警务化管理除了保证学生遵守种种行为规范外，对公安院校内的其他的文化活动、文艺活动、体育比赛、社团活动、社会实践也要提供保障，这些实践活动给学生们提供了展示才华、锻炼自我、表现自我的大小舞台。如果公安院校在办学过程中不能满足学生的主体发展需求，管理与教学相互脱节，则必然会给学生带来不必要的挫折和压力。

怎样才能最大化地减轻公安大学生的压力？从管理上看，需要从以下几个方面入手：

（一）确立科学的警务化管理理念

用科学的理念指导警务化管理工作，减少不必要的人为因素压力。转变思想观念，树立效率意识，认真研究，科学探索，使警务化管理工作由经验型向科学型转变，追求管理效益的最大化。在不断提高公安大学生素质的基础上，要坚持“以人为本”的教育方法，创新观念，转变作风，改变呆板的灌输说教方法。学生不仅是警务化管理的对象，也是警务化管理的主体。要创造条件和机会，提供平台，引导公安大学生开展自主管理。公安大学生有旺盛的精力和青春的活力，朝气蓬勃，有着强烈的参与意识，警务化管理要针对公安大学生的这些特点，积极引导，科学管理。

（二）重视师生感情交流，增强公安大学生的心理承受力

“感人心者，莫过于情。”在严格的警务化管理工作中，学生管理干部和教师要坚持平等相待、实事求是的工作作风，注重情理交融的教育方式，做公安大学生信赖的人和无话不谈的好朋友。平时，应注意公安大学生的一言一行，从中发现问题和苗头，及时找“有想法”、“有压力”的学生谈心，在最短的时间内为学生打开心结、卸去包袱，缓解其压力。

（三）加强思想疏导，变压力为动力

公安工作的性质和特点要求公安大学生必须具备很高的政治素质。公安院校要不断加强对公安大学生的思想政治教育，用科学发展观武装学生头脑，增强公安大学生的大局意识、政治意识、忧患意识、群众意识、法治意识。

要充分利用信息、网络优势，拓宽沟通渠道，及时摸清公安大学生的思想动态，有针对性地搞好教育引导。同时，要开阔公安大学生的视野，让公安大学生了解当前市场竞争、企业竞争、人才竞争的严峻形势，增强学习和训练的危机感与紧迫感，使他们认识到所面临的压力是社会发展的必然产物，只有迎难而上，不断提高自身素质，才能不被时代所淘汰。

（四）加强警务技能训练，锻炼抗压能力

强化公安大学生的警务实战技能训练，不断提高公安大学生的警务实战素质，这是提高公安大学生心理素质和抗压能力、从容应对各种新挑战的重要途径。要通过研究公安大学生个性心理特征，注意并预测公安大学生心理品质的发展前景和方向，有针对性地进行教育训练。

（五）加强公安校园文化建设，营造积极向上的氛围

加强公安校园文化建设，为公安大学生提供发挥内心的激情、展示天赋和爱好、满足他们精神需要的氛围。这不但可减轻公安大学生的压力，还有助于形成积极向上的校园风气。

公安校园文化要汲取公安实践部门的警察文化精神。警察文化精神来自于一线、来自于斗争、来自于牺牲，其核心是不怕困难，迎难而上，永不言败。弘扬警察文化精神，战胜各种困难，迎接各种挑战，是新时期人民警察面对困难、应对压力的精神法宝。面对新时期公安工作的新形势，应教育和引导公安大学生用这种警察精神去面对、去战胜各种困难和阻碍。加强公安大学生意志品质的培养，提高公安大学生的心理素质是缓解压力、解决心理疾病的重要途径。学校要提供学生走向社会、深入社会、参与社会活动的机会，让他们从中接受锻炼、磨炼意志。为此，要通过多种途径和形式，加强公安校园文化的宣传，利用公安精神激励公安大学生。

（六）加强心理咨询和心理健康教育

公安院校应加强心理健康教育，做好心理咨询工作。通过心理咨询工作，帮助公安大学生解除其内心深处的紧张、困惑、痛苦，鼓励他们安心学习，奋发上进。心理咨询是艰苦细致的思想工作，必须持之以恒，才能水到渠成、迎刃而解，真正帮助公安大学生解决心理疾病。

加大对心理咨询的宣传力度，使学生充分了解到心理咨询的目的和意义，遇到心理问题能及时进行咨询。

开设公安大学生心理咨询热线，定期为公安大学生开设心理讲座、传授心理保健方法，分期分批组织学生进行心理健康测试、心理评估、心理卫生辅导和心理训练，周期性地开展对策研究等，给公安大学生提供一个毫无顾忌地吐露、倾诉不快的对象和空间，有效地帮助他们疏导不良情绪，缓解压力，强化心理素质，使公安大学生敢于面对现实，敢于正视压力，增强迎难

而上、奋发进取的信心。

组织公安大学生学习必要的心理健康学知识，提高规避和承受压力的能力。

注重提高公安大学生的应激能力。生活中不可避免地会产生各种突发事件，如亲友死亡、考试不及格、遭遇车祸等。面对这些事件，如果没有较强的应激能力，很容易产生巨大的压力。因此，要在日常警务化管理和训练过程中采取有效措施和方法，锻炼公安大学生的应激能力，提高应激水平和抗压能力，使公安大学生能够正确对待未来工作和生活中的突发事件。

第四节 压力诊断量表

【指导语】

下面是一份压力的诊断量表，共35题。请你根据自己近期的实际情况在相应的□中打“√”回答。

【问卷项目】

1. 经常患感冒，且不易治疗好。 □是 □否
2. 常有手脚发冷的情形。 □是 □否
3. 手掌和腋下常有出汗的现象。 □是 □否
4. 突然出现呼吸困难的苦闷窒息感。 □是 □否
5. 时有心悸现象。 □是 □否
6. 有胸痛情况发生。 □是 □否
7. 有头重感或头脑不清醒的昏沉感。 □是 □否
8. 眼睛很容易疲劳。 □是 □否
9. 有鼻塞现象。 □是 □否
10. 有头晕眼花的情形发生。 □是 □否
11. 站立时有发晕的情形。 □是 □否
12. 有耳鸣的现象。 □是 □否
13. 口腔内有破裂或溃烂情形发生。 □是 □否
14. 经常有喉痛现象。 □是 □否
15. 舌头上出现白苔。 □是 □否
16. 面对自己喜欢吃的东西，却毫无食欲。 □是 □否
17. 常觉得吃下肚的东西好像沉积在胃里。 □是 □否
18. 有腹部发胀、疼痛感觉，而且常有下痢、便秘现象发生。 □是 □否
19. 肩部很容易坚硬酸痛。 □是 □否

20. 背部和腰经常疼痛。 □是 □否
21. 疲劳感不易解除。 □是 □否
22. 近期有体重减轻的现象。 □是 □否
23. 稍微做一点事情就马上感到疲劳。 □是 □否
24. 早上经常有起不来的倦怠感。 □是 □否
25. 不能够集中精力专心做事。 □是 □否
26. 睡眠不好。 □是 □否
27. 睡觉时经常做梦。 □是 □否
28. 深夜突然醒来之后，就很难重新入睡。 □是 □否
29. 与人交往变得很不起劲。 □是 □否
30. 稍有一点不顺心就生气，时有不安的情形发生。 □是 □否
31. 出门后时常怀疑门窗、电灯没有关好。 □是 □否
32. 总想起上次做错的事。 □是 □否
33. 常常担心自己可能做错什么事。 □是 □否
34. 非常害怕自己考试不及格。 □是 □否
35. 非常害怕又被老师批评。 □是 □否

【评分规则】

在"是"的□中选一个"√"，得1分；在"否"的□中选一个"√"，得0分，得分介于0～35分之间。

简要咨询：

如果你的得分在0～5分之间，说明你现在的心理状态良好，压力较小。

如果你的得分在6～10分之间，说明你现在承受着一定程度的压力。注意身心放松。

如果你的得分在11～15分之间，那就表明你正承受比较严重的压力，学习、工作和生活都不同程度地受到压力的干扰。要认真查找压力源，及时、合理地进行减压，也可以咨询心理专家。

如果你的得分超过15分，则表明你现在的压力很严重，学习、工作和生活难以正常进行。建议你去看看心理医生。

思考题：

1. 什么是压力？举例说明压力与身心健康的关系。
2. 什么是压力域值？举例说明人格因素对压力反应的影响。
3. 当前公安大学生的压力源主要有哪些？
4. 什么是压力管理？公安大学生压力管理的途径和方法有哪些？

第七章　公安大学生的学习与心理健康

第一节　学习与心理健康概述

一、学习及其若干理论概述

（一）学习的含义

“学习”一词，我国古代文献中早已有之，早在2000多年前，孔子就提出了相应的观点。孔子曰：“学而时习之，不亦说（悦）乎？”又曰：“学而不思则罔，思而不学则殆。”古代儒家的学习观点，在一定程度上揭示了学习与练习、学习与情感、学习与思维的关系，说明了学习的重要性。

学习是人类自身生存和发展的重要手段。联合国教科文组织在关于教育发展的宣言中提出“学做，学知，学会生存，学会发展”。事实上，学习本身就是发展。人需要学习，只有通过学习才能达到自我完善与自我发展的目标。

学习是人生的主要任务和主要活动的形式，学习效果的优劣将直接影响大学生的自我形象和心理状态。

学习这一概念，有广义和狭义之分。广义的学习是人和动物在生活过程中获得知识经验和技能，形成新习惯，改变自己行为的过程。它是动物和人类生活中的普遍现象。但人的学习与动物的学习有本质的区别，动物的学习仅仅是个体对环境的适应，是一种自然现象，只受动物自身和自然环境的支配。人的学习是社会现象，是受人类社会的历史发展规律支配的。

狭义的学习是指人对客观现实的认识过程。

学生的学习是狭义的学习，其学习过程有如下特点：第一，学生的学习是一种特殊的认识活动，这种认识活动主要是掌握前人所积累的科学文化知识，即间接知识。第二，学生的学习是在教师指导下，有目的、有计划、有组织地进行的，是以掌握一定的系统科学知识为目的的。第三，学生的学习不但要掌握知识经验和技能，而且还要发展智能、培养品德以及促进健康个性的发展，形成科学的世界观，以利于今后的生活、学习和工作。

（二）有关学习的理论

长期以来，心理学家、教育学家和哲学家都从不同的角度提出了许多关于学习的理论。在心理学领域，影响较为广泛的学习理论主要有：

1. 需要层次理论

美国人本主义心理学家马斯洛将人的需要分为不同层次，并提出了需要层次理论（Theory of Needs Hierarchy）。马斯洛认为，人的需要从低级到高级（见图7-1），在不同的需要情境下，引发人们不同的行为。在需要层次中，层次越低，力量越强大，一旦较低层次的需要得到满足后，较高一层的需要便成为主导动机。但这种需要层次的等级也不是绝对的，有时人会在低级需要尚未得到满足之前，去寻求高级需要（如自我实现的需要）。马斯洛认为在人的五种需要中，前两种需要为缺少需要，是人们生存必需的内容，对生理和心理健康意义重大；后三种需要是成长需要，虽然不是生存必需的，但是对于人们适应社会环境意义重大。

在学校中，一般认为最重要的缺失需要是爱和自尊，如果学生感到没有被人爱，或认为自己没有能力，他们就不能有强烈的动机去实现较高的目标。那些不确定自己是否是惹人喜欢或对自己的能力认识不足的学生，往往选择比较“安全”的处事方式，如随大溜，不敢提出自己的看法以防被人嘲笑。

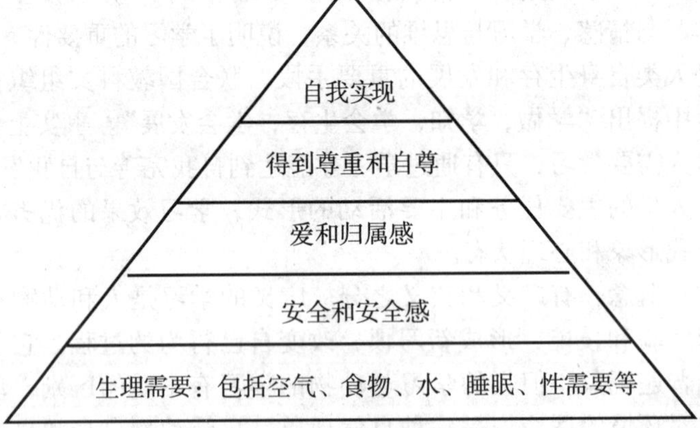

图7-1　马斯洛的“需要层次”金字塔模型

2. 社会学习理论

（1）观察学习。社会学习理论的倡导者是美国斯坦福大学班杜拉（A. Bandura）教授，他认为观察是社会学习的基础，其产生是由学习者在社会情境中观察别人的行为表现方式，以及行为后果（得到奖励或惩罚）间接学到的。间接学习的历程，称为模仿，模仿的对象称为榜样。

学习者在模仿榜样的行为时，既可以由自己的外显行为表现出来，也可能只是在内心予以记载，即带有认知的性质。对榜样者的行为进行模仿时，学习者对自己的行为制订了一个标准，而该标准则是以榜样的行为作为根据。

学习者有了标准以后，就时常拿来衡量自己，改正自己，这叫自我规范。自我规范的结果是，如果觉得自己的行为符合了标准，就会感到满足；满足之后自然就加强了他所模仿的行为，此种心理效应叫自我增强。

按照班杜拉的理论，人们常说的“耳濡目染”、“见贤思齐”、“见善则迁”等都是观察学习。人在社会环境中成长，观察学习是不可忽视的重要学习过程。按照现代学习观，学习不仅是知识的学习，而且是能力的学习、情感态度的学习。观察学习对行为的建立、情感态度的学习显然有相当大的作用。

（2）学习的自我效能感。班杜拉在社会学习理论中提出了自我效能感的概念。自我效能感，是指人们对自己能否成功地从事某一成就行为的主观判断。班杜拉在他的动机理论中，对期待的概念有特别定义。传统的期待概念指的是行为结果的期待，而他认为除了结果期待以外，还有一种效能期待。结果期待是个体对自己的某种行为会导致某一结果的推测。如果个体预测到某一特定行为会导致某一特定的结果，那么这一行为就可能被激活和被选择。例如，如果学生认识到只要上课认真听讲就能获得他希望的好成绩，他就可能会认真听课。效能期待则是指个体对自己能否实施某种成就行为的能力的判断，即人对自己行为能力的推测。当个体确信自己有能力进行某一活动时，他就会产生高度的“自我效能感”，并会实际去实施该活动。例如，学生不仅认识到注意听讲可以带来理想的学习成绩，而且还感到自己有能力听懂教师所讲授的内容时，才会真正认真听讲。在人们获得了相应的知识、技能后，自我效能感就成为学习行为的决定因素。

3. 成就动机理论

心理学家默里（H. A. Murry）、麦克兰德（D. C. Mcclelland）和阿特金森（J. W. Atkinson）通过研究提出了成就动机理论。这一理论认为个人的成就动机可以分为两部分：一是追求成功的意向，二是避免失败的意向。成就动机决定于个体对两者需求的判定，在这一过程中个体可能体验对成功的期望和对失败担心的情绪冲突。

成就动机理论可以很好地解释学生选取和实现学习目标的过程，如果一个学生获得成功的动机大于避免失败的动机，那么即便遇到失败，对于他来说这是一个挑战，会激发他去更好解决问题的动机；但是如果获得成功对于他来说过于容易，却会降低成就动机。相反，如果一个学生对失败的担心大于取得成功的渴望，那么他可能会因失败而灰心丧气，因成功而欢欣雀跃。这类学生在选择任务时，通常会倾向于选择非常容易或非常困难的目标，容易的任务可以使他们免遭失败，对于困难的任务即使没有成功也可以归因于难度过大，从而减少失败感。

成就动机水平与完成学业任务的质量紧密相关。高成就动机的人在没有外部因素控制的条件下仍能保持好的表现，有较强的自信心和坚持性，面对失败通常认为是自己的策略有误或努力不够，而不是缺乏能力，会更加努力去做。低成就动机的人，往往缺乏自信，认为自己的能力有限，设定的目标不切实际，将失败归因于缺乏能力，将成功归因于运气、任务简单，这样循环往复，导致成功之后不会付出努力，而若失败，就回避问题，停滞不前，不思进取。

4. 现代学习观

现代学习观则在对传统的学习观念认同传承的基础上，突出以下理念：

（1）学习是人们的自觉主动的行动。现代学习观特别注重学习主体的自身需要、经验、兴趣、性格、能力、志向等，重视尊重学习主体的选择、适应和可能。因而，现代学习观认为学习不只是对学习者的标准化、强制性的活动，更重要的是要成为学习者自觉、主动、积极的行为。

（2）学习是学习者社会化的全部过程。所有通过感受器官通向大脑的活动都是学习。在《学习的革命》一书中，作者指出“我们所看、我们所听、我们所尝、我们所触、我们所嗅、我们所做”均为学习。

（3）学习既表现为接受和掌握，也表现为感悟、体验、发现和探究。在发现、探究的实践活动过程中，个体经验的获得来源于学习者的直接发现、探究和创造。

二、大学生的学习特点

大学生的学习与中小学生相比，有着明显不同的特点。这些特点就是学习过程的自主性、学习方式的广泛性、学习内容的专业性和学习目的的探索性。

（一）学习过程的自主性

自主性，是指学生在学习过程中主观能动作用的发挥。自觉主动地学习是大学学习活动的核心。大学的学习和中小学的学习相比，很大的不同在于整个学习过程中教师指导性的教学多，指令性的要求少。因此，大学生的学习不能完全依赖教师的计划安排，不能单纯接受教课内容，必须充分发挥主观能动性，体现自主性的特点。

与中学阶段相比，大学学习的课程门类明显增加，而课堂教学的时间又相对减少，学习成果的优劣很大程度上取决于大学生自己对学习时间的计划和安排。大学生应该合理安排好学习时间，协调好课堂听课、课后复习和自习等学习环节。

大学教师讲课往往是提纲挈领式的。有时，教师在课堂上讲的只是自己最有心得的一部分或是该段教学内容关键所在的部分，其余部分就要由学生自己去攻读、理解、掌握。因此，培养和提高自学能力，是大学生必须完成的一项重要任务。

大学生的学习虽然也按照教师的要求进行，但是不像中学生那样绝大部分时间是被动地完成教师布置的学习任务，而是具有相当程度的自主选择性。除了公共必修课和基础课之外，大学生对于学校开设的选修课，可以根据自己的需要、兴趣、特长等自主取舍选择。

至于选择哪种学习方法，更是由大学生自主决定的。在大学里，教师不会规定该用什么方法去记忆，怎样阅读，往往只是直接提出学习的目标和要求，用什么方法达到目标，则由学生各显神通、自主选择。

（二）学习方式的广泛性

广泛性反映了大学学习多层面、多角度的特点。课堂教学是大学生学习的主要途径，但绝不是唯一途径。大学生在学习过程中可以通过各种不同的途径和渠道吸收知识，也可以靠广泛的学习兴趣去探求、获得课程之外的知识。

大学学习活动的安排正反映出这种广泛性的特点。在课余时间，学生有较多的时间自由支配，可以在学校为之提供的条件下广泛地进行学习，如听各种学术报告、知识讲座，参加专题讨论、组织调查、参观考察，查阅图书馆提供的大量文献资料等。

广泛性的另一表现是，大学生在学习活动中可以发展自己的兴趣。大学生可以按自己的兴趣和意愿有选择地学习一些知识，如选修跨学科课程、辅修其他专业等。

（三）学习内容的专业性

专业性是大学学习活动比较直观的特点。大学学习既不同于以掌握知识为主要目的的中小学学习活动，也不同于以完成职业任务为主要目的的职业活动，它是围绕着使大学生如何尽快成为某一方面的专门人才而组织和进行的学习活动，具有高层次的职业指向。大学生所学课程的内容都是围绕着专业的方向和需要来展开的，基础课和专业课程的设置，将有助于构建大学生适应性的知识结构和能力结构。并且，大学生所学内容也要随着专业在社会中的变化和社会的需求而不时有所变化、更新。例如，随着社会信息化程度的提高，电脑的应用越来越普及，不少理工科专业、文科专业的专业基础课程都增添了计算机技术课程。大学学习期间通常只是确定一个大致的专业方向，更具体、更细微的专业目标是在学习深入的过程中逐步明确的，甚至要在踏上社会、进入工作领域后才能进一步确定。

（四）学习目的的探索性

探索性是大学学习活动的深入。探索性特点反映了大学生的学习创造性，也是为了适应社会对他们的要求。科学就是在探索中前进的，大学生作为开创科学未来的生力军，不能不具备探索精神。

大学生在系统学习知识、不断掌握专业技能的过程中，学习能力特别是思维能力，将有较大的发展和提高。在此基础上，学术上的新观点、新理论、新成就必然会触动青年学生的创造欲，大学生喜欢以自己的思路、自己的语言表达对事物的理解，并极愿对求知领域进行深度性的探索。

探索性不仅表现在大学生完成论文（设计），参加学术报告会、讨论会和学术活动上，也表现在所学的课程内容上。大学生的学习不单是掌握知识，还要掌握科学的研究方法，了解各学科存在的问题及其解决的可能性。因此，大学生除了完成论文（设计），还要尽量主动地进行科学研究，学会对求知领域的探索。

三、学习与大学生心理健康的关系

就学习活动本身而言，学习是人与环境保持平衡、维持生存和发展所必需的条件，也是适应环境的手段。学习能促进人的全面发展以适应社会的需要，因此，学习对心理健康是有益的。当然，如果是学习不健康的内容，就会带来消极的影响。同样，一个人的心理健康状况也会对学习产生影响。

（一）学习对心理健康的积极影响

每个人都有与生俱来的潜能，但是这种潜能只有通过学习才能得以表现并进一步得到开发。并且，一个人的智力也是在学习过程中不断发展的。一定的智力水平是心理健康的基础，而潜能的开发状况则与心理健康状况直接相关。

学习能带来心理上的满足，使人产生愉快的情绪体验。一个人乐于工作，就常常能从工作中找到乐趣，每当完成一项任务，取得一项成绩就会感受到人生的价值和尊严，会有一种自我效能感，就会有一份喜悦和满足。而在遇到不如意的事情时，若能埋头于工作，就可以实现“注意转移”，使自己忘掉烦恼，从工作中得到慰藉。大学生的“工作”就是学习，因此，努力学习、善于学习，有助于大学生的发展与心理健康。

此外，大学生的学习活动还有助于纠正错误的认知观念，发展正确的认知方式；有助于建立和谐的人际关系，发展健康情绪和高级情绪；有助于改善意志品质，培养健全人格等。

（二）不良学习对心理健康的消极影响

学习是一项艰苦的脑力劳动，在学习活动中，需要消耗大量的生理、心理能量。如果学习方式不当，就会事倍功半，影响学习积极性；如果学习内容过多、负荷过重，就会由于压力过大而引起身心不适；如果搞“疲劳战术”，不注意劳逸结合，则会损害身心健康；如果学习环境嘈杂，则会使人心烦意乱、效率低下，等等。

此外，学习内容不健康、黄色、反动，就会严重污染大学生的心灵，使一些辨别能力差、抵抗力弱的大学生受害。

（三）心理健康状况对学习的影响

一般而言，心理健康的大学生，他们的学习成绩往往会优于心理不健康的大学生。对于具备一定智力基础的大学生来说，非智力因素对学习更具有影响力。非智力因素指的是不直接参与认识活动，即不具有加工、处理信息的功能，而是个体内部的动力系统，它影响人们认识和行为的方式及积极性。这个系统包括需要、动机、情感、兴趣、意志、性格、价值观等因素，它实现对人的认识活动和行为的驱动、定向、引导、持续、调节和强化等功能。

学习活动是智力和非智力因素共同参与的过程。在学习过程中，非智力因素能够转化学习动机，成为推动人们进行学习的内在动力。学生选择什么学科作为自己的主攻方向、探索哪一方面的课题，这都和学生的需要、兴趣、情绪、态度、意志、个性特点等心理因素直接相关。因此，良好的心理健康状况，即正常的智力、健康的情绪、坚强的意志、良好的个性、正确的自我意识、和谐的人际关系、较强的适应能力等，对大学生的学习有很大的促进作用；反之，如果心理健康状况不佳甚至有一定的心理疾患，则会不同程度地妨碍大学生的学习，抑制大学生潜能的开发，严重者甚至无法学习。

第二节　公安大学生的学习心理分析

一、学习动机

（一）学习动机的含义

动机是行为的动力。学习动机或称为学习动力，是指学生个体内部促使其从事学习活动的驱动力。学习动机一般表现为强烈的求知愿望，对未知世界的好奇心和兴趣，以及认真积极的学习态度等。根据不同的特点，学习动机可分为不同的类型：

1. 直接性学习动机和间接性学习动机

根据学习动机的内容指向，可分为直接性学习动机和间接性学习动机。直接性学习动机直接指向学习活动本身，是由对学习的直接兴趣以及对学习活动的直接结果的追求所引起的；间接性学习动机则是与社会意义相联系的动机，是社会要求在学习上的反映。

2. 主导性学习动机和辅助性学习动机

根据学习动机的作用不同，可分为主导性学习动机和辅助性学习动机。主导性学习动机是指一个学生的几种学习动机中起主导作用的动机；辅助性学习动机则是指在几种学习动机中不占主导地位的动机。有的辅助性学习动机能促进主导性学习动机，因而会与主导性学习动机同时并存；有的则不能促进主导性学习动机，因而会被抑制甚至完全克服。

3. 内部动机与外部动机

根据学习动机的来源，可分为内部动机与外部动机。学习的内部动机来源于学生自身的兴趣、爱好等，较为持久，且使学习者处于一种积极主动的学习活动状态。学习的外部动机则是由外界的诱因所决定的，往往较为短暂，这种学习活动往往处于一种被动状态。

（二）影响学习动机的因素与激发

影响学习动机的因素有许多，主要有以下几种：

1. 成就动机

所谓成就动机，是指个体力求完成自己认为有价值或重要的工作，以这种理想作为内在推动力量。成就是人类所特有的，并且是后天形成的，对人们从事某种活动起着重要的推动作用。成就动机高的学生学习动力就强，而且学习效果就好。成就动机与学生的学习毅力、学习效率和学习成绩相关联。

成就动机主要由以下三个方面组成：认知的内驱动力、自我提高的内驱动力、附属的内驱动力。认知的内驱动力以求知作为目标本身，是指向学习任务的动机。自我提高的内驱动力，是指个体因自己的工作能力而赢得相应地位的需要。附属的内驱动力，是指一种为了取得长者的赞扬或认可而产生的把功课学好的需要。公安大学生应注重前两种内驱动力的培养，特别是认知内驱动力的培养，只有这样才能真正达到学习知识和技能的目的。

任何动机都是由一定的需要产生的。成就动机的产生当然也依赖于一定的需要，即成就需要。同时，成就动机还受其他如个人的年龄、性别、所处的文化环境、家庭教育以及宗教信仰等诸多因素的影响。

2. 兴趣

兴趣，是指一个人积极探求某种事物的认识倾向，是一种内在动机。学生的学习兴趣常常表现在对学习内容或学习活动的喜好程度上，因此它是推动学生学习的一种很重要的内在驱动力。

学生的学习兴趣根据其产生原因可分为直接兴趣和间接兴趣。直接兴趣是由学习内容与学习活动本身所引起的兴趣，间接兴趣则是指由学习活动的结果所引起的兴趣，两者可以相互转化。学习兴趣还可以按其稳定程度分为暂时兴趣与稳定兴趣。暂时兴趣是指学生对某种学习活动的短暂兴趣，稳定兴趣则是一种较为长期的学习兴趣。

学习兴趣的发展有一个从直接到间接、从暂时到稳定的过程。在公安院校，学生对所学的科目同样有一个直接兴趣和间接兴趣、暂时兴趣和稳定兴趣的问题，为了能够真正将专业知识学好、真正地掌握专业技能，公安大学生应该有意识地调整好自己的学习兴趣，将直接兴趣与间接兴趣、暂时兴趣和稳定兴趣有机地结合起来，使自己能够保持稳定的学习兴趣，且指向未来的目标。

3. 好奇心

好奇心，是指一种不期望获得外部奖励与强化而激励着某种探索性活动的内在动机。人们对某种事物的好奇，会促使他们对这种事物进行某种探索活动。这种动机因素如果出现在学生身上，则会推动他们进行学习活动，激发他们获得许多新的知识。所以，好奇心也是影响公安大学生的一种重要的学习动机，如因好奇心引发对典型犯罪案件的分析学习。

4. 强化

强化在人们的学习中同样具有重要作用。最早指出强化关系的是桑代克的尝试与错误实验。奖赏与惩罚都是对行为的强化。当一个人因某种行为而受到奖赏时，他便更有可能在今后重复这种行为；而某种行为受到惩罚时，这种行为便是很少再有可能被重复，甚至永远不会被重复。

学习行为是否出现并重复，强化的作用非常大。带来愉悦后果的学习行为会得到强化；反之，则会使人的学习积极性降低。作为公安大学生，了解一些强化理论的有关知识，有意识地给自己的学习行为增加一些奖赏，作为对自己学习行为的强化，就会使学习兴趣倍增，从而提高自己的学习效果。

5. 认知失调

每个人的认知都是无穷无尽的。人们总有一种倾向，即力求认知的一致性，但要做到这一点却不容易。例如，一名学生认为自己的功课复习得不错，但却没有在考试中如愿得到好分数，这就产生了对自身学习水平的认知与对考试事实的认知的不一致，即认知失调。随着认知失调程度的增长，人们便会想办法降低不协调，这就会推动他们去进行一定的活动以求达到其目的。所以，从某种意义上讲，认知失调也是推动人们作出某种行为的驱动力之一。

当一个学生对自己学习状况各方面的认知产生不一致时，就会由于追求一致性的倾向而对其学习付出更多努力。所以，认知失调也是推动学习的动力之一，不可忽视。

6. 抱负水平

抱负水平又称抱负水准，是指人的行为要达到什么程度的心理愿望。一个人抱负水平的确立不仅受个体自身因素的影响，还受外部环境因素的影响。

父母、老师及朋友的期望，个人所处的团体乃至所生活的社会的风气等外部因素，都会直接影响到个体抱负水平的高低。长辈的期望高，个体便会确立较高的抱负水平以满足这个期望；团体或社会若形成一种追求高目标的氛围与风气，则处于其中的个体也会形成一种较高的抱负水平。

公安大学生在确定抱负水平时，要防止出现两种倾向：一种倾向是将抱负水平定得过高，超出自己的能力，反而"欲速则不达"。另一种倾向是抱负水平过低，一般自信心不足，或对自己的专业不感兴趣，因而将抱负水平定得低于自己的实际水平，这种情况不利于发挥个人的潜力。

总之，确定一个适合自己的抱负水平是迈向成功的第一步。对于每个公安大学生，特别是刚入大学的新同学，应该认真考虑各种实际情况，找出自己的奋斗目标，为走向成功做好准备。

二、学习能力

(一) 学习能力的种类

当代大学生生活在一个科学技术高速发展的时代，大学生不可能在大学阶段就学完所有相关的专业知识，他们要想在以后各领域的工作中有所建树，就必须在工作以后仍不断学习，以适应时代的发展和变化的要求。有研究表明，在现代社会里，一个人的知识只有10%是靠正规学习教育给予的，90%是在以后的工作实践和学习中获得的。可见，一个大学生毕业后还有很多知识要去学习，尤其是对公安大学生来讲更是如此。因为社会在不断地发展变化，社会治安形势也在不断地变化，我们与犯罪作斗争的要求也在不断地变化，为了适应与犯罪作斗争的需要，要求公安大学生必须在大学期间具备更高的学习能力，适应时代的发展。

学习能力主要有观察能力、想象能力、思维能力、创造能力等。

(二) 学习能力的培养

1. 观察能力

观察是一种有目的、有计划和持久的知觉活动，是一切真知灼见产生的基础。观察能力是人类认识事物必备的能力，对于公安大学生来说，就应具备一定的观察能力。观察能力是一种高度自觉的习惯性行为，与个性、历练等都有密切的关系，因此公安大学生应逐步养成良好的观察习惯，这样才能更好、更准确地认识事物。培养良好的观察习惯可从以下几方面进行：

(1) 培养客观的观察行为。任何事物都有其两面性，事物的存在也不是单一的，而是与其他事物紧密联系的；并且事物也不是静止的，而是发展变化的。公安大学生在平常观察事物时，要努力做到客观、全面，不应该以先入为主的心理定式观察事物，以致对事物产生成见或偏见，这样容易扭曲事实，不利于认知的进一步进行。

（2）培养细心耐心的观察态度。通过认真细致的观察，才可能从直观的材料中获得比常人更多的知识，特别是对一些偶然的、例外的和稍纵即逝的重要现象的观察更是如此。而观察效果要达到全面的、精确的、细微的程度，就应该具备实事求是、严肃认真的态度和一丝不苟的精神，只有这样，观察结果才可能具有可靠性和时效性。

（3）培养浓厚的观察兴趣。对于不感兴趣的事物，人们不会用心观察。反之，具备浓厚的观察兴趣，可以帮助人们把单调乏味的重复观察过程变成一件津津有味的事情，从而能主动克服干扰，保证观察的准确性和完整性。因此，培养对事物的观察兴趣，对于完成任务相当的重要，公安大学生应努力通过各种途径培养观察的直接或间接兴趣，把“要我观察”变为“我要观察”，从而促进知识的获取。

2. 想象能力

想象，是指从头脑中改造记忆的表象而创造新形象的过程。想象是人类能力的试金石，人们通过观察可以获知事物的表象，但这些表面东西是概念化的，是不具备任何意义的，只有赋予了想象力，这些客观的信息、客观的事实才能被赋予生命。可以说，任何创造性的活动都离不开想象，人类社会的文明史正是依靠创造力实现的。培养大学生的想象力，对发展他们的思维能力与创造能力都有很大的帮助。

（1）培养广泛的兴趣爱好。积极的想象总是与兴趣、爱好紧密相连，只有对某一学科产生兴趣，才有可能将所学的知识与日常的观察联系起来，进行想象，发现新的知识。反之，想象又能促进兴趣爱好的发展。公安大学生通过想象有了新发现、新思想，无疑会增强他们对学科的兴趣与爱好，甚至会将这种兴趣、爱好扩展到其他的学科中。

（2）培养丰富的情感。由于认知活动受到情绪与情感的调节，所以丰富的情感有利于产生积极的想象，如诗人、作家、画家、演员等就是在满腔热情下充分发挥想象力，创造出一个个动人的艺术形象。相反，如果情绪低落、心情沮丧，则想象力也会贫乏，即便有所想象，内容也是暗淡、悲观的。因此，公安大学生要培养良好的想象能力，首先要培养自己丰富、积极的情感，保持一个良好的心境，以促进自己想象能力的正常发挥。

（3）培养好奇心。从某种意义上说，任何一项有价值的科技成果，起初都是源于好奇心和探究心。在好奇心和探究心的驱使下，根据已有的事实材料，通过创造性的想象在头脑中再造出一个新的设想或理论的框架，然后运用种种实验手段去证实它，使它成为一个有普遍意义的科技成果。可以说，好奇心是驱使想象活动的动力，公安大学生要培养良好的想象品质，就要在日常生活中对任何事物都抱有一定的好奇心，探究一下为什么，这是想象迸发的源泉。

(4) 挖掘想象素材，丰富表象储备。想象是在原有感性材料的基础上形成的，任何想象都离不开知识基础，否则就会变成空想或者胡思乱想。经验越多，知识越渊博，表象储备越充实，想象力就越丰富。因此，公安大学生应该拓宽知识面，广泛涉猎文学、历史、音乐、美术、社会学、心理学、计算机等学科领域，构筑一个一专多能、文理兼备的优化的知识结构。

3. 思维能力

思维是人脑对客观现实概括的、间接的反映。思维能力就是人脑间接地、概括地反映客观事物及其规律性的能力，是智力的核心，包括分析能力、综合能力、比较能力、抽象能力和概括能力等。思维能力在学习中的作用是毋庸置疑的，如在学习中要能提出问题，需要思维；要能深刻理解问题，离不开思维；要将所学知识加以巩固，需要思维的参与。总之，学习知识离不开思维，或者说思维是学习知识的必备条件。公安大学生要培养自己良好的学习能力，则首先要培养自己的思维能力。

(1) 建立合理的思维能力结构。分析、综合、比较、抽象和概括，是思维能力结构不可分割的环节，其中任何环节出现问题，都会造成结构的不完整。公安大学生的思维能力应该建立在合理的思维结构上，要学会分析事物的方法，善于对杂乱的事实材料加以整理，从中找出关键问题，并在分析基础上加以综合，从而与相关事物进行比较，抽象出事物的本质属性，并进一步通过概括将抽象出的本质属性推广到同类事物中去，以便于解决实际问题。这样循环往复，形成习惯，使思维的五种能力得以全面、均衡地发展。

(2) 科学用脑。科学用脑即根据自我的生物钟合理安排时间学习和工作。掌握自我的最佳用脑时间，对任务进行分解，把重要的、需要高度投入注意力的任务放在效率高的生物时间段来处理。科学用脑也表现在根据思考对象的难易程度，合理调节思维方式。当思考问题的难度过大，或持续思维的时间过长，十分疲倦时，就应转换一下大脑神经的兴奋点，或对问题重新进行分解，补充必要的知识，或另换新的思考角度。

(3) 培养浓厚的兴趣。个体对于思维的对象是否有兴趣是思维能力培养的重要因素。一个人如果对自己研究的对象缺乏兴趣，要在他所研究的领域进行创造性思维几乎是不可能的。因此，公安大学生要有意识地培养自己的专业兴趣，以促进思维的良性发展。

(4) 培养乐于计划的品质。一个人在作出某种反应之前，应学会控制冲动，先进行思维。有些学生在考试时一拿到试卷就开始作答，结果文不对题；在课堂上回答问题也是答非所问，甚至做毕业论文时，也经常脱离原核心论点。这就是思维缺乏计划的结果。可见，计划是思维培养的关键，十分重要。公安大学生要在日常学习生活中，培养自己的计划品质，养成制订计划的习惯，以促进思维的发展。

（5）培养努力坚持的意志品质。做任何一项研究都是一件很辛苦的事情，需要付出大量的脑力和体力劳动。只有努力坚持，才会到达成功的彼岸。一个人的天赋无论有多高，如果他是浮躁的，缺乏意志力的，缺乏锲而不舍的精神，那么他要发挥创造性的思维就很困难。思维是一件艰苦的工作，来不得半点浮躁，也来不得半点马虎。公安大学生要培养自己良好的思维能力，首先要培养自己坚定的意志力，从日常小事做起，立下目标就要努力达成，与困难作斗争，提高自己的意志品质，以促进思维的发展。

4. 创造能力

创造能力是运用一切已知信息，生产出某种新颖而独特的、具有社会价值的产品的能力。社会创造能力相当重要，它是科学发明和技术革新的必备能力。创造能力是公安大学生能力最重要的组成部分，培养公安大学生的创造能力，是培养他们学习能力的关键。

（1）开阔视野，积累多方面的知识经验。知识经验是创新的基础。积累多方面的科学知识，开阔视野，就能开启人的思路，为创造性的思维开辟一条绿色通道。有些科学家的发明不是来自科学本身，而是来自音乐的启示，就是这个道理。

（2）培养求知的渴望和探索新事物的激情。科学发现常常是科学家从人们司空见惯的现象中发现了问题而开始的。牛顿从苹果落地这一人人皆知的现象发现万有引力，就是因为他具有强烈的求知渴望和探索事物奥秘的激情。因此，激发公安大学生的好奇心，鼓励他们对事物的内在本质和规律进行探索，是培养他们创造性的重要前提。

（3）培养从多角度思考问题的方法与习惯。思维中的定式常常束缚人的思维活动，使人的思维活动局限于已有经验的框架中而难以发挥创造性。因此，培养公安大学生创造性思维能力，就要使他们学会多角度思考问题。可以尝试以下几种方法：其一，尽可能多地给一些东西或词下定义，定义越多表明越有创造性。其二，尽可能多地说出一些东西的用途，说出的用途越多，就表明越有创造性。其三，从复杂的图形中寻找出隐藏其中的几何图形，这种识别能力越强，就表明思维的灵活性越强。其四，对几个短寓言补充“结尾”，要求具有不同的性质，如一种是道德的结尾，一种是诙谐的结尾，一种是悲伤的结尾等。

（4）培养执著进取、勇于实践、百折不挠的顽强意志。许多科学家在取得创造发明之前，都经历过千百次的探索、实验、失败和挫折，最后才取得成功。因此，培养公安大学生勇于实践、大胆探索、不怕困难、不怕失败、百折不挠的顽强意志，是培养创造力的重要保证。

三、学习方法

学习方法是多种多样、因人而异的。如果学习方法不当，学生在学习上的投入和付出与产出和效益不能形成恰当的比例，久而久之，自然会使学生出现内疚、自责和自卑的心理，甚至自暴自弃，影响到心理的健康发展。

（一）学习方法的种类

大学阶段的学习不同于中学时期。大学里，培养目标、学习内容与学习方法都发生了变化，尤其需要培养学习的高度自觉性。大学的学习，具有自主性、选择性、多样性和探究性。因而，如何学习便成为大学生首先要学习的一课。除了要精心规划自己的学习时间外，以下几种行之有效的方法可供参考。但要特别指出的是，由于人与人之间存在个体差异，一种方法可能适合这个人，而不适用于另一个人。同学们可以根据自己的特点选定一种或几种学习方法。

1. 整体与部分学习法

整体学习法，是指将学习材料作为一个整体来学习。学习过程中，将材料从头至尾反复学习，以获得对材料的总体印象和了解，并进而了解一些较为具体的内容。

部分学习法，是指将学习材料分成几个部分或几个具体的概念，每次集中学习其中一部分或一个具体概念。对每个具体的部分或概念根据其难易程度的不同，具体安排学习时间或次数。

这两种方法各有利弊。整体学习法使人较易把握学习材料的全貌，但对具体的材料内容就可能掌握不好；而部分学习法则能使学习者较好地掌握每一个具体部分但却难以对材料形成一个总体印象，从而使各部分内容不能很好地融会贯通起来。要使这两种方法最好地发挥作用，可以将二者结合起来，采取整体—部分—整体的方法。具体做法是：首先，采用整体学习法，对所学材料有一个大概的了解，在头脑中形成一个较为清晰的轮廓；其次，采用部分学习法，对学习材料实行“各个击破”，并重点学习那些较难或较重要的问题；最后，再采用整体学习法，将已仔细学习过的材料作为一个整体重新复习一遍，让各个部分的具体内容前后联系起来，在头脑中形成一个更为清晰全面的印象。

实践证明，两者相互结合的方法比单独采用其中一种方法更为有效。

2. 集中与分散学习法

集中学习法，是指较长时间地进行学习活动，学习的次数相对少一些。

一次学习时间的长短则取决于所学习的材料的性质及其他因素。一般来说，较复杂难懂的材料，用集中学习法较为合适，这样可以保证学习者在一定时间内集中注意力，有利于理解并掌握那些抽象难懂的材料。但集中学习的时间不宜过长，否则容易引起学习者的疲劳，使学习效率下降。至于以多长时间为宜，视个人的体力与脑力情况而定。

分散学习法，是指将学习时间分成几个阶段，每学习一段时间就稍事休息。实验证明，假如分散学习的时间不是太短，这种方法是较为有效的。至于每次分散学习的时间以多久为宜，也要视学习材料的性质以及个人的具体情况而定。

3. 过度学习

所谓过度学习，是指知识达到勉强可以回忆的地步后，继续进行学习。也就是说，在对知识技能全部学会以后再继续学习一段时间，以巩固学习成果。

美国心理学家克鲁格曾做过一项实验，他让被试者识记一组序列词汇。第一组学习到全部能回答时就停止学习；第二组则继续学习，进行50%的过度学习；第三组则进行100%的过度学习。实验结果表明，过度学习对材料的保持率起着很重要的作用。过度学习越多，保持率越高。但有一点也要注意，过度学习超过50%，对内容的记忆效果有下降的趋势。因此，并非过度学习越多，学习效果越好，它有一个限度，在这个限度之内，过度学习的学习效果较好。一般来说，中等程度的过度学习效果较佳。

4. 迁移学习

迁移学习，是指先前的学习或训练的内容对后来的类似学习或训练内容的影响。在迁移学习中，有正迁移与负迁移之分。在应用迁移学习的方法时，要尽可能地促进正迁移，而避开负迁移。

心理学家的研究表明，迁移的条件是：对刺激（信息）的反应相同时迁移量就大，反之则小。迁移量取决于刺激和反应的类似程度。另外，学习时间的间隔也会影响迁移的效果。

为了获得迁移学习的成功，在平时的学习中就要注意掌握最基本的知识，这样也可以形成基本知识对一些具体知识与应用的正迁移。另外，还要注意使新学习材料与原有知识由“近”至“远”的安排，即使新学习的材料先尽可能接近原有的知识，然后逐渐扩展到新知识的范围，这有助于形成正迁移。

5. 记忆与学习

记忆是学习的基础，是掌握知识的先决条件。记忆是通过识记、保持、再现（再认、回忆）等方式，在人们的头脑中积累和保存个体经验的心理过程。记忆使人们感知过的事物、体验过的情绪或从事过的活动保存在人们的头脑中，并在一定条件下被回忆起来。

记忆与学习是密不可分的。人们学习的过程实际上就是获得经验和积累经验的过程，而在这个过程中，记忆作为保存这些经验的重要手段之一，对学习起着十分重要的作用。但在日常学习生活中，人们往往容易发生遗忘现象。遗忘规律表明，遗忘在学习之后立即开始，而且遗忘的进程最初很快，以后逐渐减慢。

遗忘不仅受时间因素的影响，还受许多其他因素的影响。识记材料的性质与数量、学习的程度、识记材料的序列位置以及识记者的态度等都影响遗忘的进程，特别是识记材料的序列位置对其影响较大。

根据遗忘的规律，我们可以采用以下对策来提高记忆的效果：

(1) 学习之后立即进行复习，加强记忆，并且以后还要再复习几次，但复习的时间间隔可以逐渐增加。

(2) 进行适当的过度学习，以加强对所识记材料的回忆。

(3) 根据学习材料的性质安排适量的学习时间，同时要使前后两段时间中学习的材料尽量不一样，以避免它们之间的相互干扰。

(4) 对学习始终保持浓厚的兴趣，也可以提高记忆的效果，避免过多的遗忘。

另外，还可以借助外部记忆手段，如记笔记、写卡片、编提纲等，保持记忆的内容。同时，还要注意用脑卫生，这对增强记忆力有益。

6. SQ3R 学习法

这是鲁滨逊设计的一种学习方法，旨在帮助学生获得把握重点的技巧以及掌握减轻遗忘的方法。SQ3R 学习法的具体步骤包括：

(1) 浏览（Survey）。浏览，是指对教材标题作迅速浏览，以便了解教材中的主要观点和这些观点呈现的逻辑顺序。

(2) 问题（Question）。问题，即把教材中章节的标题转换成问题，以便集中注意力思考每一章节所讨论的主题。

(3) 阅读（Read）。阅读，是指认真阅读标题下面各部分的具体内容，以便能够对问题作出回答。

(4) 背诵（Recite）。背诵，即在阅读完之后，根据个人对内容的理解和回答问题的需要，整理出简明的大纲，予以背诵。

(5) 复习（Review）。复习，是指在学习之后即对全部学习内容作简略复习，一则进一步获得对教材内容和结构体系的整体印象，二则可纠正记忆中的错误，加深对教材重点的准确理解和记忆。

7. P－I－R 学习法

这种学习方法是由加里森和格雷提出来的。

（1）P是英语中“预习”（Preview）一词的简写。课前预习可以有效提高听课效率。预习可以提高独立思考的能力，减少听课中的障碍，掌握课堂听讲的主动权。预习中应该做到：重温已有知识，建立新旧知识间的联系；概略了解新课程的内容和结构，理清听课时的思路；提出不懂和需深入研究的问题，以求强化听课的效果。

（2）I是英语中“辨别”（Identification）一词的简写。所谓辨别，是指在课堂听讲的过程中，对于讲授重点和难点的识别与把握。教师在课堂讲授中，往往要围绕教材的重点和难点加以发挥，或补充一些新材料、新论据，或提出个人的新观点、新见解供学生思考。对这些课堂讲授的新内容，学生要有敏锐的辨别能力，要搞清教师课堂教授的新内容与教材内容的关系，准确识别其不同点和共同点，这样才有助于对教材重点和难点的理解与消化。

（3）R是英语中“复习”（Review）一词的简写。听课之后应及时复习，不留疑点或漏洞，复习中注意概括归纳，将所学的新知识有序地纳入已有的认知结构，力求做到融会贯通。

（二）学习方法的改善

任何方法都只有在一定的实力和努力基础之上才能生效。科学的方法是实实在在的方法，它一方面能帮助我们提高效率，但另一方面仍需要我们勤奋努力。

1. 系统地学习

知识本身就是一个系统，各部分知识之间是按一定结构有机地联系在一起的。因此，公安大学生在学习时一定要系统地学习，努力做到心中有“树”，这是学习的一个最基本的方法。具体来讲，一本书就好比一棵大树，它的名字就相当于大树的主干，各章的标题相当于大树的主枝，位于各章之下的节是大树的侧枝，各节所阐述的具体概念、定义、定理、公理、公式、原理、规律等可以看成是大树的小枝和叶片，至于每一个文字、标点、符号等则可以看成是大树的细胞。

公安大学生在学习时，要注意按照这样的结构，把所学的知识组织起来。这样做能够化多为少，减轻记忆负担；形象记忆，迅速可靠；将知识联系起来，可以加深理解，巩固记忆，熟练应用。

值得注意的是，少数学生常常出于某种投机心理，出于应付考试的心理，不愿意全面系统地学习，而愿意采用一种“划重点”的学习方法，以为这样可以节省时间、提高效率。其实恰好相反，打乱知识本身固有的系统结构，孤立地记忆一个个重点，就好比撒落一地的叶片，要一个个捡起来，那是很费事的。而且由于缺少线索，好不容易记住的几个重点，要想保持住也很困难，稍不留神就又忘到九霄云外去了。同时，由于缺少头绪，各部分“重点”

往往容易混在一起，张冠李戴。

2. 协同学习

协同学习，实际上是系统学习的延伸和扩展，就是在学习时注意到不同门类知识之间的内在联系，尽量协同一致地进行学习。例如，在学习某门专业课时，选读有关英语资料，就可以在学习专业知识的同时，使英语水平得到提高。

协同学习，是一个十分重要的学习方法。特别是现代社会，人的工作和生活节奏大大加快，时间十分宝贵。如果不能协同学习，每一门知识和技能都专门划出一块时间来学习，一是不可能，二是效率低。如能协同学习，则可一举多得、事半功倍，大大提高学习效率。

3. 分阶段有步骤地学习

这也就是“化整为零，化繁为简，化多为少，化难为易”的方法，这是提高学习效率的一个非常有效且普遍适用的基本学习艺术。

举一个实例：假定要记住圆周率小数点后一百位数字。若要一下子都记住是非常困难的，怎么办呢？可以采用分组的办法。

这里需要注意的是，给知识分组时，每个小组所容纳的知识量一定要小些，原则上要能够毫不吃力、轻而易举地将其消化吸收。

4. 抓住特点，模糊记忆，细部校准

对于所学的知识，找到它最主要、最基本的特征，记在心里，然后根据自己的理解对局部的细节进行补充和校正，这就可以将记忆、理解和发挥三者结合起来，从而大大减轻记忆的负担，提高学习效率。一定要记住，只有不超过20%的核心内容需要牢牢记忆，其余80%的内容只需要模模糊糊有个印象即可。

这里特别强调的是，模糊记忆只适用于局部细节问题，而对于最基本、最主要的关键性内容，则一定要牢牢地记住，不能有丝毫的含糊，否则有可能导致重大的错误。

5. 马上回想

学了一个新东西之后，马上回想一遍，这时效果最好，最容易将所学内容记住。一般人第一次接触到新鲜知识，往往兴趣浓厚，大脑呈兴奋状态，这正是学习的大好机会，学了以后，马上回想，能收到事半功倍的效果。反之，如果隔一段时间以后再复习，则时过境迁，学习效果就差远了。

心理学家经研究表明，人的遗忘有一种先快后慢的规律，学了一些知识以后，只是在人脑里形成了短时记忆，如果不及时复习，很快就会遗忘。反之，如果马上回想一遍，短时记忆就会变成长时记忆，就不容易忘记了，即使隔了很长时间以后仍然能够回忆起来，有时甚至终生不忘。

四、学习焦虑

学习焦虑是人的一种情绪状态，是个体由于不能达到预期的学习目标或不能克服学习上的困难而使自信心受到挫伤，或者是使失败感和内疚感增加而形成的一种紧张不安、带有恐惧的情绪状态。人的焦虑情绪有高中低不同程度，焦虑程度过高或过低都对学习有不利的影响，只有适度的焦虑，才有利于提高学习效率。可见，焦虑程度对学习效率的影响与动机程度对学习效率的影响是相似的，即呈现为U字曲线，表明焦虑程度过强和过弱会使学习效率下降，中等焦虑程度则有利于取得最佳学习效果。

大学的学习，无论是学习环境还是学习内容、学习方法、学习目标等，与中学相比较，都发生了较大的变化。部分大学生，尤其新入学的大学生比较难以适应这一变化，因此学习焦虑的问题是比较常见的，特别是个性较敏感、性情较急躁的大学生更容易陷入这种焦虑状态。而大学生长期处于较高的焦虑水平，对于学习效率和效果将有很大的负面影响，严重的还将影响他们的身心健康。上述现象，对于公安院校的大学生而言，同样存在。

（一）学习焦虑的表现

处于严重学习焦虑状态下的大学生，由于精神过于紧张，顾虑问题较多，常表现为在学习上注意力涣散、记忆力减退、思维混乱、烦躁、易怒等。严重的还常伴有头晕、头痛、忧虑等现象，影响了身心健康。

处于严重学习焦虑状态下的大学生在多次努力学习无果的情况下，往往会采取回避和退缩的方式消极对待学习，过早地放弃努力。但这样做使他们不能取得应有的成绩，学习成绩每况愈下，自责感不断增加，心理压力更大，进一步增加焦虑，形成恶性循环，引起行为上的进一步混乱、盲动，以致发生心理疾病。

学习焦虑的突出表现是考试焦虑，即在临考前或临考时产生紧张与恐惧的情绪状态。考试焦虑表现在临考前神情紧张、忧虑，在临考时肌肉紧张、心跳加快、血压上升、手足发凉、注意力不集中、思维僵化、记忆力下降，原本熟悉的内容也因过度紧张而回忆不起来，严重时还会出现“晕场”的现象。

（二）学习焦虑的产生原因

形成学习焦虑的原因可以从个体外部因素和内部因素进行分析。来自外部的各种压力，要求大学生努力学习，取得好成绩。而来自内部的因素，即大学生已具备的各方面素质与能力，可能还不足以使大学生实现外界对他在学习上的要求。内外因素的矛盾，加之部分大学生性格内向等方面的因素，就极易形成学习焦虑。具体来说，影响大学生学习焦虑的内外因素分别是：

1. 外部因素

(1) 学业压力。大学的学习科目较中学有了很大的变化，学习的难度加大，速度加快，学习方法方式也有所改变。这就要求大学生及时跟上变化，调整自己的学习方法，合理科学地安排学习时间，紧跟教师的教学步伐。否则由于没掌握的知识不断积累，学习压力会很大。

(2) 考试压力。考试压力主要来自部分大学生对考试意义估计过高，认为考试成绩不好，影响个人在班级的威信，脸上无光；甚至有的学生认为考试成绩不好会影响教师对自己的看法与信任，影响毕业时择业的条件等。另外，对考试结果期望值过高，提心吊胆，害怕失败，也是造成考试压力的一个重要因素。

(3) 来自周围环境的压力。周围环境压力包括来自同学间的竞争压力；来自家长“望子成龙，望女成凤”的压力；来自教师的要求、批评的压力；来自学校纪律、作风、管理等方面要求的压力；来自社会的压力，如面临公安院校毕业分配“铁饭碗”被打破、公务员招录考试的就业压力。

2. 内部因素

(1) 自信心不足，总认为自己的智力、能力、基础不如别人。

(2) 成就动机过强，迫切希望取得好成绩并且超过别人。

(3) 对以前考试失败和挫折感的体验太深刻，以至于遇到考试就产生害怕、恐惧心理。

(4) 兴趣爱好过于单一。

(5) 性格内向，不擅长交往，自我封闭。

(三) 学习焦虑的调适

学习焦虑的调适，可以通过以下几个方面来进行：

(1) 学会冷静分析造成焦虑的主客观原因，针对原因找出缓解焦虑的办法，决不能采取回避现实的态度，放任焦虑的发展。对于自己无法找出原因的同学可到心理咨询机构去寻求专业帮助。

(2) 正确认识和评价自己的能力，确立切合自身实际的学习目标，不能把学习名次看得过重。能不断超越自我，不断地进步，也是一种成功。

(3) 调整适应大学学习的学习方法，尽快摸索总结一套适合自己的学习方法，劳逸结合，提高学习效率，掌握学习主动权，尽快适应大学的学习生活。

(4) 培养广泛的兴趣，正确处理学习活动与其他活动的关系，适当转移注意力，降低焦虑水平。

(5) 保持适度的自尊心，降低对胜败的敏感度。同时，也要增强自信心和毅力，不怕困难和失败，保持情绪稳定。

第三节　公安大学生常见的学习心理障碍及其调适

一、公安大学生常见的学习心理障碍

健康的学习心理是公安大学生在大学学习期间取得好成绩的前提和保障。但不少同学在学习过程中都有可能出现不同、持续时间不等的学习心理困扰，主要表现为学习动机缺乏、学习疲劳、注意障碍、记忆障碍、学习焦虑、考试焦虑和怯场等几种常见的学习心理障碍。

（一）学习动机缺乏

学习动机，是指促使学生努力学习以达到学习目的的内在动力。学习动机具有启动、维持学习活动的功能，指向学习目的的功能，调节、强化学习行为的功能。

学生的学习动机并不是单一的结构，而是由各种心理动力因素，包括学习需要，学习兴趣，对学习目的、意义的理解，学习态度和学习习惯等构成的完整的动力系统。从某种意义上来说，公安大学生学习动机的强与弱、持久与否，将直接影响他们的学习绩效与成才。

1. 学习动机缺乏的表现

少数学生考入公安院校以后，学习动机明显缺乏，学习上提不起精神，存在“混日子”现象，具体而言，主要有以下一些表现：

（1）逃避学习。不愿上课，无抱负和期望，无求知上进的愿望。无奈之下“身在曹营心在汉”，上课不认真听讲，或打瞌睡，或看课外书，或做自己的事。

（2）厌倦学习。把学习看成被迫的苦差事，对学习冷漠、畏缩，常感厌倦，对学校与班级生活感到无聊。学习过程中无精打采，很少享受到学习带来的乐趣。

（3）缺乏适宜的学习方法。不愿积极寻求一些适合自己的学习方法，满足于死记硬背，应付考试。由于缺乏正确的、灵活的学习策略和方法，所以往往不能适应新的学习环境。

（4）注意力分散。注意力涣散，兴趣转移，学习时易受到各种内外因素的干扰，对学习以外的事反而兴致勃勃，如网上游戏、网上聊天、外出游玩、看电影等。

（5）独立性差。在学习上没有明确的目标，学习行为往往表现出依附性，随大溜，极少有独立性和创造性。

2. 产生学习动机缺乏的主要原因

（1）上大学前后的“动机落差”。在高中阶段，学生以考上大学为唯一目标，一旦目标实现，容易产生松懈心理，希望在大学里能够好好享受一番，没有及时树立起明确的学习目标，造成了上大学前后的“动机落差”。此外，在中学阶段，很多学生兴趣狭窄，爱好很少，一门心思考大学。一旦进入大学，就迫切想发展自己的兴趣爱好，把主要精力放在一些兴趣爱好的培养上，而对学习逐渐失去兴趣。

（2）缺乏明确的奋斗目标。学习目标不明确、动机很弱的同学往往对自己不能作出客观而全面的认识，不知道自己的优势和不足究竟在哪里；还没有认真思考过人生的本质，以及社会对人的要求；或者不能将这些思考整合起来，形成有关自己未来生活策略的明确规划。可以说，他们处在一种迷茫的状态，像一个站在十字路口的迷路人，不知道方向，当然也就没有动力。

（3）对专业无兴趣，甚至讨厌。一些同学的学习动机缺乏来源于对专业无兴趣，甚至讨厌、反感。专业性是大学学习的主要特点，尤其在公安院校，专业性较其他院校显得更强。但是，部分公安大学生在报考公安院校时，只是凭着自己的直觉或兴趣，对公安专业的特点知之甚少，带有很大的盲目性；有的同学在报考公安院校时由父母做主，自己并不十分愿意。这些都容易产生与本人的志向、兴趣、潜能不符的情形。在这种情况下，公安大学生如果不能深刻认识本专业的社会意义、价值，不去适应所学专业，就会对学习产生厌倦、冷漠，认为没有前途，导致学习动力不足。

（二）学习疲劳

学习疲劳是因为学习强度过大，学习时间过长，让人在生理和心理上产生劳累感，使学习效率下降，并渴望终止学习活动。学习疲劳包括生理疲劳和心理疲劳，生理疲劳主要是肌体受力过久或肌肉重复收缩而造成的一些肌体上的疲劳症状；心理疲劳一般是由于长时间从事心智活动，大脑得不到休息，大脑皮质的兴奋区域代谢旺盛或兴奋持续时间过长，消耗过程超过恢复过程，脑细胞处于抑制状态所引起的心理反应。

学习疲劳是一种保护性抑制，一般来说，经过适当的休息即可得到恢复，对大学生的身心发展不会造成什么影响。但如果长期处于疲劳状态，勉强让大脑的有关部位保持兴奋，就会导致大脑兴奋和抑制过程的失调，严重的还会引起神经衰弱等疾病，并可能引发身体器官的病态，严重影响大学生的学习。

1. 学习疲劳的表现

（1）生理疲劳。因在学习时间、强度等方面的过度，容易造成的生理疲劳，主要表现为肌肉痉挛，麻木，眼球发酸，头脑发胀，腰酸背疼，动作不准确、僵硬，打瞌睡等肌体反应。

（2）心理疲劳。注意力分散，思维迟钝，情绪易躁动、忧郁、易怒，学习效率下降，学习错误增多，易产生厌烦情绪。

2. 学习疲劳的产生原因

（1）生理疲劳的原因。公安大学生生理疲劳主要是由于学习、训练压力过大，学习时间过长，体能技能训练量大，不注意合理分配时间，不注意劳逸结合，睡眠时间不足，不注意用脑卫生和用眼卫生等造成。

（2）心理疲劳的原因。公安大学生心理疲劳的原因是多方面的，除了因长期学习引发的生理疲劳而造成的心理疲劳外，还有因学习内容单调、枯燥、难度过大，学习、训练过于紧张而造成大脑神经持续处于高度紧张状态，对学习、训练缺乏兴趣；或受到其他因素的干扰，如家庭经济问题、思想问题等原因造成的心理疲劳。

（三）注意障碍

1. 在注意范围方面

表现为注意范围变得越来越狭窄，难以被唤起；或者注意范围“变宽”，注意容易转移，很容易受到外界的刺激影响。

2. 在注意力方面

表现为注意“增强”，对一定对象的局部过分注意，而对其整体却难以注意，或者注意减退；或注意涣散，不能将注意力集中于一定的对象上，对已开始的活动常半途而废，难以始终坚持。

3. 在注意力分配方面

表现为注意难以同时指向和集中于不同的对象。例如，上课时需要听课、记笔记，还要看书、看黑板，而注意发生障碍时则手忙脚乱、顾此失彼。

4. 在注意转移方面

表现为注意难以根据新的任务，主动地从一个对象转移到另一个对象上，或者转移得过快或过慢。

（四）记忆障碍

1. 记忆增强

对过去已经遗忘的事情能清晰地回忆起来，而这些事情在心理正常的情况下一般是难以回忆起来的。

2. 记忆能力减退

遗忘的速度、范围、程度超过了正常人，严重时表现为对经历过的事物无法再认或回忆。

3. 记忆错误

在再认和回忆时发生错误、紊乱和歪曲。表现为：

（1）错构，即在回忆时添加一些原来没有的、错误的细节，或者忘掉了一些细节的东西，而选择了一些其他的特征。

（2）虚构，即以想象的、没有真实依据的内容填补记忆缺陷，过去根本未经历的事仿佛确有其事，但由于其虚构情节不能保持，所以在被询问时内容常有变化。

（3）遗忘—虚构综合症，即近事遗忘、虚构和定向障碍。

（五）学习焦虑的表现

（1）心理上多表现为忧虑、紧张、恐惧、慌乱，面对繁杂的学习内容心乱如麻，茫然不知所措，不能集中注意力，记忆力减退，思维迟钝，学习效率下降，情绪易怒、抑郁、烦躁，缺乏自信心，依赖性强，独立性差等。

（2）生理上表现为肌肉紧张、呼吸急促、心率加快、头晕、大小便频率增加、多汗、恶心、睡眠不良、食欲不振、胃肠不适等。

（3）行为上表现为坐立不安，采取逃避方式进行防卫。考试时或者胡乱作答，早早离开考场；或者东张西望，无心作答，趁监考人员不注意悄悄离开考场；或者采取作弊方式寻求解脱。

（4）身体状况不佳。身患疾病、体质虚弱、疲劳过度、经常失眠的人，对即将来临的考试，容易激起较强的情绪波动，产生过度焦虑。

（六）考试焦虑和怯场

考试焦虑，是指担心自己考试失败而忧虑的一种负向情绪反应。考试怯场，是指考生在应试中的应急反应。考试焦虑容易分散和阻断注意过程，注意力不能集中，不能专注于学习和应试，而是专注于各种各样的担忧；妨碍记忆和回忆，使该记的记不住，想忆的忆不起；还会使思维呆滞凝固，使具体思维能力无法正常发挥，创造性思维更无法进行。

考试紧张是一种正常现象，但是要注意适度。适度会使人的活动变得积极，思维变得清晰。过度紧张使人的活动受到抑制。考试怯场的主要原因往往是缺乏自信。这种缺乏自信是由于过去考试失败而造成了心理定式，生怕考试再遭失败而产生的心理压力。在现实生活中，我们经常看到这样的学生，在应试过程中紧张恐惧，思维迟钝，记忆力下降，甚至还引起生理上的不适，如腹泻、失眠、恶心等。

二、公安大学生学习心理障碍的调适

（一）学习动机缺乏的调节

大学生的学习比中学生更复杂、更高级，同时也更需要自觉和独立。因此，学习动机的强弱对大学生的学业成就有着极大的影响。针对公安大学生中存在的学习动机缺乏现象，应该采取有效方法，进行调节。

1. 改变认知，明确学习目的

不知道学习的意义和目的，不清楚自己应该学什么、做什么，这样的学生不可能有学习的积极性和主动性。对于学习动机缺乏的同学来说，要改变过去对学习的态度，明确学习目的和意义，给自己确立一个具有现实意义的学习目标，清楚自己努力的方向，激发其学习动机。

2. 感受成功，激发学习兴趣

缺乏学习兴趣，就不可能有正确的学习动机。因此，要引导和培养学生对所学专业的稳定的学习兴趣，通过专业介绍、讲座、讨论，通过对对口专业的单位的参观，提高学生的学习兴趣。同时，要给予学生更多的鼓励，使他们在学习中获得成功的感受，提高他们对自己学习能力的信心，从而激发他们的学习兴趣。

3. 正确归因，寻找恰当方法

有的学生学习动机缺乏，是由于不能正确地认识学习上受挫和失败的原因，或者是由于学习方法不当而导致长期的学习效果不佳。因此，对学习上遭受挫折和失败的学生，首先要帮助他们找到正确的成败归因模式，并引导他们正确评价自身的能力，同时还要帮助他们寻找适合于自己的学习方法，以增强他们的学习信心和动机。

（二）学习疲劳的调适

1. 科学用脑

大脑是人体一切活动的中心，自然也是学习活动的中心。学习活动持续时间过长，就会影响大脑活动的正常运转，引起疲劳。因此，科学用脑，保证大脑的清醒状态，是缓解学习疲劳的有效方法之一。科学用脑，首先，从生理上要做到饮食合理，给大脑以充分的营养，保证其功能的正常发挥。其次，在学习时要根据不同的学习内容，合理安排用脑时间。大脑有左右两半球，左半球主要与抽象的思维活动有关，右半球主要与形象的思维活动有关，而大脑的各个半球又可以分成若干区域，不同的区域分别司管着不同的人体功能。因此，同学们平时应学会使大脑皮质兴奋与抵制区域不断轮换，轮流休息。最后，要注意不能用脑过度，不要等到“头脑麻木”了才停止学习和工作，否则极易引起大脑损伤，进而诱发各种身心疾病。

2. 劳逸结合

不会休息的人就不会工作，休息好是为了更好地学习。因此，同学们要学会劳逸结合，才能更有效地预防学习疲劳的发生。要做到劳逸结合，首先，晚上要按时睡觉，保证睡眠的充足。其次，要养成良好的生活习惯，安排好学习和休息的时间。做到学习时专心致志，提高效率；休息时大脑放松，安心修养。同时，要研究自己身体机能工作的规律，合理安排学习与休息的时间。最后，要注意加强体育锻炼，使脑力劳动和体力劳动交替进行，它可以改善血液循环，有利于消除大脑和肌体的疲劳。

3. 创设良好的学习情境

学习情境对人的心境有很大的影响，良好的学习情境可使大学生在学习活动中身心舒畅，提高学习效率；而在嘈杂的学习环境中，可能引起心烦意乱，焦躁不安。因此，同学们在学习时应尽可能地为自己创造一个良好的学习情境，避免身心疲劳的发生。

4. 培养学习兴趣

对学习感兴趣，可以使大学生在学习时心情愉快，长时间学习而不知疲倦。反之，对学习不感兴趣，就会感到学习的内容枯燥、学不进去，很快就会进入疲劳状态。可见，同学们有意识地培养自己学习的兴趣，有利于避免学习疲劳的发生。

（三）考试焦虑的调适

考试焦虑是焦虑的一种情形，它是指在一定的应试情境激发下，受个体认知评价能力、人格倾向以及其他身心因素所制约，以担忧为基本特征，以防御或逃避为行为方式，通过不同程度的情绪性反映所表现出来的一种心理状态。

1. 考试焦虑的特点

与一般性焦虑相比，考试焦虑有以下特点：

（1）考试焦虑是由应试情境引起的，它比一般性焦虑的威胁成分要简单得多。

（2）考试焦虑的持续时间短。

（3）考试焦虑不是一种人格特性，而是一种特定情境（考试情境）下的情绪状态反应。

适度的焦虑有利于考试。一般来说，考试过程中有适度的焦虑，会对考试者产生一定的激励力量，使其较好地发挥自己的水平，获得较为满意的成绩。但是，焦虑程度过强不仅会影响考试成绩，还会对人的身心健康造成潜在的威胁。

2. 过度考试焦虑的消极影响

过度的考试焦虑对人的学习、考试成绩以及心理健康均有一定的消极影响：

（1）过度考试焦虑容易使考试者分散和阻断注意，从而影响学习和考试。

（2）过度考试焦虑会干扰回忆过程，使考试者头昏脑涨，致使回忆发生混乱，甚至无法回忆起学过的知识内容。

（3）过度考试焦虑会对思维过程产生瓦解作用，使考试者的思维陷入混乱甚至停滞，不利于考生水平的正常发挥。

（4）过度考试焦虑，还会危及人的身心健康。过度考试焦虑是一个延续的过程，从考试前的一个时段一直可以延续到考试后的一个时段，这个“延续”可以是相当长的时间，它危害着考试者的心理，使他们终日处于烦恼不安之中，为自己的考试成绩担忧，时时感到胆怯自卑。考试焦虑所伴随的生理反应又会导致机体健康的变化，危害考生的身体健康，如神经衰弱、胃肠功能紊乱等。考试焦虑所引起的生理变化，对机体的天然防御机制有破坏作用，使人降低对疾病的抵抗力。

3. 缓解或消除过度考试焦虑的调适方法

如何缓解或消除过度的考试焦虑呢？以下的几个调适方法可以供公安大学生们参考：

（1）考前认真复习，充分备考。认真复习所学过的知识，真正做到全面掌握要考试的内容，这是缓解或消除考试焦虑的重要途径。

（2）树立考试的自信心。很多公安大学生考试时容易产生焦虑的心理状态，主要原因是考试的自信心不足，对自己的实际考试能力和水平估计不足。因此，对于那些容易产生考试焦虑的公安大学生来说，应该树立考试的自信心，相信自己在考试中能够应对自如、考出好成绩。当然考试自信心的树立应该建立在对所学知识的全面掌握基础之上，否则不仅无法缓解或消除考试焦虑，反而会使学生在考试失败后陷入更大的失望和焦虑之中。

（3）形成正确的考试认知评价。公安大学生要正确认识考试的重要性，既不扩大也不缩小考试的重要性，尤其是不要扩大考试的重要性，因为过分扩大考试的重要性，就会产生认知上的严重偏离，容易造成考前的过度焦虑，从而使自己在惶惑不安中等待考试的来临，显然这种状态不利于考试中的发挥。要形成对考试的正确认知评价，从而使自己在镇静之中迎接考试。

（4）学会必要的应试技巧。全面掌握所学的知识是考试获得较好成绩的基础。与此同时，掌握一定的应试技巧也是影响考试成绩的因素之一。如果考试者全面掌握了所学的知识、做好了充分的考试准备，那么，在考试中适当地运用考试技巧对他来说会有一定的帮助，也能够使这个考试者缓解或消除考试焦虑，顺利完成考试。

公安大学生在充分备考的基础上，不妨尝试一下应试技巧：第一，做到对考试心中有数。考试前，对考试的题型、解题思路、答题要点等要进行全面了解，这样才能在考试中做到泰然自若。第二，在考试过程中，要做到心态平静，排除一切杂念，集中注意力。做题前了解试卷全貌，答题时先易后难，做完后认真检查以免粗心出错，掌握好考试的时间。第三，考试后，切勿过分关心考试题目做得对错与否，以免影响后续科目的考试。过去的考试已经成为“过去”，要把着眼点放在未来的考试科目上，一心一意准备未来的科目考试。只有这样，才能缓解或消除焦虑。

三、大学生健康学习心理的培养

培养公安大学生健康的学习心理，应从以下几方面入手：

（一）进入角色，熟悉生活，提高自身适应能力

在现实生活中，每个人都要随着外界环境的变化，不断地调整自己的位置，使自己的需求和发展与社会的需求和发展相一致。作为一名大学生，随着大学环境的变化，要使自己进入“角色”，在新的大学生活中寻找自己的方位，确立最佳位置。此外，培养自信心，在大学生学习中尤为重要。由于大学人才云集，“能人”背后有“能人”，这就不可避免地使学生过去的优势变得不复存在，在这种现实面前，学生会由于心理承受能力差产生自卑感，甚至失去学习的信心，因此培养自己的自信心非常重要。

（二）确立学习目标，培养学习兴趣

1. 要增强学习动力，主要是确立学习目标

目标能指导人的一切行动。进入大学，原有的考上大学的理想实现了，新的理想、新的目标又等待着自己去确立，这种新目标的确立要根据大学的学习规律，结合自己的实际，进行新的努力。在目标的确定中应该注意使个人目标与社会责任联系起来，把近期目标与长远目标结合起来，否则这一目标就难以实现。

2. 要培养学习兴趣

兴趣是情感的凝聚，一个人如果对某件事感兴趣，那么，他就会深入持久地去做这件事，力争达到预期目的。兴趣对于大学生来说，更为重要，它是求知的动力、热情的凝聚、行为的指向、成功的起点。但是，大学生的兴趣不是天生就有的，而是随着年龄的增长和实践活动的丰富培养和发展起来的。所以，在学习中，同学们要善于发现激发自己兴趣的事情，努力培养这种兴趣。

（三）克服学习过度焦虑

学习焦虑是一种普遍的心理问题，绝大多数学生包括成绩非常好的学生都在不同程度上有过学习焦虑。除少数人处于极度焦虑中不能自拔，需要求助于心理咨询及治疗外，大多数人通过自我调节是可以解决问题的。自我调节是一种极为有效的也是最根本的消除学习焦虑的方法。

（1）找出学习焦虑的原因，稳定情绪。

（2）正确认识和评价自己的能力。

（3）转移注意力，做好应试准备。

(4) 保证睡眠、营养，精力充沛地投入考试。

(5) 考场上及时调整情绪，摆脱困扰。

(6) 努力创造一个关系和谐的集体和轻松愉快的学习气氛。

(四) 预防、消除心理疲劳

劳逸结合是预防心理疲劳的重要措施。学习一段时间，应该休息片刻放松一下；在学习之余，参加一些文体活动，使身心得到调节和放松，应培养广泛的兴趣和爱好，使生活内容丰富多彩，保证充足的睡眠时间。此外，要学会科学用脑，合理安排时间，提高学习效率。

(五) 正确对待考试，提高应试技巧

要充分认识到考试是衡量学习好坏的手段之一，也是教学的一个重要环节。但是，成绩并不完全、准确、真实地反映一个人的知识水准，特别是对能力的反映更不全面。所以，同学们应重视考试，但不过分要求高分。要考得轻松，学得愉快，提高应试技巧。首先，要做好考前准备，即认真复习，有计划，有安排，有轻重缓急。要合理安排时间，不要使大脑过度疲劳，以免影响学习效率。尤其是临考前几天应保持充足的睡眠，这样才能保证以清醒的头脑和充沛的精力走进考场。其次，要有应付“怯场”的办法，可设法转移注意力，使大脑兴奋起来，诸如想一件令自己高兴的事，或者是做几次深呼吸，使情绪稳定。考试时先做好确有把握的题，难题放在后面做，这样可以消除考试紧张情绪。

第四节　考试焦虑综合诊断量表

【指导语】

(1) 仔细阅读每一道题，看看这种陈述是否反映出你在应试时的真实情况。如果该题目符合你的真实情况，或者你对该题目所陈述的问题表示赞同，那就请你在该题右边的括号里画“√”；如果不符合或不赞成，则不用做任何标志；如果觉得难以确认，则在该题目右边的括号里画“○”。

(2) 当你答题的时候，不需要花太多的时间反复思考，要尽可能按你看完题目的第一印象来回答。

(3) 如果你真想了解你在考试情境下的思考、行为与情感，那就请你一定如实回答。

【测查题】

(1) 我希望不用参加考试便能取得成功。(　　)

（2）在一次考试中取得好分数，似乎不能增加我在其他考试中的自信心。（ ）

（3）人们（像家人、朋友等）都期待我在考试中取得成功。（ ）

（4）考试时，有时我会产生许多对答题毫无帮助的莫名其妙的想法。（ ）

（5）重大考试前后，我不想吃东西。（ ）

（6）对喜欢向同学冷不防地进行考试的老师，我总感到害怕。（ ）

（7）在我看来，考试过程不应搞得太正规，因为那样容易使人紧张。（ ）

（8）一般来说，考试成绩好的人，将来必定在社会上取得更高的地位。（ ）

（9）重大考试之前或考试期间，我常常会想到，其他一些应试者比自己强得多。（ ）

（10）如果我考砸了，即使我不会老是记挂着它，也会担心别人将如何看待我。（ ）

（11）对考试结果的担忧，在考试前妨碍我准备，在考试中干扰我答题。（ ）

（12）面对一项必须参加的重大考试，我晚上紧张得睡不好觉。（ ）

（13）考试时，如果监考人来回走动注视着我，我便无法答卷。（ ）

（14）如果考试能够被废除，我想我的功课实际上会学得更好。（ ）

（15）当了解到考试结果将在一定程度上影响我的前途时，我心烦意乱。（ ）

（16）我知道，如果自己能集中精力，考试时便能超过大多数人。（ ）

（17）如果我考得不好，人们将怀疑我的能力。（ ）

（18）我似乎从来没有对应试进行过充分的准备。（ ）

（19）考试前，我的身体不能放松。（ ）

（20）面对重大的考试，我的大脑好像凝固了一样。（ ）

（21）考试中的噪声（如日光灯的响声，暖气或冷气装置发出的声音，其他应试者的声音，等等）使我烦恼。（ ）

（22）考试之前，我有一种空虚、不安的感觉。（ ）

（23）考试使我对能否达到自己的目标产生了怀疑。（ ）

（24）考试实际上并不能反映出一个人对知识掌握得究竟如何。（ ）

（25）如果考试得了低分数，我不愿把自己的分数确切地告诉任何人。（ ）

（26）考试前我常常感到还需要再充实一些知识。（ ）

（27）重大考试之前，我的胃不舒服。（ ）

（28）有时，在参加一次重要考试的时候，一想起某些消极的东西，我似

乎觉得就要垮了。(　　)

(29) 在即将得到考试结果之前，我会感到十分焦虑或不安。(　　)

(30) 但愿我能找到一个不需要考试便能被录用的工作。(　　)

(31) 如果在这次考试中我考得不好，我想那就意味着自己并不像原来所想象的那样聪明。(　　)

(32) 假如我的考试分数低，我的父母将会感到失望。(　　)

(33) 对考试的焦虑简直使我不想做充分的准备，而这种想法又使自己更加焦虑。(　　)

(34) 考试时，我常常发现自己的手指轻轻颤动，或者双腿在轻轻摇晃。(　　)

(35) 考试完毕，我常常感到本来我应考得更好一些。(　　)

(36) 考试时，我情绪紧张，注意力不集中。(　　)

(37) 在某些试题上我考虑得越多，脑子也就越乱。(　　)

(38) 如果我考砸了，且不说别人可能对我有什么看法，就连我自己也会失去信心。(　　)

(39) 考试时，我身上某些部位的肌肉很紧张。(　　)

(40) 考试前，我感到缺乏自信，精神紧张。(　　)

(41) 假如我的考试分数低，我的朋友们将会对我感到失望。(　　)

(42) 在考前，我所存在的一个问题就是不能确知自己是否做好了准备。(　　)

(43) 当我不得不参加一次确实很重要的考试时，我常常感到十分恐慌。(　　)

(44) 我希望主考人能够觉察，在参加考试时一些人比另一些人更为紧张；我还希望在评价考试结果的时候能够考虑这一事实。(　　)

(45) 我宁可写一篇论文，也不愿参加考试。(　　)

(46) 公布我的考分之前，我想打听打听别人考得怎样。(　　)

(47) 假如我得了低分数，某些人将会感到快活，这使我心烦意乱。(　　)

(48) 我想，如果能为我单独举行考试，或者没有时限压力的话，我的成绩将会好得多。(　　)

(49) 考试成绩直接关系到我的前途和命运。(　　)

(50) 考试期间，有时我非常紧张，以至于忘记了自己本来知道的东西。(　　)

【评分规则与结果解释】

该测查表由两大部分组成，一部分内容是测查你的考试焦虑的来源或原因，其中又包括四个方面：

（1）担心考砸了他人对你的评价（所属题号是3，10，17，25，32，41，46，47）；

（2）担心你的自我形象受到伤害（2，9，16，24，31，38，40）；

（3）担心你未来的前途（1，8，15，23，30，49）；

（4）担心对考试准备不足（6，11，18，26，33，42）。

另一部分内容是分析你的考试焦虑的表现，其中又包括两个方面：

（1）身体反应（5，12，19，27，34，39，43）；

（2）思维障碍（4，13，20，21，28，35，36，37，48，50）。

此外，还有一小部分内容是测量你的一般性考试焦虑状况的（所属题号是7，14，22，29，44，45）。一般性考试焦虑是由其他原因引起的，可作为应试时缺乏自信心的信号。为防止你在答题时具有倾向性，测查题的编排将各部分的题号作了混合，以上说明详见表7－1。

表7－1　考试焦虑综合诊断量表

类别	测查内容	所选择的题号
考试焦虑的来源	（1）担心考砸了他人对你的评价	
	（2）担心你的自我形象受到伤害	
	（3）担心你未来的前途	
	（4）担心对考试准备不足	
考试焦虑的表现	（1）身体反应	
	（2）思维障碍	
其他	一般性考试焦虑	

把你对测查题的选择情况，即把打“√”号的题目依次填入考试焦虑综合诊断量表内，题号属于哪种类别就填入哪种类别的题号一栏里。填完后你便可以对照测查题作进一步的分析判断。例如，我对考试焦虑的第一种来源或原因反应最强烈的方面是：“我不想使我父母失望。”我对考试焦虑的第二种来源或原因反应最强烈的方面是：“我期望在考试中得到高分，我不能忍受在考试成绩上没有名列前茅。”根据答题情况和自己的概括依次类推，就能找到导致你考试焦虑的主要原因，同时也就能抓住你考试焦虑的主要表现，从而得出一个准确的诊断结果，为下一步的自我调节和治疗打下一个可靠的基础。一般来说，如果某个方面的项目数有一半以上符合，即可认为存在相应方面的考试焦虑问题。

思考题：

1. 什么是学习动机？影响学习动机的因素主要有哪些方面？
2. 公安大学生应该如何培养自己的学习能力？
3. 学习焦虑的表现及其产生的原因。
4. 结合自己的实际情况，谈谈如何进行有效的学习心理调适。
5. 请你谈谈培养健康学习心理的途径和方法。

第八章　公安大学生的人际交往与心理健康

第一节　人际交往理论概述

一、人际关系的含义

人际关系是人与人之间由于交往而产生的一种心理关系，它主要表现在人与人之间在交往过程中关系的深度、亲密性、融洽性和协调性等心理方面联系的程度。人际关系就是人们在物质交往和精神交往中所建立起来的相互关系。在现实中，由于人们所处的地位不同、从事的职业不同、生活的环境不同，因而形成各种各样的人际关系，如同学关系、师生关系、朋友关系、同事关系、干群关系、同乡关系、父子关系、兄弟关系、夫妻关系等。

研究人际关系的目的在于指导协调好人际关系。人总是在一定的社会群体中生活，总是在不断的交往中从事工作、学习和其他社会活动。人际关系的状况如何，对于人们完成活动的任务、对于集体的形成和巩固、对于人在德智体美等诸方面的全面发展，都有深刻的影响，这种影响就是由人际交往的功能所决定的。社会学家对人际关系进行了如下分类：

（一）血缘人际关系

这是以姻缘关系为基础、以血缘关系为纽带建立起来的婚姻和血缘人际关系。主要包括父子（女）关系、母子（女）关系、兄弟姊妹关系、夫妻关系、婆媳关系、叔侄关系等。

（二）地缘人际关系

这是以人们居住地域的联结和靠近为条件而建立的人际关系。主要有邻里关系和老乡（同乡）关系两种。这种关系因共同的乡土观念、相似生活方式、相同的语言文化带来更多的心理相容性，特别是大学新生初次离家求学，老乡在一定程度上起着心理稳定剂的作用，非正式群体中的老乡始终活跃于校园。

（三）业缘人际关系

这是人们由于从事共同的或有关联的社会工作而结成的人际关系。包括同学关系、干群关系、上下级关系、同事关系、师生关系、主客关系等。大学里的师生关系也有别于中学，师生关系以平等的身份、以学术为纽带而建立，看似疏淡实则志同道合。

在学校这个环境中，主要的人际关系是师生关系、同学关系、同事关系、干群关系、上下级关系等，这中间对于学生影响最大的是师生关系和同学关系。其中，同学关系比较频繁的场合有三个方面，即班级内的同学关系、宿舍同学关系与老乡、社团等关系。班级内的同学关系以学习与班级活动为主，宿舍同学关系以情感交往与生活交往为主，老乡关系以情感交往为主，社团关系以兴趣与工作交往为主。

如果对各种人际关系进行定性分析，那么它们一般可分为良性人际关系和恶性人际关系。良性人际关系表现为和谐、融洽、相互吸引，恶性人际关系表现为对立、紧张、相互排斥。由于性质不同，其作用也就不同。一般来说，良性人际关系往往具有积极作用，而恶性人际关系则具有消极作用。

二、人际交往的基本理论与原则

（一）人际交往的理论

1. 社会交换理论

在社会交换理论（Social Exchange Theory）看来，人际交往是一个社会交换的过程，人们之间的所有活动都是交换，是一种准经济交易：当你与他人交往时，你希望获取一定的利益，作为回报，也准备给予他人某种东西，他人也是如此。这种理论假定交换中的个体都是自利的（Self - interested）：人们试图使自己的收益最大化，并使自己的成本最小化，从而确保交换结果是一个正的净收益。在这里，交换的东西是非常广泛的，可以是物质的，也可以是“社会”性的，包括信息、金钱、地位、情感和物品等。

交换关系中的每个个体都会评估自己和他人在贡献和收益两方面的相对大小。如果他们觉得自己的投入获得了大致相等的回报，他们就会认为这种社会关系是公平的。有学者指出，公平性的关系是比较稳定和愉快的关系，当关系中存在不公平时，双方都有可能产生不舒服，产生恢复公平的动机。一些学者还讨论了权利对于交换结果的公平性的影响，他们认为，在其他条件相同的情况下，权利较大的人在社会交换中收益更多。需要注意的是，在实际生活中，人际交往是在特定的社会交换结构中展开的，关系的发展必然受到这种结构的制约。

2. 自我表露理论

广义地来说，社会交换过程也包含情感的交流，而情感交流是与自我表露分不开的。所谓自我表露，就是我们常说的“敞开心扉”，即把有关自我的信息、自己内心的思想和情感暴露给对方。良好的人际关系是在交往双方的自我表露逐渐增加的过程中发展起来的。

自我表露（Self - disclosure）可以增加他人对自己的喜欢程度。自我表露本身具有很强的象征性，它给对方一个强有力的信号：你对他（她）相当信任，愿意有进一步的交往。而且，对他人的自我表露可以引发他人做自我表露，由此可以增进相互理解、相互信任。美国心理学家布里斯格（Briggs）认为，自我表露对他人的益处包括：一是使他们知道彼此相似点与不同点在何处，还能了解相似与不同的程度；二是准确地向他人表露自我，是健康人格的体现；三是自我表露增强了自我觉察的能力；四是分享体验，帮助个体发现这不是他们唯一存在的问题；五是自我表露可以从他人处获得反馈，从而减少不必要的行为。

当然，自我表露也必须注意分寸，过分的表露会让人不舒服。一般来说，表露的范围和深度是随着关系的发展而逐步增加的，对于不同的关系对象，在不同的发展阶段，自我表露的广度和深度明显不同。在非常亲密的朋友中，自我表露往往十分深入，可以达到所谓无话不说的地步。但是，需要注意的是，无论关系多么亲密，人们都可能存在不愿意暴露的领域，这就是所谓的"隐私"问题。前几年，隐私曾经成为中国社会的一个热门话题，不少人对它还有一些误解与偏见，需要加以澄清。布里斯格认为，自我表露也存在风险，主要包括：最实质的风险包括来自不同目标人的攻击、嘲笑、拒绝与不关心等；个人表露可能会受到听者的伤害；不适当的自我表露，可能会引起他人的退缩或拒绝，对不适宜的人或在不适当的时间过分表露的人，被认为是社会化不良的标志。

在人际交往中，个人往往将部分隐私袒露给自己信任的亲友。除了隐私需要，人还有沟通的需求，需要向"知己"说一些知心话。亲密关系本身也要求人们坦诚相待。但是，这并不意味着关系亲密的人之间就不应该有任何隐私。只有隐私需求和沟通需求之间保持适度的平衡，亲密关系才能正常发展。

3. 交往分析理论（PAC 理论）

交往分析理论又叫 PAC 理论，最初是由心理学家伯恩（Berne，T. A）提出的。他认为，每个人的个性中都包括三种成分，就好像一个人身上的三个小我：父母、成人与孩童。

父母（Parent，简称 P）身份以权威和优越感为标志。通常表现为统治人、训斥人等权威式的作风。这种状态来自于学习父母与其他权威人物。当一个人的人格结构中 P 成分占优势时，他的行为表现为：凭主观印象办事，独断专行，滥用权威。这种人讲起话来总是"你应该……"、"你不能……”、“你必须……” 等。

成人（Adult，简称 A）身份表现了客观与理智。其行为表现为：待人接物冷静、慎思明断、对自己负责、对他人尊重。其语言特征为“我个人认为……”、“我的想法是……” 等。

孩童（Child，简称 C）身份像婴儿的冲动，表现为服从和任人摆布，喜怒无常，感情用事，一会儿天真可爱，一会儿乱发脾气，让人讨厌。他的表现都是即兴的、不负责任、追求享乐、玩世不恭、遇事无主见、逃避退缩、自我中心、不管他人。这种人讲起话来总是“我是……”、“我想……”、“我不知道……”、“我不管……” 等。

在 P、A、C 三种成分中，P、C 具有盲目性、被动性与两面性。而 A 具有自觉性、客观性与探索性，致力于弄清事物真相、事物间的关系与变化规律，能够站在别人的角度审视自己，具有反省能力。根据 PAC 理论，不同的心态可以构成不同的交往组合。当交往双方的相互作用构成一种平行关系时，交往就是可持续的，对话可无限制地继续下去。这种交往有 6 种具体形式：P－P、A－A、C－C、C－P、A－P、C－A。在这 6 种交往形式中，P－P 双方都自以为是，这不顺眼，那也不好，双方谈得很投机，但都是在指责别人。这样的两个人，一直在一起交往，久而久之，会互相助长偏激苛求的性格。C－C 交往则有些同流合污的味道，两人一拍即合，但都不负责任。C－P、A－P、C－A，均属于互补型的交往，我期望对方给予的，刚好是对方回应的。这种交往因为互补，所以能够持续，但却潜藏着不平等与依赖，长此以往，也不利于交往双方的发展。只有 A－A 交往是最健康的，大家都本着负责与尊重的原则，力图合情合理地解决问题，因此，A－A 交往是最成功的。

（二）人际交往的心理效应

在人际交往中，双方相互形成正确、良好的印象则是协调关系的基础。有些心理效应，在人际印象的形成中既有有利的一面，也会产生一些消极的影响，这些心理效应主要有：

1. 首因效应

首因效应也称首次效应、优先效应。人们在对陌生人的了解中，最先出现的关于这个人的信息总是占优势的，这类似于第一印象的作用，就是首因效应。对一个人的第一印象在日后形成总的印象中具有很大的影响甚至起决定作用，成为日后交往的依据。首因效应有积极性，也有缺陷，其带有明显的主观推断和先入为主的色彩，干扰着人际关系的正常发展。

2. 晕轮效应

晕轮效应也称光环效应，是指人们在了解某人时，对他的某种特征和品质有清晰明显的印象，由于这个印象非常突出，从而掩盖了对这个人其他特征和品质的了解。这是一种以点盖面、以偏赅全的反应，或者说这种突出的特征或品质像光环一样，把人笼罩起来，使观察者无法注意到他的其他特征和品质，从而以一个人的一种特征或品质，作出对他的整个特征的判断。所谓的“一俊遮百丑”就是这种晕轮效应的反应。

3. 定型效应

定型效应也称刻板效应，是指在人们头脑中存在关于各种类型的固定形象。这种固定形象使人们在看他人时，常常会不自觉地按其年龄、性别、职业等，对他们进行归类，并根据已有的关于这类人的固定形象，作为判断其个性特征的依据。例如，工人比较坦率；农民比较朴实；江浙人聪明伶俐，善于随机应变；山东人刚毅正直，能吃苦耐劳。又如，年轻人总是认为老年人墨守成规，缺乏进取心；老年人往往觉得年轻人举止轻浮，办事不可靠，等等。定型效应在某些条件下，有利于对他人作概括性的反映，但是它又是一种简单的认知，常常会造成偏见，阻碍人与人之间正确印象的形成。

4. 投射效应

投射效应就是人们在信息不足的情况下了解一个人时，总愿意把自己的某些特性归到认识对象身上。特别是在了解对象和自己年龄、职业相同的时候更是如此。这种效应使人们在信息不足的情况下评价一个人时往往会比实际上的那个人更像他自己。这样就歪曲了对象的某些特性。

尽管这些效应在对他人的认知时会产生积极的意义，但由于它们都有主观、推断、片面（表面）感知、先入为主等特点，因此，也都存在消极的一面，容易使人造成认知的偏差，甚至产生错觉。

（三）人与人之间的交往应遵循的基本原则

1. 平等原则

社会主义社会人与人之间是平等的关系，在我们的社会里，人们之间只有社会分工和职责范围的差别，而没有高低贵贱之分。不论职位高低、能力大小，还是职业差别、经济状况不同，人人享有平等的政治、法律权利和人格的尊严，都应得到同等的对待，因此人与人之间交往要平等相待，一视同仁，相互尊重，不卑不亢。要尊重别人的爱好、习惯、风俗。只有尊重别人，别人才会尊重自己。

2. 真诚原则

真诚待人是人际交往得以延续和发展的保证，人与人之间以诚相待，才能相互理解、接纳、信任，才能团结，相处真诚、团结，是现代社会事业成功的客观要求。就人生而言，仅靠个人微薄的力量是难以到达成功、幸福境界的。交往中要真诚待人，实事求是，要胸怀坦荡，言行一致。只有相互信任、尊重别人、谦虚谨慎、文明礼貌，才能建立良好的人际关系。

生活是一面镜子，你对它笑，它就对你笑，你对它哭，它就对你哭。如何看待生活，的确与人的主观世界有关：心中没有阳光的人，势必难以发现阳光的灿烂；心中没有花香的人，也势必难以发现花朵的明媚。

3. 友爱原则

中国儒家有“仁者爱人”之传统，在我们社会主义社会里，人与人之间更应团结友爱。人际交往中要主动团结别人，容人者，人容之。互相尊重、虚怀若谷、宽宏大度才能建立起良好的人际关系。友爱就是要爱同志、爱朋友、爱同事、爱人民。真正的爱心就表现在帮人一把，在别人需要时，奉献自己的力量。

4. 互助原则

互相关心、互助互惠，是人际交往的客观需求。生活中，每个人都难免有困难，需要他人帮助；工作中，也需要在各自的职位上互相配合、互相支持、通力合作。互相帮助是中华民族的传统美德。一人有难，众人相帮；一方有难，八方支援。相互帮助就是要乐于帮助别人，别人有困难需要帮助时一定要热情帮助、互助互惠。一个不愿意帮助别人的人，很难要求别人自愿帮助他。互相帮助不是互相利用，互相利用不是践行真诚和友爱。

三、公安大学生人际交往的基本技能

（一）积极的心理暗示

生活中不难发现，有的人身上仿佛有一种魔力，周围人都乐于聚在其身边，这类人往往能在短时间内结识许多人。心理学研究表明，这类人大都具有良性的自我表象和自我认识：“我是一个受人欢迎的人，我喜欢与人交往。”这样的心态会使人以开放的方式走向人群，他们心地坦然，很少有先入为主的防御心理，因而言谈举止轻松自在，挥洒自如。在这种人面前，很少有人会感到紧张或不自在，即使一些防御心理较强的人也会受其感染而变得轻松、开放起来。同学之间的交往，许多时候都是在紧张的学习之余，求得一种轻松感，所以能满足这一愿望的人自然会有一种吸引力。但许多同学，包括一些才华和品质都很优秀的人也可能存在一些消极的自我意象。在与人交往时，常常会产生“他（她）会喜欢我吗？会尊重我吗？”的疑问，由此带来的结果是防卫心理。由于对自己的某些方面缺乏信心便想掩饰，掩饰心理所带来的行为表现或是夸张或是封闭，带有表演给人看的味道。再者，由于时时注意别人如何评论自己，心情难以轻松下来，所以其言行、表情总会显出某些不自然的东西，交往气氛也会因此受到一定程度的损害。之所以有以上差异，是由于习惯性暗示在起作用。运用积极暗示能够减少或消除不良的自我意象。例如，经常在心里默默对自己说：“我是受欢迎的人！”每天早晨醒来，都要充满信心地默诵这句话。除言语暗示外，还可运用形象暗示。在头脑中把自己想象成一个良好的交际者，直到这种形象在头脑中能够栩栩如生地浮现出来并根深蒂固。这就是西方心理学中有名的想象方法。

（二）主动而热情地待人

心理学家发现，“热情”是最能打动人、对人最具吸引力的特质之一。一个充满热情的人很容易把自己的良性情绪传染给别人。在这里，首先让自己变得愉快起来是必要的。一个面带微笑的人很容易被他人接纳。每个人在生活中都会遇到许多烦恼的事，但我们不应被它们所奴役，而应像鲁迅先生所说的那样：敢于直面惨淡的人生！学会愉快地面对生活可以从行动入手，让自己高兴地去做事，以微笑去待人。詹姆斯曾说过：“行动似乎是跟随在感觉之后，但实际上行动和感觉是并肩而行的。行动是在意志的直接控制之下，而我们能够间接地控制不在意志直接控制下的感觉。因此，如果我们不愉快的话，要变得愉快的主动方式是，愉快地坐起来，而且言行都好像是已经愉快起来的样子……”要热情待人还须从心里对他人感兴趣，真心喜欢他人。“对别人不感兴趣的人，他的一生中困难最多，对别人的伤害也最大。所有人类的失败都出自于这种人。”只要你对别人真心感兴趣，在两个月之内，你所得到的朋友，就会比一个要别人对他（她）感兴趣的人在两年内所交的朋友还要多。实践表明，人们更容易喜欢那些对自己感兴趣的人。

（三）把每个人都看成重要人物

自我尊严得以维护，自我价值得到承认，这是许多人最强烈的心理欲求。我们只有在交往中注意到这一点，才能应对自如。的确，每个人都是重要的，当我们把自己看得非常重要时，也应将心比心把别人也看成重要的。据此，在交往中，我们应注意：

（1）让他人保住面子。如果一个人习惯于通过挑别人的毛病和漏洞来显示自己的聪明，那将是最愚蠢的，且必将为此付出高昂的代价。人人都有毛病和缺点，所以找起来并不难。但被人暴露自己的“短”，这是许多人所反感的，因为这威胁到了他的自尊。

（2）不要试图通过争论使人发生改变。同学之间常常发生争论，若是为探讨问题，这是有益的，但试图以此改变对方，则往往会适得其反。每个人都或多或少把某种观点（他在争论中坚持的观点）看成是自我的一部分。当你反驳他的观点时，便或轻或重地对他（她）的自尊造成了威胁。所以，争论双方很难单纯地就问题展开争论，其间往往渗入了保卫尊严的情感。这种情感促使双方把争论的胜负而不是解决问题看成最重要的。所以赢的一方常常难以抑制自己的洋洋得意，他把这看成是自己尊严的胜利、自己有能力的明证。而输的一方则会觉得自尊受到伤害，他对胜方很难不产生怨恨。由此我们不难理解，为什么许多争论到最后会演变成为人身攻击，或变成了仅仅比嗓门高低的游戏。所以，争论对于人际交往常常是一种干扰因素。

（3）发现和赞赏别人的优点。每个人都有其不足，每个人也都有其所长。我们何不去多多赞赏别人身上那些闪光之处呢？然而我们却常常容易忘记和忽略这么重要的一件事。或许我们的自然倾向是寻找他人的缺陷，这样可能会间接提高我们的自信；或许我们崇尚直言相谏的忠臣之为，而把赞赏当做恭维看待了，所以不屑于此举。总之，在我们的生活中，最为人渴望而不用花钱费力就能给予的“赞赏”却常常难得一见。在大学里，有一些同学由于家境、容貌、见识等原因而深藏一种自卑感，他们多么需要得到认同和鼓励。一句由衷的赞赏很可能会使他们的生活洒满阳光，甚至改变他们的整个命运。

第二节　公安大学生人际交往中存在心理误区

一、人际交往困难

大学时代，原本应该是人生中最美好的时光，但一些公安大学生却染上了不能顺利地与同学正常交往，难以与同伴建立良好的人际关系的“怪病”。由此引发了孤独感、空虚、心情压抑、失落感、同学感情淡漠，甚至自杀等“继发性”心理问题。公安大学生人际交往的困难主要表现为：

（一）自卑心理

有些大学生在交往中，常常将自己限制在旧有的交往范围内，不敢涉足新的交际圈，总认为别人会瞧不起自己，也没有信心去与陌生人交往。在自卑与缺乏自信方面，女生的情况要比男生严重。女生在交往中不如男生积极主动。这种现象在少数公安大学生中也同样存在。

大学生交往自卑感产生的原因主要有以下几点：

（1）自我评价不正确。

（2）学习成绩不理想。

（3）缺少在文体、书画、组织、领导、社交等方面的专长。

（4）在相貌、身高、家庭经济条件与社会背景等方面不如别人。

一些女性从小就有“女不如男”的错误想法，而且女性一般较易受到暗示，自信心比男性弱，独立自主性和积极主动性不如男性强。因此，在交往中，女大学生往往比男生更容易产生自卑感。

解决自卑感的办法主要有：切不可夸大自己的缺点，更不要拿自己的短处和别人的长处相比；要善于发现自己的优点，给自己一个正确的“评价”。切记：天生我材必有用。

（二）羞怯心理

有些大学生在交往中存在羞怯心理，在他人（尤其是陌生人）面前表现得不自在、紧张、胆小怕事。害羞可以是正常的心理反应，但倘若一个人在任何场合下、在任何人面前都过分羞怯，就成了人际交往中的困难。这种现象在少数公安大学生身上也有表现。

引起大学生害羞心理的原因很多，如性格、气质、自信心不足、遭受挫折等。另外，与公安大学生的自我意识（尤其是性意识）的增强有关。

要克服因胆小、害羞而导致的交往困难，最有效的办法是，积极主动地参与社交活动；当同学遇到困难时，应主动提供帮助；当你自己需要帮助时，应主动向他人提出请求；当同学取得成功时，要向他表示祝贺……

（三）性格内向、孤僻

有少数公安大学生在交往过程中，往往不喜欢主动与人打交道，不善言谈，很少自我表现，有强烈的孤独感，总认为别人不理解自己。因此，他们有时干脆逃避现实，不与人交往。

性格内向、孤僻是个性方面的问题，主要与一个人后天的生活环境有关。但也有少数大学生之所以“孤僻”，却是由于他们自命清高，瞧不起人，觉得别人低级无能，不值得交往。这样一来，别人对他们往往敬而远之，彼此自然不会有来往。有这种现象的公安大学生应该尽量加以克服。

克服内向、孤僻的性格并非很难，其中的诀窍是：学会真诚、热情地与人交往。如果一个人真诚地对待别人，那么，别人也会诚心诚意地对他。同时，热情使人感到温暖，让人觉得你容易接触。所以，当同学的老乡或朋友来访时，应该友好地打声招呼；如同学不在，应主动地帮他去寻找，或递上一杯水。

（四）不善于交往、言谈

不善于交往、言谈，在不少公安大学生身上存在得也比较明显。几乎每个公安大学生都感到交往很重要，但其中一些人却不知道应该如何去做。比较而言，男生比女生更“不善言谈”。

不善于交往和言谈是交往能力与交谈技巧欠缺的表现。心理学研究表明，11 岁以后，女性言语能力的发展快于男性，而且女性在言语能力的各个方面都要优于男性。交往主要是运用语言来进行的，因此，女性比男性更善于运用这一工具来表达自己的思想感情。

解决这一问题的关键是掌握必要的谈话技巧。在交谈时，应注意：

（1）称呼要恰当。

（2）谈话的态度要诚恳。

（3）谈话时眼睛要正视对方，以表示你正在积极倾听。

（4）用词要通俗、准确、简单明了，不要喋喋不休。

（5）不要轻易打断对方的谈话。

（6）说话要尽可能幽默、风趣一些。

（五）因猜疑他人而导致交往困难

某公安院校的一位女生，由于疑心重，总是怀疑同学讲她的坏话、说她的短处，只要见到同学耳语，就认为是在议论她。于是，她就冲着同学们大发脾气，讲一些尖刻的话。结果，她与同学的关系十分紧张，她自己也深感痛苦。

猜疑容易引起误解，产生冲突，导致交往困难，这是显而易见的。在用挑剔的眼光审视别人的同时，应该回过头来看看自己有什么不足。

因此，要学会宽容、理解他人。宽容是理解的前提。人各有别，人各有志。因此，交往时不能过分苛求别人。宽容别人并非是懦弱的表现，而是自己良好修养的证明，还能在相当程度上感化对方。清朝宰相张英接到家人来信，说邻居叶侍郎侵占张家地盘三尺而筑墙，要求张英利用职权夺回这三尺地皮。张英回信一封："千里寄书只为墙，让他三尺又何妨，万里长城今犹在，不见当年秦始皇。"张家接到书信后，退让邻居三尺而筑墙，使叶侍郎深感惭愧，也让出三尺地面，最终修成了流芳千古的"六尺巷"。

二、常见的人际交往心理障碍

公安大学生在人际交往中，往往会出现一些心理上的问题，从而影响了正常的人际关系。例如，人际交往中对不如自己的人以不宽容表示敌视；对比自己厉害的人用敢怒不敢言的方式表示敌视；对处境与己类似的人则用攻击、中伤的方式表示敌视等，使得周围的人随时有遭受其伤害的危险，因而不愿与之往来。公安大学生在人际交往中容易出现的心理障碍主要表现在以下七个方面：

（一）自负

只关心个人的需要，强调自己的感受，在人际交往中表现为目中无人。与同伴相聚，不高兴时会不分场合地乱发脾气，高兴时则海阔天空、手舞足蹈讲个痛快，全然不考虑别人的情绪和别人的态度。另外，在对自己与别人的关系上，过高地估计了彼此的亲密度，讲一些不该讲的话。这种过于亲昵的行为，反而会使人出于心理防范而与之疏远。

（二）嫉妒

西班牙作家塞万提斯指出："嫉妒者总是用望远镜观察一切，在望远镜中，小物体变大，矮个子变成巨人，疑点变成事实。"嫉妒是对与自己有联系的而强过自己的人的一种不服、不悦、失落、仇视，甚至带有某种破坏性的危险情感，是通过把自己与他人进行对比而产生的一种消极心态。当看到与自己有某种联系的人取得了比自己优越的地位或成绩时，便产生一种忌恨心理；当对方面临或陷入灾难时，就隔岸观火，幸灾乐祸，甚至借助造谣、中伤、刁难、穿小鞋等手段贬低他人，安慰自己。正如黑格尔所说："有嫉妒心的人自己不能完成伟大事业，便尽量去低估他人的伟大，贬低他人的伟大性使之与他本人相齐。"

嫉妒的特点是：针对性——与自己有联系的人；对等性——往往是和自己职业、层次、年龄相似而超过自己的人；潜隐性——大多数嫉妒心理潜伏较深，体现行为时较为隐秘。

（三）多疑

这是人际交往中的一种不好的心理品质，可以说是友谊之树的蛀虫。正如英国哲学家培根说的："多疑之心犹如蝙蝠，它总是在黄昏中起飞。这种心情是迷陷人的，又是乱人心智的，它能使你陷入迷惘，混淆敌友，从而破坏人的事业。"具有多疑心理的人，往往先在主观上设定他人对自己不满，然后在生活中寻找证据。带着以邻为壑的心理，必然把无中生有的事实强加于人，甚至把别人的善意曲解为恶意。这是一种狭隘的、片面的、缺乏根据的盲目想象。

（四）自卑

美国心理学家的研究表明，儿童时期如果各项活动因取得成绩而得到老师、家长及同伴的认可、支持和赞许，便会增强他们的自信心、求知欲，内心获得一种快乐和满足，就会养成一种勤奋好学的良好习惯。相反，他们会产生一种受挫感和自卑感。个体自卑感的形成主要是社会环境长期影响的结果。

自卑的浅层感受是别人看不起自己，而深层的理解是自己看不起自己，即缺乏自信。

（五）干涉

心理学研究发现，人人都需要一个不受侵犯的生活空间；同样，人人也需要有一个自我的心理空间。再亲密的朋友，也有个人的内心隐秘，有一个不愿向他人袒露的内心世界。有的人在与他人相处中，偏偏喜欢询问、打听、传播他人的私事，这种人热衷于探听别人的情况，并不一定有什么实际目的，仅仅是以刺探别人隐私而沾沾自喜的低层次的心理满足而已。

（六）羞怯

羞怯是绝大多数人都会有的一种心理。具有这种心理的人，往往在交际场所或大庭广众之下，羞于启齿或害怕见人。由于过分的焦虑和不必要的担心，使得人们在言语上支支吾吾，行动上手足失措。长此以往，会不利于同他人正常交往。

（七）敌视

敌视是交际中比较严重的一种心理障碍。这种人总是以仇视的目光看待别人。这种心理或许来自童年时期的家庭环境使人受到虐待从而使其产生别人仇视我、我仇视一切人的心理。对不如自己的人以不宽容表示敌视，对比自己厉害的人用敢怒不敢言的方式表示敌视，对处境与己类似的人则用攻击、中伤的方式表示敌视，使周围的人随时有遭受其伤害的危险，而不愿与之往来。

第三节　公安大学生人际交往能力的培养

一、明确人际交往的一般原则

（一）互补互助交互原则

从心理学上讲，每个人都是天生的自我中心者，个体都希望别人能承认自己的价值，支持自己，接纳自己，喜欢自己。由于这种寻求自我价值被确认和情绪安全感的倾向，在社会交往中，更重视自己的自我表现，注意吸引别人的注意，希望别人能接纳自己、喜欢自己。阿伦森的研究表明，人际关系的基础是人与人之间的相互重视、相互支持，对于真心接纳我们、喜欢我们的人，我们也更愿意接纳对方，愿意同他们交往并建立和维持关系。

美国社会心理学家福阿夫妇的研究表明，任何人都有着保护自己心理平衡的稳定倾向，都要求自身同他人的关系保持某种适当性、合理性，并依此对自己与他人的行为得以解释。这样，当别人对我们表示出友好、接纳和支持时，我们也感到应该对别人报以相应的友好，这种“应该”的意识会使我们产生一种心理压力，接纳别人，否则我们的行为就显得不合理。与此同时，如果我们的友好行动别人接纳后，我们也希望别人作出相应的回应；如果别人的行动偏离了我们的期望，我们会认为别人不通情理，从而产生一种不愉快的情绪体验，对对方产生心理排斥。同样，对于排斥、拒绝我们的人，其排斥与拒绝对我们是一种否定，因此我们必须报之以排斥与否定才是合理的、适当的，否则难以达到心理平衡。可见，我国古人所讲的“爱人者，人恒爱之”、“己所不欲，勿施于人”是有其心理学基础的。在人际交往中的互利原则也包含了这一含义，互利是指交往双方在满足对方需要的同时，又得到对方的报答，双方的交往关系就能继续发展。如果一方只索取不给予，交往就会中断。互利性越高，交往双方关系就稳定、密切；互利性越低，交往的双方关系就疏远。人际交往间的互利包括物质和精神两方面。

（二）功利原则

心理学家霍曼斯提出，人与人之间的交往本质上是一个社会交换过程，人们希望交换对自己来说是值得的，希望在交换过程中至少失去的等于得到的，不值得的交换是没有理由去实施的，不值得交换的关系也没有理由维持。所以，人们的一切交往行动及一切人际关系的建立与维持都是根据一定的价值观进行选择的结果。对于那些对自己来说值得的或得大于失的人际关系，人们倾向于建立和保持；对自己来说不值得或失大于得的人际关系，人们就倾向于逃避、疏远或终止。

我国心理学家研究发现，随着人们的价值观倾向的不同，人际交往中存在不同的社会交换机制。对重内在情感价值的人而言，他们在人际交往中个人情感卷入更多，因而有明显的重情谊、轻物质的倾向，与别人的交换倾向于增值交换过程。他们在人际交往中感到欠别人的情分，因此在回报时，往往也超出别人的期望，这种过程的循环往复，就导致了卷入交往的双方都感到得大于失。与此同时，对重外在物质利益的人而言，他们在人际交往中重物质利益意识多于个人情感的卷入，因此倾向于用物质来衡量自己的得失，在人际交往中处于减值交换。

（三）自我价值保护原则

自我价值保护（Self - value），是指个人对自身价值的意识与评判。每一个人为了保持自我价值的确立，在心理活动的各个方面都会有一种防止自我价值遭到否定的自我支持倾向。

人在任何时期的自我价值感，都是既有的一切自我支持信息的总和。自我价值支持的变化无非来自两方面：一是符合人们意愿，自我支持力量的增加；二是与人们的期望相反，使人们面临自我价值的威胁，因而必须进行自我价值保护的消极变化，即自我价值支持力量的失去或自我面临新的攻击。

特别是当我们面临肯定的人转向否定时，我们面临两种选择：一是承认别人转变的合理性，否定我们自己，贬低自我价值；二是进行自我价值保护，尽可能维护自我价值的不变，降低所失去的自我价值对自己的重要性。许多研究表明，自我价值的否定是非常痛苦的，因此当面临自我价值威胁时的优先反应不是否定自身，而是尽可能保护自己。为此，必须遵循尊重、理解、宽容、真诚、信用等原则。

（四）尊重原则

尊重包括自尊和尊重他人两个方面。自尊就是在各种场合自重自爱，维护自己的人格；尊重他人就是重视他人的人格、习惯与价值，尤其是隐私的尊重。尽管由于主客观因素的影响，人与人在气质、性格、能力、知识等方面存在差异，但在人格方面是平等的。只有尊重他人，才能得到他人的尊重。

俄国大作家屠格涅夫有一天走在街上，一个年迈体弱的乞丐向他伸出发抖的双手，大作家找遍所有的衣袋，分文没有，感到惶恐不安，只好上前握住乞丐的那双脏手，深情地说道："对不起，兄弟，我什么也没有，兄弟！"哪知，大作家这一声声"兄弟"，却超过钱币的作用，立刻使老乞丐为之动容，泪眼盈盈地说："哪儿的话，我已经很感恩了，这也是恩惠啊！"无论什么人，无论地位高低，渴求得到尊重的心情是一样的。

（五）真诚原则

真诚待人是人际交往中最有价值、最重要的原则。以诚待人是人际交往得以延续和深化的保证。美国一位心理学家曾列出555个描写人品的形容词，让大学生说出最喜欢哪些、最不喜欢哪些，结果学生评价最高的品质是：真诚。在8个评价最高的形容词中，有6个和真诚有关，即真诚、诚实、忠诚、真实、信赖和可靠。而评价最低的品质中，虚伪居首位。古人说："以诚感人者，人亦诚而应。"在交往中，只有彼此抱着心诚意善的动机和态度，能相互理解、接纳、信任，感情上引起共鸣，才能使交往关系巩固和发展。那种"逢人只说三分话，未可全抛一片心"的交往信条，侵蚀着健康的交往关系。

（六）宽容原则

宽容表现为对非原则问题不斤斤计较，能够以德报怨。在人际交往中难免会遇到一些不愉快的人和事，要学会宽容，学会克制和忍耐。苏轼说得好："匹夫见辱，拔剑而起，挺身而出，此不足为大勇也。天下有大勇者，猝然临之而不惊，无故加之而不怒，此其所挟持者甚大，而其志甚远也。"公安大学生在人际交往中心胸要宽，姿态要高，气量要大，遇事要权衡利弊，切不可事事斤斤计较、苛求他人、固执己见，要尽量团结那些与自己有分歧见解的人，营造宽松的交际环境。"学会原谅别人是美德，学会宽容别人是高尚。"有了这样的心境，就会有良好的人际关系，就会使每一天都快乐。

阿拉伯著名作家阿里，有一次和吉伯、马沙两位朋友去旅行。三人行经一处山谷时，马沙失足滑落，幸而被吉伯拼命拉住。马沙于是在附近的大石头上刻下了："某年某月某日，吉伯救了马沙一命。"三人继续前行，来到一处河边，吉伯与马沙为一件小事吵了起来，吉伯一气之下打了马沙一耳光，马沙跑到沙滩上写下："某年某月某日，吉伯打了马沙一耳光。"他们旅行回家后，阿里好奇地问马沙，为什么吉伯救他的事刻在石块上，而吉伯打他的事写在沙滩上。马沙回答："我永远感激吉伯救我，至于他打我的事，我会随着沙滩上字迹的消失而忘得一干二净。"

（七）理解原则

在哈默成为石油大王之前，他曾一度是个不幸的逃难者。有一年冬天，年轻的哈默随一群同伴流亡到美国南加州一个名叫沃尔逊的小镇上。在那里，他认识了善良的镇长杰克逊。那天，冬雨霏霏，镇长门前花圃旁的小路成了一片泥潭。于是行人就从花圃里穿过，弄得花圃里一片狼藉。哈默也替镇长痛惜，便不顾寒冷，一个人站在雨中守护花圃，让行人从泥潭中穿行。这时出去半天的镇长笑盈盈地挑着一担炉渣铺在泥潭中。结果，再也没人从花圃里穿过了。最后镇长意味深长地对哈默说："你看，关爱别人就是关爱自己，有什么不好?"哈默从中获得启发，以之作为自己的经营之道，一步步走向成功。

"金玉易得，知己难寻。"所谓知己，即是能够理解和关心自己的人。相互理解是人际沟通、促进交往的条件。理解不等于知道和了解。就人际交往而言，你不仅要细心了解他人的处境、心情、特性、好恶、需求等，还要根据彼此的情况，主动调整或约束自己的行为，尽量给他人以关心、帮助和方便，多为他人着想，处处体恤别人，自己不爱听的话别送给人，自己反感的行为别强加于人。古人说："己欲立而立人，己欲达而达人，己所不欲，勿施于人。"当你在交往中，善解人意，处处理解和关心他人时，相信别人也不会亏待你。

（八）信用原则

人际交往要讲究一个"信"字。信用有两层含义：一是言必信，即说真话，不说假话。如果一个人满嘴胡言，尽说假话骗人，到头来连真话都不能使人相信了。二是行必果，即说到做到，遵守诺言，实践诺言。如果一个人到处许愿而不去做，必然会引起人们的反感和唾弃。"言而无信非君子。"第一，要取信于人，首先要守信，即言行一致，说到做到。第二，要信任，不仅要信任别人，而且要争取赢得别人的信任。第三，不要轻易许诺，即不说大话，不做毫无把握的许诺。第四，要诚实，即自己能办到的事一定要答应别人去办，办不到的事要讲清楚，以赢得对方的理解。第五，要自信，即要有一种自信心，相信自己能行，给人以信赖感和安全感。

二、掌握人际交往的技巧

人际交往是人类特有的相互沟通和相互作用的基本行为，是现实社会中每一个人都不能脱离的一种活动。然而，怎样掌握人际交往的技巧、方法，提高社会交往的能力，这是每个公安大学生关心的问题，也是现代社会对公安大学生的基本要求。

（一）人际交往中的一些基本技巧

1. 设身处地地体验、理解他人的感情

在人际交往中，站在对方的角度思考问题，谅解与同情别人是增进相互理解、缩短人际交往距离的一种有效方法。要知道人与人之间的交往，是双方相互影响、相互作用的过程，应该相互靠拢，既设法影响别人也要接受别人的影响，既要了解别人也要让别人了解自己，既要让别人适应自己也要让自己主动适应别人，只有这样，交往双方才能建立起融洽的关系，组织起协调一致的活动。如果不尊重对方的个性和尊严，把交往活动视为单向输出，只要求对方屈就自己，关系就很难融洽，行为也就难以协调。

2. 要用伦理道德来约束自己

每个人都有各种各样的欲望，如同《礼记》所说“饮食男女，人之大欲存，死亡贫苦，人之大恶存。故恶者心之大端也”。这是人的本性，每个人都有权利使自己的合理愿望得到满足。但是，一个人的欲望有时会和别人的欲望、社会的利益相冲突。如果每个人都毫无节制地发展与满足自己的欲望，人际之间就会冲突四起，社会就会崩溃。因此，人们应当克制自己的欲望，约束自己的行为，遵守公共生活规则，把自己的欲望和行为限制在不妨碍他人的利益的合理范围之内。例如，一个宿舍有的同学要学数学，有的同学要听外语单词，这两个同学都好学上进无可指责，但人际关系却会发生矛盾，这种矛盾只能靠道德来调节，就要学会克制自己作出一点牺牲而给人以方便，从而才会出现互谅互让的局面。如果双方不克制，轻则心里不高兴，重则就会出现暴风骤雨。

3. 讲诚信

“诚”包括诚实、诚心、诚恳。这是人际交往中第一位的重要意义。唯有诚实，交往双方的安全感才不会受到威胁；有了诚心，互吐衷肠，就有了促进交往发展的基本心理动力，而诚恳会使对方看到你一颗纯洁透明的心，是交往的催化剂，能加速交往的发展。“信”是信用，它要求人们在与他人交往中说真话。“言必信，行必果”，如果采用欺骗手段与人交往，或不守信用，对于今后的交际就埋下了障碍。守信者能交友、交真友、交广友，不守信用者虽然一时有朋友，但最终是会被抛弃的。

4. 要遵循平等的原则

在交往中，要尊重他人的人格，尊重他人的自尊心和感情，不干预他人的私事，在人格上人人平等，无贵贱之分。在学校这个集体中，由于每个人的经历、经济、家庭环境、兴趣爱好不同，难免会发生一些矛盾。在这种情况下，应该相互宽容，不要互相指责，千万不要揭别人的隐私和短处，这样做会刺伤别人的自尊心，伤害别人的感情。

5. 要有相容的胸怀

相容包括宽容与大度。宽容，是指不计较某些物质利益的损失、荣誉的有无、性格的相异、言辞的冒犯等，一句话，不计较某些枝节。大度表现为对人对友求同存异，能听进各种不同的意见，能原谅朋友的过失，能虚心接受批评，有错就改，能关心人、帮助人、体贴人，对人宽、对己严，胸怀博大，气度宽宏。人们通常说的将军额头能跑马，宰相肚里能撑船，就是指的大度。对同学不要苛刻挑剔，每一个人都会有缺点或不足，与同学相处也是一样，在学习和生活中总会出现一些过失、缺点甚至错误，这是正常的、难免的。对于同学的不足，要体谅和包容，只有这样才能赢得同学的友好和精诚团结。宽容往往比惩罚更有力量，宽容是同学们失足之后的避风港，它可以使同学们得到喘息，得到慰藉，得到希望。雨果说："比大地更宽广的是海洋；比海洋更宽广的是天空；比天空更宽广的是人类的心灵。"所以，我们每个人都理应有着宽广的胸怀，包容同学的不成熟，把手伸给悬崖边的同学。只有当你的目光中真正充满了宽容的感情的时候，受惊的小羊们才敢怯怯地偎依在你的身边。

6. 学会微笑

在人际交往中，保持微笑说明心情愉快，充实满足，乐观向上，对自己的能力有充分的信心，使人产生信任感，容易被别人真正地接受。微笑反映自己心底坦荡，善良友好，待人真心实意，使对方在交往中自然放松，不知不觉地缩短了心理距离。当然，真正的微笑应发自内心，渗透着自己的情感，表里如一，毫无包装或矫饰的微笑才能为深入沟通与交往创造温馨和谐的氛围。因此，有人把笑容比做人际交往的润滑剂。

7. 学会赞美

被人赞美，是人所喜悦的事情。赞扬的话，是最顺耳、最中听的，生活中不能没有赞美。它能使人感到人际间的理解，领略到人世间的温暖。赞美人，当面说人好话，是与讨好人不同的。我们赞美人，是对别人身上值得肯定的地方进行实事求是的肯定，这同出于某种目的而吹捧别人显然不同。然而，并不是所有的赞美都能成为心理上的良好交流，假心假意的赞美、言过其实的赞美、迫不得已的赞美、明褒实贬的赞美等，不但不能使被赞美者获得真心的愉悦，而且还会构成人际相处的障碍。因此，只有实事求是地、适当地赞美对方，才能创造一种热情友好、积极热烈的交往气氛。

8. 学会感激

如果你接受了别人的恩惠，不管是礼物、忠告或帮忙，就应该抽出时间，向对方表达谢意。以感恩的心来对待所有曾扶持过你的朋友们，主动表达你的由衷感激之意，慢慢地，你会发现不但自己的人际关系愈加牢固，别人也将以你为仿效的对象。

（二）人际交往需要调适好的基本尺度

1. 自尊但又尊重别人

自尊是可贵的，但是在社交中不能只尊重自己而不尊重别人，应把自尊和尊人统一起来。

2. 依赖但不轻信

信赖对方是获得对方依赖的前提条件，但依赖要有一定的限度，切忌轻信盲从，否则会上当受骗。

3. 表现自己但又不贬低别人

社交中适当表现自己是可以的，但若清高自负、贬低别人，就会使社交变得没有意义。用矫饰的表情、夸张的动作来表现自己，会使人反感。

4. 坦诚但不粗率

与人交往需要坦诚，但坦率不等于简单草率、信口开河。

5. 谦虚但不虚伪

社交中必须保持谦虚的美德，但谦虚应以坦诚为基础，绝不可陷入虚假的泥潭。

6. 谨慎但不拘谨

谨慎行事是获得社交成功的一个重要条件，但谨慎并不等于拘谨。怯懦和忸怩都不利于社交。

7. 活泼但不轻浮

谈吐幽默风趣、举止落落大方是交往的良好基础。但活泼不是轻浮，不能在社交场合随意出现轻浮、庸俗的行为。

8. 严己但待人宽厚

对自己要高标准、严要求，对别人要宽宏大量。

三、优化人际交往的个性特征

人的性格作为环境与遗传的产物，具有相对的稳定性。同时，人的一生是在不断发展和变化的，成熟、教育、学习、重大的生活事件、职业选择等，无一不对性格产生重要的影响。从这一角度看，性格又具备可塑性。无论对于人际矛盾，还是对于其他方面的心理困扰，清晰的自我认识，始终是我们调整心态、有效行为、发展与完善自我的首要前提。

（一）性格类型的分类

在心理学里，从不同的角度出发，性格类型具有不同的分类。德国心理学家弗利茨李曼将人的性格类型大致分为以下几类：

1. 自恋型

自恋型性格结构很可能由于儿童时期家长缺乏重视而形成，它的发展可以被理解为一种补偿的过程。由于缺乏他人的尊重，所以过高地评价自己成了一种补偿手段，这种现象在自恋型结构的人成年后仍然是一个基本特征。这种性格类型的人都很自大，他们会把优秀的品质都归于自己名下，而很少或根本不注意其他人，他们所比较关注的是他人的可用之处。许多自恋型性格的人需要别人不断给予自己认可，而不满足过去获得的认可。获得别人的认可的人往往感到没有必要去改变自我，但在现实中，大部分人会因为现实的自我与幻想的自我相碰撞而不断受到伤害，有些人能成功地把对认可的期望推迟到将来去实现，现实只是在幻想中满足。

2. 抑郁型

抑郁型性格结构的人特别依赖他人的指示，他们很难去学会关心自己，包括物质和情感两方面。这类人如果在小时候没有得到足够的照顾，或者说他们得到的照顾方式不足以让他们体验到真正的关心，那么他们长大后会去关心自己认为很重要的人。他们十分在乎别人，因为他们期待被人所爱，他们的爱不是无条件的，为了得到他人的爱，他们会把全部的精力都放在他们认为值得的人身上，而正是由于这样，当他们没有得到相应的回报时，他们往往成了最容易受伤的人。

3. 恐惧型

恐惧型性格结构的人并不是有恐惧症，这是两个不同的概念。前者是一种性格类型的分型，并无病理意义；而后者是神经症的一种。恐惧型性格结构的人关心的焦点是，他的行为方式是否被他人接受，并且为了避免恐惧感的出现，他会寻找别人来作为自己的保护人，而这种保护人给予的更主要的是体现在心理上的一种保护、一种安全感。

4. 强迫型

强迫型性格结构的形成，究其原因是由于限制个性自由发展的教育方式。在这种教育方式下，任性的举动往往受到处罚。因此，此种性格类型的人如果意识到某些事情上自己有可能做得不对，他会深感不安，甚至恐惧。所以，他们一般不喜欢变化，在意识层面上，他们会认为自己现在所做的一切都是正确的，这使得他们缺少改变自我的动力。

5. 分裂型

如果在幼儿时很少与人打交道，或者遭到忽视和冷落，就容易形成分裂型的性格。他们既希望又害怕与他人接近。想与他人融合，又害怕失去自己的个性。因此，他们会去寻找像他们自己一样的人，或者结交能与自己沟通心灵的人。

需要说明的是，任何一个人都不能简单地被归入到某一种性格类型。任何一个人，都是各种类型的混合体，只不过在某个人身上，某类型的特征显得更为明显罢了。

（二）人际交往矛盾的个性化解决方法

对于自恋型的人来说，因为他们关注的是自己，所以当他们认为受到了别人的攻击和伤害时，他们往往会寻求一定的方式去进行报复，以达到心理的平衡。有些时候，在外人看来这种报复显得超过了其受伤的程度。我们建议这类人在怒火爆发前努力让自己镇静下来。审视地评价一下自己的行为动机，以及行为过后会对自己造成怎样的影响。当然，在冷静过后，能采取某种更为温和与恰当的方式去处理矛盾，以达到心理的平衡，是最好的选择。

抑郁型性格的人期待被人所爱，他们认为只有付出才能获得别人的爱。因此，他们在处理人际矛盾时喜欢把责任往自己身上揽。他们有一种严于律己的强大的超我意识，同时又试图让对方内疚。他们一般不会直接去谴责对方，却会间接地表现自己所受的委屈。其实这是一种由己及人的想法，在面对这样的情况时，别人可能不会和自己一样产生歉疚的心理，因为别人有时根本无法感受到他们所发出的信息。因此，我们建议抑郁型性格的人在处理人际矛盾时应该尝试表现得激烈些，至少要让别人明白你的感受。另外重要的一点是，在出现矛盾时，应该学会分析哪些是由于自己的责任所造成的，而不是一味地为了获得他人情感上的关注而自我责备。

恐惧型性格的人由于渴望和谐的人际关系，他们希望矛盾能够悄悄地得以解决。他们往往为了妥协而妥协，很多时候这使得妥协流于表面。即使在应该正面矛盾的时候，并且有机会取得胜利的情况下，他们仍然会采取妥协的方式和对方握手言和。对于此类型的人，应该学习如何应对矛盾。他们可以从一些不太重要的事情上练习，慢慢适应矛盾发生时的紧张气氛。同时，要注意培养自己的社交能力。培养良好的社交能力是完善此类型性格的人的最好方法。

关于强迫型性格特征，在此类人看来，解决人际矛盾就是弄清谁是谁非的问题。对变化的害怕，使得他们有强烈的秩序要求。因此，他们常常会为鸡毛蒜皮的事情而烦恼，也会为这些事情而大动肝火。而实际上他们只是想去证明谁对谁错。对于这些人，我们建议他们不要凡事都追求正确有理。他们应当认识到，生活是多层次的。不同的爱好，不同的理念，不同的追求，存在于我们当中的每一个人。

分裂型性格的人在处理人际矛盾时，常常会有极端的表现。假如对手对自己而言并不重要，就会被完全忽略。如果对手十分重要，他们就会采取激烈的对待方式。可以说，分裂型性格的人在处理人际矛盾时遵守两种做法，要么全力以赴，要么置之不理。为了结束矛盾，他们通常会采取中断交往的办法，而不是寻求解决的途径。行事极端是分裂型性格的人的一个特征。在面对人际矛盾时，我们建议他们应该在认识自己性格特征的基础上，以批评的眼光看待自己的行事方式。观察别人在面对矛盾时的反应与自己的不同之处，这对于他们有效处理人际矛盾有较好的榜样作用。

第四节　警察人际交往的特点、原则与技巧

加入警察队伍后，警察人际交往中总是伴随着各种心理因素，有的因素对人际交往起积极的促进作用，如对自我和他人的正确认知、开朗乐观的性格、宽容大度的胸怀等；而有的因素则对人际交往起阻碍作用，如羞怯、猜测、孤独心理等。只有了解阻碍人际交往的心理原因，并自觉地消除这些心理障碍，才能有效地进行人际交往。

一、警察人际交往的特点

一般来说，警队同事间的人际交往活动有以下这些特点：

（一）以集体活动为中心的交往

警队是一个高度集中、组织严密的集体，以集体活动为中心，成为警察人际交往的最重要特点。这种人际交往成为同事之间形成亲密战友关系的有利的客观外在条件。

（二）平等交往

在警队里，不论职务高低，上级还是下级，政治上一律平等。平等交往有利于警察心情舒畅、身心健康，有利于增强警队的凝聚力。彼此尊重，相互关爱，平等互助的交往模式对于形成警队内部的团结具有重要意义。

（三）一切行动听指挥的服从性交往

一切行动听指挥，这是警队的纪律，也是警队夺取胜利、完成各项任务的保证。有严密的组织系统和铁的纪律，是警察人际关系区别于其他群体人际关系的一个显著特征。警察人际交往的服从性与平等性并不相互对立。服从性主要体现在工作关系上，是正式组织意义上的等级关系，是非情感性的。尊重与爱护警察互相促进、互为因果，就能形成一种极为牢固的良好的警察人际关系。警察交往的心理学原则反映了人际交往普遍的心理规律，也是进行友好交往的一个实践准则。只有把握和遵循这些原则，才能在交往中产生良好的心理反应，引发积极的交往行为。

二、警察人际交往的原则

警察人际交往可参考的具体交往原则如下：

（一）尊重原则

尊重包括尊重自己和尊重他人两个方面。尊重自己就是尊重和维护自己的人格，自重自爱。尊重他人就是尊重他人的人格，尊重他人的工作，尊重他人的感情、愿望、习惯和爱好。在交往中，学会尊重他人，就能获得他人

对自己的尊重。在彼此尊重的基础上，双方才能进行友好的交往。

（二）真诚原则

真诚会使人在交往时有明确的可知性和预见性，只有真诚，才能使别人放心，赢得别人的信任。在交往中，要正直无私、言行一致，这样才能相互理解、接纳、信任，在感情上引起共鸣，巩固和发展人际关系。

（三）宽容原则

宽容是警察进行人际交往的“润滑剂”，可以减少交往中不必要的摩擦和纷争。宽容是要待人以宽，发现别人长处，要大度容下别人的过失。另外，要严于律己，当发生矛盾时，要多想自己的不足，主动承担责任。

（四）互利原则

平时，要刻苦地工作和训练，提高自己的思想水平和技能，树立平等待人、团结同志、互相关心爱护等观念。通过交往在工作上互相支持，在品德、知识、自身修养等方面都有长进，产生同事之间的团结友爱。人际交往大体上可分为语言交往和非语言交往。语言交往通常以达意的功能为主，传递消息性和评价性信息，行为主体通常是自觉的；而非语言交往一般以传情的功能为主，行为主体更多的是不自觉的。如果警察掌握了这两种基本的交往技巧，就会更有效地交流思想、表达情感。

三、警察人际交往的技巧

（一）语言交往的技巧

人与人之间的交往主要是凭借语言沟通的，语言交往是人际交往的主要方式。警察在日常工作、学习、生活中进行的语言交往主要是借助口头语言进行的。口头语言交往包括听和说两个方面。善于聆听，乐于交谈，就能使警察在良好的心理气氛中顺利交往。

1. 听的技巧

聆听他人讲话时要专心，要用心去听，而不是只用耳去听。要暂时忘却自己的想法和成见，与讲话者一起去回顾体验，要通过目光接触、点头、赞许声等给予积极反馈，增强对方表达的自信心，使他乐于讲下去。聆听时要耐心，不要表现出任何不耐烦和不高兴的神情。聆听时还要虚心，不要轻易打断他人，要善于发现对方思想中的闪光点。

2. 说的技巧

说是对自己思想和感情的表达。说是要给人听的，要使别人对自己所说的感兴趣、听得明白，就应当掌握一些说的技巧。一是选择好话题，话题要有积极意义，要适合对方的知识范围、经验和对方当时的心境。二是语言要简练、通俗、生动，要说得得体，合时宜。三是善用敬语，对上级，要谦恭有礼，警察之间则要多用亲切友好的词语。四是适当赞扬别人。适时适度、发自内心地赞扬别人，可以营造融洽的交往气氛，强化人际吸引力。但赞扬要真诚适度，不要乱戴高帽。

（二）非语言交往的技巧

非语言交往的技巧，是指交往双方通过服饰、目光、表情、身体的动作姿态、声调等非语言行为和人际空间距离等进行沟通的技巧。在人际交往中，非语言行为虽然只是作为语言交往行为的辅助和强化手段，但它有时可代替语言传情达意，还能微妙地传递语言难以表达的“弦外之音”，产生“此时无声胜有声”的效果。所以，要提高警察的交往能力，应当引导他们在人际交往中注意一些必要的非语言交往技巧。

1. 目光技巧

常言道：“眼睛是心灵的窗户。”目光接触，是人际交往间最能传神的非语言交往。在交往中通过目光的交流可以促进双方的沟通，目光的方向、眼球的转动、眨眼的频率，都可以表示特定的意思和流露情感。正视表示尊重，斜视表示轻蔑，双目炯炯会使听者精神振奋。柔和、热诚的目光会流露出对别人的热情、赞许、鼓励和喜爱；目光东移西转，会让人感觉心不在焉。交往中，适当的目光接触可以表达彼此的关注。因此在人际交往中，不能忽视眼神的作用，平时应注意培养自己用眼睛“说话”的能力。

2. 体势技巧

体势包括体态和身体的动作、手势。在人际交往中，人的举手投足都能传达特定的态度和含义。身体略微倾向于对方，表示热情和感兴趣；微微欠身，表示谦恭有礼；身体侧转或背向对方，表示不屑一顾。不同的手势也具有不同的含义，如摆手表示制止或否定；双手外摊表示无可奈何；双臂外展表示阻拦；拍脑袋表示自责或醒悟；竖起大拇指表示夸奖。有些手的动作容易造成失礼，如手指指向对方面部、单手重放茶杯等。

3. 声调技巧

同一句话用不同的声调、在不同的场合说出来，可以表达不同的甚至是相反的意思和情感。在人际交往中，恰当地运用声调，也是保证交往顺利进行的重要条件。一般情况下，柔和的声调表示坦率与友情；缓慢、低沉的声调表示同情和关注对方；用鼻音则显示傲慢、冷漠、鄙视，这会引起对方的反感。青年警察在人际交往中要细心体会声调的微妙变化，学会正确运用声调，以加强语言表达的效果。

4. 距离技巧

人都有一种保护自己个人空间的需要。个人空间距离的远近与交往的对象、内容、场合和情境有关。一般来说，人们之间的关系越密切，他们的人际空间距离就越近。心理学根据不同的交往对象和情境，划分了四种交往距离：

（1）亲密距离。这是人际交往中的最小间隔，一般在0.45米以内。这个距离属于家庭成员、亲密战友等关系最密切的人。在亲密距离交往的人，相互挽臂执手，促膝谈心，不拘小节，无话不谈。亲密距离具有排他性，没有达到那种亲密程度的人涉足这个区域，会引起对方的反感。

（2）个人距离。交往距离在1米左右。这个区域有较大的开放性，朋友或熟人可以自由地进入这个空间。

（3）社交距离。交往距离在1～4米，保持这一距离的人们，已超出了亲密或熟人的人际关系，体现出一种社交性的或礼节性的关系，一般出现在工作环境或社交聚会中，谈话的内容也较为正式和公开。

（4）公众距离。交往距离在4米以上，在这个空间内，人际间的双向交往大大减少，更多的是一种单向交往，如演讲、报告等。队列训练、指挥位置的设定，在一定程度上也体现了一定的心理学原理。

第五节　大学生人际关系和谐性测量

大学生在人际关系上所存在的一些心理健康问题主要表现为自我中心、多疑、害羞、孤僻、自卑、嫉妒、社交恐惧症等。一些研究表明，人际关系不和谐的大学生，其个人的成才及其未来的成就会因此而受到严重的影响。及时地诊断并采取必要的措施予以治疗，是消除大学生人际关系方面心理障碍的较好途径。以下给出的是郑日昌等编制的大学生人际关系综合诊断量表。

大学生人际关系综合诊断量表

【指导语】

这是一份人际关系行为困扰的诊断量表，共28个问题，在每个问题上，选“是”的打“√”，选“非”的打“×”。请你认真完成，然后根据后面的计分标准进行评分，最后可参考给出的测查结果的解释与辅导，对自己人际关系的和谐性进行判断。

【问卷项目】

1. 关于自己的烦恼有口难言。（　　）
2. 和生人见面感觉不自然。（　　）
3. 过分地羡慕和妒忌别人。（　　）

4. 与异性交往太少。( )

5. 对连续不断的会谈感到困难。( )

6. 在社交场合感到紧张。( )

7. 时常伤害别人。( )

8. 与异性来往感觉不自然。( )

9. 与一大群朋友在一起，常感到孤寂和失落。( )

10. 极易受窘。( )

11. 与别人不能和睦相处。( )

12. 不知道与异性相处如何适可而止。( )

13. 当不熟悉的人对自己倾诉他的生平遭遇以求同情时，自己常感到不自在。( )

14. 担心别人对自己有什么坏印象。( )

15. 总是尽力使别人赏识自己。( )

16. 暗自思慕异性。( )

17. 时常避免表达自己的感受。( )

18. 对自己的仪表（容貌）缺乏信心。( )

19. 讨厌某人或被某人讨厌。( )

20. 瞧不起异性。( )

21. 不能专注地倾听。( )

22. 自己的烦恼无人可倾诉。( )

23. 受别人排斥与冷漠。( )

24. 被异性瞧不起。( )

25. 不能广泛地听取各种意见、看法。( )

26. 自己常因受伤害而暗自伤心。( )

27. 常被别人谈论、愚弄。( )

28. 与异性交往不知如何更好地相处。( )

【评分标准】

打“√”的给1分，打“×”的给0分。

【测查结果的解释与辅导】

如果你得到的总分是在0~8分之间，那么说明你在与朋友相处上的困扰较少。你善于交谈，性格比较开朗，主动关心别人，你对周围的朋友都比较好，愿意和他们在一起，他们也都很喜欢你，你们相处得不错。而且，你能够从与朋友的相处中得到许多乐趣。你的生活是比较充实而且丰富多彩的，你与异性朋友也相处得很好。一句话，你不存在或较少存在交友方面的困扰，你善于与朋友相处，人缘很好，容易获得许多人的好感与赞同。

如果你得到的总分是在 9 ~ 14 分之间，那么，你与朋友相处存在一定程度的困扰。你的人缘很一般，换句话说，你和朋友的关系并不牢固，时好时坏，经常处在一种起伏波动的状态之中。

如果你得到的总分是在 15 ~ 28 分之间，那就表明你在同朋友相处上的行为困扰较严重；分数超过 20 分，则表明你的人际关系的行为困扰程度很严重，而且在心理上出现较为明显的障碍。你可能不善于交谈，也可能是一个性格孤僻的人，不开朗，或者有明显的自高自大、讨人嫌的行为。

思考题：

1. 人际关系的基本理论与原则。
2. 公安大学生在人际交往中存在的困难主要有哪些？
3. 公安大学生可以运用哪些技巧来改善人际交往的关系？
4. 如何优化人际交往中的个性特征？
5. 请用人际交往理论分析你自己体会最深的一次人际交往实践。
6. 如何运用所学的人际交往理论和方法处理好自己寝室内的人际关系？

第九章　公安大学生的恋爱与心理健康

第一节　性心理与公安大学生的性健康教育

一、性心理的发展与大学生性心理发展的一般特征

（一）性心理的发展

性心理研究是一个比较困难的课题，目前关于性心理发展的模式问题尚无科学的定论，并且性别不一样，性心理的体验和发展也不尽相同。弗洛伊德曾提出过一个著名的性心理学发展模式，弗洛伊德把性理解为广泛的身体快感，并按身体快感区的特点描述了性心理的发展。在弗洛伊德看来，性心理的发展大致经历六个阶段：

1. 口唇期

从出生后到一岁。在这一时期，婴儿性快感的满足主要借助口唇，在吃奶的吸吮中获得快感。在这一阶段，如果口唇需要没得到满足或满足过多，就会产生口唇型人格，这种人依赖感强，贪食。

2. 肛门期

大约从一岁开始，持续到两岁。在这一阶段，排泄机能成为婴儿性快感的主要目标，婴儿从排泄活动中得到极大的快乐。这一阶段的主要任务是通过按时大小便的训练培养幼儿的自我控制能力。如果这一阶段性心理发生冲突，就会造成肛门型的人格。这种人不是过于放肆、无礼，就是极度吝惜、保守。

3. 生殖器期

亦称性蕾期，从两岁到三岁。弗洛伊德认为，直到生殖器期的最初阶段，婴儿的性能量都是指向自身，他的快乐是自乐。在生殖器期的后期则发生了重大变化。幼儿开始将性能量里比多指向外界对象，男孩的性欲指向母亲，叫做恋母情结；女孩的欲望指向父亲。男孩的欲望指向母亲时，总要无意识地与父亲争夺爱，敌视父亲。这种冲突导致另一情结——阉割情结，小男孩害怕父亲，害怕他惩罚自己的恋母感情，阉割自己的生殖器，小男孩随后放

弃了恋母情结，转而与父亲同化。女孩的性心理发展也大致经过了一个从恋父到放弃恋父，与母亲同化的过程，在这一阶段，儿童人格、性别同一性、道德良心都开始形成了，这是人生发展的最重要阶段。

4. 潜伏期

在经历了恋母情结之后，儿童的性心理进入潜伏期。在此时期，儿童的性欲保持沉寂状态，对异性漠不关心，游戏时大多寻找同性伙伴。

5. 青春期

在青春期，性腺的成熟增多了里比多冲动，如果生殖器期的心理冲突得到了圆满的解决，个体就会将里比多能量转向家庭之外的某人身上，开始了成熟的异性恋。

6. 生殖期

在弗洛伊德看来，只要能成功地解决以上所有性心理阶段的冲突，个体就能达到一种完美的境界，他在性关系、社会关系和心理健康方面都是成熟的，具有坚强的自我，能够控制不适宜的性冲动。弗洛伊德认为，这种意义上的健康人并不多见。弗洛伊德的性心理发展阶段的划分引来了许多批评，其中最激烈的批评集中在婴儿的性欲问题上，婴儿的口唇快乐和排便快乐到底算不算性欲，它们在人格的构成中有弗洛伊德所说的那样重要吗？令人遗憾的是，弗洛伊德的性心理发展模式仅仅是一些假设，并未得到科学的证明，而对他观点的批评也都出自假设，没有科学的证明。

（二）大学生性心理发展的一般特征

大学生是人群中的一个独特群体，从生理上来说他们已经发育完全，然而，他们还未走向社会，在心理上并未成熟。大学生这种生理发育和心理发展的错位，在性心理上有其特点。

1. 对性生理发展的关注

青少年进入大学后，性生理功能和体征的发展都已基本完成，许多人都会不同程度地出现自我欣赏现象，常常在镜子中端详自己的外貌，甚至会悄悄与他人进行比较。每个人都希望自己能对异性产生极大的吸引力，可是如果性生理发育特征（包括体型、容貌等）并不如意，就会引发各种各样的烦恼和焦虑。对青少年来说，年龄越大，越是接近恋爱、结婚和过性生活的年龄，这方面的烦恼和焦虑可能就越严重。对有些大学生来说，这就成为他们在性生理发育问题上一个十分沉重的心理负担。

2. 对性知识的渴求

在第二性特征出现后，个体对自身的性角色的认识发生了质的变化，个体的性角色基本定位并产生两极分化。伴随着性生理的变化，青少年普遍产生了对性知识的强烈渴求。他们非常关心自己和周围同伴的生理发育变化，对性知识既好奇又敏感。中学时期由于学习上的压力，很少有时间去了解性的知识。上大学后，学习压力缓解，有了很多自由的时间，便有意识地通过一些途径来寻求性知识。这时候如果性教育没有跟上，他们就容易产生一些关于性的片面、扭曲甚至是错误的认识。这对性观念的形成有消极影响。

3. 对异性的爱慕

大学时期，青年学生逐渐进入了性爱阶段。此时，他们会明显地流露出希望和异性相处的意愿，在行为上也会表现出一些主动接近异性的举动，在共同的活动中彼此结识、相互接近、建立好感，最后形成单独接触。这种心理和行为都是正常的，是以后建立美满婚姻生活的基础。

4. 性需求与性压抑

人在青春期，由于性生理的成熟，受到性需求的驱使，常伴有强弱不同的性冲动。一个人的性素质是他最内在、最深层次和最根本的部分。然而，由于我国传统文化中对性的隐讳以至于谈性色变，在当今社会对性设置禁忌的现象也并不少见。于是，有些青少年强迫自己否认、回避性需求，长期处于紧张、焦虑等状态下，形成严重的性压抑。这种性压抑会对青少年的生长发育带来诸多不利影响：一方面，性压抑表现为对身体的正常性反应感到困惑和厌恶，内心不安、焦虑、矛盾冲突剧烈；另一方面，性压抑还会表现为性恐惧和性敏感。应当说，适当的性压抑是符合社会需要的，是成熟的表现。但严重的性压抑则会有害心理和生理的健康，导致性欲畸变，性能力退化，最终导致性扭曲。当代大学生要以科学的态度认识性、接纳性，积极妥当地释放性压抑。

二、公安大学生的性心理适应障碍

公安大学生的心理发展水平与普通大学生基本上处于同一水平，性心理发展过程中出现的适应障碍也是基本相似的，但由于公安大学生自身承受的管理压力较普通大学生要大一些，所受的约束也更多一些，因此在性心理适应障碍的程度上也可能会更大。

（一）性生理成熟带来的心理困扰

大学生性生理发育已基本成熟。而一些大学生对代表性生理成熟的遗精和月经有着不正确的认识。赵美艳在其《浅析大学生常见的性心理困惑》研究中提到，男大学生对遗精感到“羞愧”、“厌恶”、“不安”和“困惑”的共占16.7%；女大学生对月经感到“紧张”、“厌恶”、“不安”和“情绪低落”的共占60.5%。由于对遗精缺乏正确的认识，一些男大学生在思想上感到难以接受，出现焦虑、紧张等不良情绪，于是扰乱了睡眠，导致神经衰弱，出现失眠、头晕、头痛、耳鸣等情况。一些女大学生则由于对月经缺乏正确的认识，出现诸如头痛、疲乏、腹痛等身体不适，甚至还可能出现痛经和烦闷、焦虑、易怒或沉默寡言、消极抑郁等情绪，使自己的学习和生活受到较为严重的影响。

（二）性体像带来的心理困扰

性体像，是指对自己的性特征和外表的认知。男大学生对自己性器官的大小和身高比较敏感，而女大学生对自己乳房的大小和身材最敏感。并且往往把这些特征与同伴进行比较，产生自卑、失望的情绪体验，而且这些情绪体验很难通过与同伴的交流得到缓解或释放，以至于影响人际交往、学习和生活。

（三）性意识带来的心理困扰

大学生的年龄大多在18～23岁，已经进入了性生理的成熟和性心理趋于成熟的阶段。因此，在大学生中出现了诸如仰慕异性、渴望与异性相处的心理，有时还会有意无意地想到性的问题，甚至产生性幻想、性梦等各种性心理活动。有的学生会因为这样一些心理活动而认为自己是"不道德"、"罪恶"、"卑鄙下流"的情感体验，进而感到羞愧、自卑、注意力不集中，甚至焦虑不安。有学生则由于频繁的性幻想或性梦，而影响休息、睡眠和体力恢复，严重的还会导致神经衰弱，给学习、生活、训练带来不利影响。

（四）性行为带来的心理困扰

大学生的性行为主要是指自慰性行为、边缘性行为和婚前性行为，其中以自慰性行为最为常见。

自慰性行为（手淫）是构成心理困扰的重要原因之一。一般认为，手淫是青春期成熟的一种生理表现，是解除因性紧张而引起的躁动不安的一种自慰方式，适当的手淫对身体是无害的。但由于有些夸大手淫害处的宣传，使部分学生感到紧张不安。因手淫而产生思想负担的大学生，普遍的表现是自责、担忧、羞愧和焦虑。

边缘性行为泛指性生活之外的一切亲昵行为，如拥抱、接吻、抚摸、游戏性性交等。在大学中，与恋爱情感发展深度相适应的边缘性行为已基本上被人们所接纳，但任何与感情发展不相适应的亲昵行为都将导致不真实感，并引发内心焦虑与空虚。

婚前性行为被许多大学生所接受。但事实上，当大学生发生婚前性行为时，男生往往产生严重的不安、自我否定和恐惧焦虑；女生往往不能摆脱失贞心理或担心受孕而造成心理上的巨大压力。因为性行为的发生毕竟是在男女生双方冲动缺乏控制的情况下产生的。

公安院校一般明令禁止在校学生谈恋爱，无论是边缘性行为还是婚前性行为都是属于绝对禁止的，但青年学生对性的需求却是客观存在的，在公安院校普遍存在学生性压抑的状况，使学生的性心理发展处于矛盾之中，这样可能会有碍于性心理健康的发展，严重的还会导致性变态或性过错。

三、公安大学生健康的性心理教育

针对大学生性心理发展的特点和公安大学生性心理适应障碍的现状，加强公安大学生的性心理健康教育、塑造健康的性心理具有重要的意义。为了帮助他们克服性心理的困扰，消除性心理上的障碍，我们必须有针对性地对他们进行思想教育和心理疏导。

（一）进行系统、完整、科学的性教育，是学生性心理健康发展的首要条件

1. 性教育有助于促进大学生适应性成熟的过程

通过性教育，可以使他们能够以科学的态度对待手淫、性梦、遗精、月经等性生理问题与现象，懂得性心理卫生、性生理卫生方面的知识，清楚地认识各类性病的特征、传播途径、危害性及预防方法，严格按照社会规范进行正常的异性交往，坚决抵御外界不良刺激引起的性冲动，防止性行为的错乱，保持性心理和性生理的健康，从而更好地适应性成熟这一自然过程。

2. 性教育有助于促使个体性别角色的社会化

人的生长发育可以分为两个过程：自然成长过程和社会化过程。个体社会化的一个重要内容，就是个体通过社会化逐渐认识自己的地位和角色，接受社会对不同性别个体的角色要求，形成一种行为规范。这种个体的性别角色行为，要由社会加以教导和通过个体学习才能掌握。对大学生进行有关性别角色、性别差异、性道德等方面的教育，有助于促进大学生以成年人的性别角色行为来要求自己，促进性别角色行为社会化的进程，防止婚前性行为、同性恋等不良现象的发生。总之，系统、完整、科学的性教育为大学生科学的性认识评价系统的建立奠定了基础。

（二）自我调节性冲动，是促进学生性心理健康发展的主要手段

性冲动是伴随着性成熟而出现的一种正常的生理心理反应。大学生处于性机能成熟的高峰期，几乎每个人都能感受到自身性冲动的存在。然而，面对这种性的自然冲动，不少大学生却难以接受。李淑兰、赵文阁在他们的《大学生性心理现状的分析及健康性心理塑造》中提到，在大学生中，对性冲动这种现象，有 15.2% 的男生和 12.6% 的女生认为是胡思乱想的结果；有 14.1% 的男生和 23.1% 的女生对此感到难为情；还有 3.4% 的男生和 6.2% 的女生对此感到厌恶。这种否定、批判的态度正是不能适应性成熟带来的正常反映的具体表现，从而危害身心健康。这就要求大学生应正视和适应性成熟，对作为一种自然现象的性成熟及其带来的种种生理与心理变化要有科学的

认识。

大学生要掌握必要的性冲动的自我调节方式。如果把大学生在性成熟中的性欲冲动作为一种能量来看待，那么掌握适当的自我调节方式来疏导、宣泄这种能量则是必要的。在社会规范允许的前提下，符合心理卫生原则的处理这种能量的方式主要有两种：其一，自慰。性自慰行为是性成熟的个体在性冲动时没有性爱对象参与下所进行的、为了满足自己的性欲要求的性活动，其主要形式有性的幻想和性梦、手淫。未婚时，自慰是性冲动得以发泄、性欲望得以满足的最直接方式。对于大学生而言，它是一种可行而正当的性活动。李淑兰、赵文阁在《大学生性心理现状的分析及健康性心理塑造》中还提到，92.9%的男生和52.4%的女生有性梦体验；75.7%的男生和43.8%的女生有手淫体验；有22.2%的男生和9.7%的女生把手淫作为排解性冲动最主要的方式。但仅有59.4%的男生和35.9%的女生认为手淫是正常行为，而30.8%的男生和50.3%的女生则认为手淫对身体有害。因此，引导大学生正确看待性自慰行为，合理采用这种方式来排解性冲动，对大学生保持身心平衡状态和健康水平具有重要作用。虽然适度的性自慰行为对身体无害且不伤害他人，但这并不意味着它是必需的，明确这一点对引导大学生采用更积极的方式来升华性能量具有重要意义。其二，性的升华，即将生理上的性欲冲动转化为较高级的精神活动的动力，或将性生理紧张度降低为一种不是急迫的性需要。升华是性欲得以满足的间接方式，但也是最有社会价值的调节方式，积极参加社会活动和集体活动是大学生实现性的升华最常用的手段。

（三）鼓励学生要积极参与两性间的正常交往，是促进大学生性心理健康发展的有效途径

异性之间的正常交往有助于个体形成一种正确的对自我和异性以及两者关系的认知，它可以满足男女大学生的心理需要，达到性心理平衡。异性间的交往是一个互相学习、互相了解、互相适应的过程，有助于日后恋爱、婚姻的成功。男女大学生交往的发展一般宜从群体交往到个体交往。群体与群体之间的接触，是男女大学生最初和最适当的接触方式，个体在群体中可以逐步熟悉异性并学习与异性交往的一般技巧。在此基础上进行的个别交往，才是成熟的和容易成功的交往。

（四）对学生进行正确的恋爱观教育

进入大学之后，有恋爱的想法，这是很正常的现象。但由于大学生尚处于学习阶段，应当将全部精力用在学习上，如果读书期间就花费很多的时间谈恋爱，势必影响学习。因此，学校要在令行禁止的同时，加强对他们进行正确的人生观和恋爱观教育，并开设恋爱、婚姻、家庭等内容的性教育课程或讲座，帮助他们正确地对待恋爱问题。事实表明，光靠行政命令强行禁止

是行不通的，只有对他们动之以情，晓之以理，在思想上进行正确的引导，才能收到良好的效果。

第二节　公安大学生的恋爱心理

爱情是在一定历史条件下，一对男女尤其是青年男女之间基于一定的客观物质基础和共同的生活理想，在各自内心形成的真挚爱慕并渴望结成终身伴侣的最强烈、专一和稳定的感情，是性爱、友谊、理想和义务等因素交织在一起的高尚情感。而恋爱就是异性之间在生理、心理和环境影响的交互作用下，互相倾慕和培植爱情的过程。进入大学后，随着性心理的成熟，对爱情的欲望与追求，自然会在大学生的内心萌动，青春的萌动引领他们开始涉足人生的一个新领域——恋爱。恋爱是完美人生的一个重要组成部分，恋爱问题的正确处理，有利于今后人生的幸福美满，有利于一生的发展。现实中，不少大学生由于身心发展不平衡，生理上已经达到恋爱的年龄而心理上还不够成熟，往往不能深刻理解恋爱的意义，不能对爱情作出正确的选择，也不能处理好恋爱中的种种矛盾，由此引发种种心理健康问题，直接影响着他们的大学生活质量，乃至危害今后的人生。因此，学会正确处理恋爱问题，培养健康的恋爱心理行为，对于成长中的大学生具有重要的意义。

一、大学生的恋爱心理

（一）大学生的恋爱动因及恋爱的形成过程

1. 大学生的恋爱动因

探讨大学生恋爱心理这一问题，实际上是探究“大学生为什么要谈恋爱?”也许有人觉得这一问题根本不是个问题，大学生都是20岁左右的人了，谈恋爱本是无可厚非的事情。但是，事实上大学生恋爱的动机并非单一，而是呈现出多元化的特点。根据一个心理测试网站（www. psy - test. net）2005年的一项“大学生爱情观”网上调查研究表明，大学生谈恋爱的动机并非以往的仅为追求人生的伴侣。表9－1是该网站对大学生“您是在何种情况下开始谈恋爱的”这一问题的调查结果：

表 9-1 大学生的恋爱动机："您是在何种情况下开始谈恋爱的"

人数比例 / 恋爱动机	总数（560 人）		男生（358 人）		女生（202 人）	
	人数	比例（%）	人数	比例（%）	人数	比例（%）
一见钟情	205	36.61	135	37.71	70	34.65
摆脱压抑感	146	26.07	101	28.21	45	22.28
证明自己的魅力	91	16.25	56	15.64	35	17.33
满足好奇心	82	14.64	42	11.73	40	19.80
赶潮流	36	6.43	24	6.70	12	5.94

该调查表明，大学生的恋爱动机是多元化的。具体表现为一见钟情、摆脱压抑感、证明自己的魅力、满足好奇心、赶潮流等。那么，导致这些动机产生的具体原因是什么呢?

（1）生理和心理的发展。大学生年龄一般在 18～23 岁，这个年龄界限按青年心理学划分，已跨过青春期并进入成年期，其生殖系统发育趋于成熟，性激素的分泌影响生理平衡，此时的大学生正由青春期的“异性疏远”走向成年期的“异性接近”，对性的体验十分敏感，开始脱离群体化的两性活动而进行单独约会。生理发育成熟导致的性冲动与性亲近要求构成促使青年大学生投入恋爱活动的重要诱因，在异性吸引、彼此产生好感的基础上，或“一见钟情”，或“日久生情”，恋爱默默无声地潜入年轻人的心田。

（2）情感发展的需求。亲密关系的需要在青年前期开始显露，这时的青年不再像儿童那样满足于血缘带来的亲近，有许多烦恼不能也不愿向长辈倾诉，于是有意识地结交一些密友作为倾诉对象。到了青年中、晚期，亲密关系需要进一步发展，大学生恰巧处在这个发展的关口。进入大学校园，对大多数人来说意味着脱离以前的群体进入新环境，大学生活中人际交往、学习考试、择业就业等都可能给大学生带来身心压力，产生压抑、茫然、沮丧和没有归属感等情绪体验，使他们对亲密关系的需求空前强烈，亲密关系发展的顶点就是爱情。而恋爱就是建立一种比较亲密的关系，在恋爱中，有人共同来分担这种情绪，可以造成注意力的转移，也可以摆脱孤独，从而缓解压力，对亲密关系的追求把孤独的大学生引向恋爱是极其自然的事。

（3）群体性社会心理因素的影响。大学生恋爱受到从众心理的影响。大学生在共同的校园里学习、生活和交往，加上思想观念的相似性，促使他们在恋爱问题上表现出明显的从众趋向。恋爱对象的出双入对常令他们羡慕和向往，虚荣的浪漫更让他们趋之若鹜。看到恋爱的同学生病有人照料、生日有人陪伴、委屈有人安慰，便萌发孤独感、攀比心或低人一等的自卑感。在这种群体氛围的影响下，为了检验自己的魅力，或者证明自己不是弱者，“心动不如行动”，于是试图寻找机会谈起恋爱来。这是从众心理和自尊心理在恋爱中的典型表现。

（4）社会环境、生存空间的推波助澜。随着社会的发展，大学生和社会有着日益广泛的联系，接受各种思想的挑战和影响。现在描写青年恋爱的文艺作品比较多，影视作品也常出现情爱的画面，特别是近年来风靡一时的韩剧更是多以初恋、早恋为题材。还有互联网的广泛应用，大量关于两性及恋爱问题的讨论，使大学生眼花缭乱、难辨是非。超越生死的爱情电影，风花雪月的言情小说，缠绵悱恻的爱情歌曲，不健康的小报、黄色书刊、黄色光盘及黄色网站对情爱性爱的极度渲染，都会潜移默化地影响大学生的思想和行为。加上未知的事物总是神秘而充满诱惑力的，对于没有恋爱经历的人来讲，恋爱本身就是一种具有很强诱惑力的刺激物。因此，即使不明白什么是“恋爱”，当机会出现时，也会有人去尝试。

2. 大学生恋爱的形成过程

恋爱是异性间择偶和培养爱情的过程，是以爱情为中心的社会心理行为。恋爱的过程，是感情发展的过程，是彼此深入了解、互相适应的过程。大学生恋爱的形成过程一般分为以下几个阶段：

（1）感受阶段。这是恋爱的萌发阶段，即男女大学生在交往中，或是“一见钟情”，或是“日久生情”，被某位具有某种魅力的异性所吸引，产生爱慕之心。这一时期异性的外表起着非常重大的作用，它能够激起感观快乐。此阶段的爱慕之心往往是一种非常原始的感受，因此它是脆弱而容易见异思迁的。

（2）注意阶段。被某位异性所吸引后，就会自觉不自觉地将注意力集中指向对方的一切行为和活动，不见面时就会思念对方并产生关于对方的种种想象，进而考虑自己能否和他（她）接近，如何表露真情，并时而设计一些相会的情景。此阶段多表现为“单相思”、“白日痴梦”。如果没有恰好的契机，爱慕之心就会随之消失或埋在心底。

（3）求爱阶段。这是向所爱慕的异性表明爱慕之心的阶段。在此阶段，由于对所爱慕者尚缺乏足够的了解或缺乏恋爱经验等多种原因，求爱者常常在该不该向对方表露真情、如何选择表达方式等各个方面存在担忧。同时，因担心情书言不尽意，担心口头表白词不达意，担心表白后可能遭对方拒绝，担心求爱不成反被人讥笑等，心理负担非常重，经常存在紧张感。这是重要而且困难的阶段，这一阶段容易出现求爱挫折。

（4）恋爱阶段。一方表白与一方接受，双方的恋爱关系就确定了，爱情的扁舟从此驶入了恋爱的海洋，两个异性之间开始了共同的情感交换活动。

在此阶段，两人可能因互相了解和感情加深，达成进一步发展情感的默契，在经过初恋期、热恋期而后向婚姻方向发展，也有可能由于种种原因，如发现对方不忠、失去兴趣、误解、遭外力阻挠等而导致恋爱关系破裂。

（二）大学生恋爱的特点和类型

1. 大学生恋爱的特点

大学生恋爱现在是一个很普遍的现象，因为他们年龄很相近，而且很多大学生都住校，彼此了解更多，产生感情也是特别自然的一件事情。这种情感确实与社会上的一些恋爱不同，它是大学生们在特定的时间、特定的地点，彼此在一起学习时产生的，是一种很单纯的情感，大多不带有功利色彩，不在乎对方挣多少钱，不在乎对方有没有房子，也不在乎对方的家庭状况如何，等等。大学生恋爱，除了具有恋爱的一般特点，还具有以下几个特点：

（1）浪漫色彩浓厚，非婚姻取向性突出。在特殊的生活背景和文化环境中萌生的大学生恋爱，其恋爱生活很少与婚姻、家庭等具体问题相联系，而成了大学生活本身的一种需要。在恋爱前，许多大学生不会认真地思考并选择一个志同道合、能够托付终身和在生活中彼此携手共进的异性朋友作为恋爱对象。他们恋爱的理由，仅仅是凭感觉，仅仅是因为喜欢和需要爱，“我喜欢，我恋爱”。在恋爱过程中更多的是看重对方的外貌、能力、兴趣和感情，谈论的话题大多是人生、社会、学习、娱乐等，注重花前月下、诗情画意，追求丰富多彩的精神生活，而很少涉及家庭、经济等现实问题，从而使得大学生恋爱富有浓郁的浪漫气息。

（2）自由性大，自主性强。大学生由于脱离了家庭生活，自主自立意识明显增强，因而在恋爱上大多自己做主，自由选择。他们常以“自我”为中心，设计自己的恋爱模式；重感情，不受双方家庭经济条件、地位、权势等因素的影响，也不受传统习俗的局限；在确定恋爱关系前，甚至在确定恋爱关系后，一般都不征求双方父母的意见。

（3）冲动轻率，耐挫力弱。当代大学生由于社会阅历浅、思想单纯，加之成长过程中很少经受生活的挫折，因而在人格特征上表现出冲动、轻率、任性、缺乏自控力和对挫折的承受能力。这种人格特征体现在大学生恋爱中，首先表现为“仓促上阵”，择偶时对自己的感情缺乏审慎的思考，一有好感就采取行动，凭一时冲动作出草率的决定。仅仅是在好奇心、神秘感、性冲动或从众心理的支配下，甚至他人的起哄下就与异性恋爱；感情升温快，从初恋到热恋，很难找到一个明显的分界线，过渡期很短，很快便达到高潮，约会频繁，形影不离，吃、学、玩在一起，恨不得一天 24 小时都不分离；感情的强度大，不易控制，对亲吻、拥抱等亲密行为要求迫切，有的还可能冲破理智的防范，偷吃禁果；低龄化趋势明显。过去大学生谈恋爱，多发生在高年级。现在大学生中低年级谈恋爱者也多了起来。一些新生在入学之初，便在老生的指引下把恋爱当做一门"必修课"，抢着在恋爱簿上"注册"，有的新生入学不久便进入热恋。而一旦恋爱受挫，即会情绪失控，无法自拔，对学习、生活造成严重影响，一些学生在恋爱受挫后甚至走上疯狂报复的犯罪道路或者干脆看破红尘，走上绝路。

(4) 恋爱观念开放，传统道德淡化。随着时代的发展，当今大学生恋爱观念日益开放，传统道德逐渐淡化。浙江都市网等一些省内外媒体近年来对大学生婚恋现象做过多次无记名问卷调查，结果显示：对婚前同居行为表示"可以理解"或持肯定态度的约占48.5%；对婚前性行表示答应或可能答应的约占56%；认为"只要确立恋爱关系，就可以发生性行为"的约占23.5%；还有约40.8%的男生和22.91%的女生对"爱人只能一个，情人可以多个"持肯定态度，并且这些百分比呈逐年上升的趋势。

由此可见，虽然中国传统文化及伦理道德对大学生影响较深，但随着对外开放的范围不断扩大，大学生的恋爱观也逐渐变得开放。

(5) 恋爱比例高，成活率低。当前，大学生对恋爱的认同率很高，不少人认为恋爱是大学生活中一项不可或缺的重要组成部分，而不谈恋爱反被认为不合时宜。在这种思想的影响下，很多大学生义无反顾地投身于恋爱的"洪流"中，谈恋爱学生的比例很高。根据中国计量学院零点调查协会2007年对在杭州九所高校的抽样调查显示，22.8%的大一学生、36.6%的大二学生、46.3%的大三学生、52.6%的大四学生正在谈恋爱，占被调查学生总数的36.8%，只有31.8%的同学表示没有谈过恋爱。与此相反，由于在恋爱时缺乏正确恋爱观的引导，恋爱过程中过于强调浪漫，缺乏经济基础的支撑，这种浪漫色彩掩盖理想和现实之间的矛盾的恋爱有如美丽的沙雕，经不起风吹雨打，在遇到实际问题时表现得比较脆弱，容易破裂，因此恋爱走入婚姻的概率一直较低。

2. 大学生恋爱的类型

当前，大学生对在校期间谈恋爱的认同度是很高的，调查表明，认为恋爱是青年人正常的身心需要的占36.64%，认为能找到志同道合的占11.66%，认为谈恋爱是重要的人生体验的占17.25%，三者相加，当代大学生对大学生恋爱持积极评价和态度的占到65.55%。综观当代大学生恋爱，大体可归纳为以下五种类型：

(1) 理想型。这是一种建立在共同的理想（包括职业理想和生活理想）、信念的基础之上的恋爱类型，也可称为事业型。这种恋爱类型的大学生，大多具备比较成熟的人格，能够以理性引导爱情，正确处理恋爱与学业的关系。恋爱双方志同道合，不仅仅把恋爱看成人生的快乐，而且能把幸福的爱情转化为学习的动力。理想型恋爱的成功率非常高，往往毕业以后能携手走出校园。

（2）情感型。这是一种主要以共同的情趣、爱好为基础的恋爱类型。这种恋爱类型的大学生，情感上的共融性高，恋爱双方情投意合，感情专一，互敬互爱，校园里常看见他们成双成对地走在一起，共同探讨人生的悲欢苦乐。情感型恋爱的成功率也比较高，毕业以后多数也能携手走出校园。

（3）尝试型。这是一种仅为获得某种人生体验的恋爱类型。这种恋爱类型，往往缺乏正确恋爱观的指导，之所以恋爱，是性成熟所产生的接近异性、追求爱情的生理欲求，以及社会舆论尤其是大众传播媒介对男女私情、婚姻爱情的渲染所触发的对破解“异性交往”神秘感和性体验的冲动。由于缺乏感情的交流，也没有共同的爱好和共同的人生目标，尝试型恋爱虽然人数不少，但成功率却并不高。

（4）弥补型。这是一种仅为填补精神空虚的恋爱类型。一些大学生认为整天和书本打交道，“一只书包两只碗，教室、寝室、图书馆”，生活过于枯燥乏味；一些大学生（特别是一些家庭依赖性强的独生子女）由于不适应大学生活，感到失落惆怅，于是纷纷把恋爱当成“消愁”的“甜茶”，借以弥补大学生活的孤寂乏味。据报道，有一所大学的一个班的全部女生在大二时就都有了“相恋对象”，用她们自己的话说：“我其实不是真的在谈恋爱，只是生活太乏味了，又没有知己，想找个伴畅快畅快。”由于其恋爱的基础只是精神空虚的补偿，弥补型恋爱在毕业后容易破裂，成功率非常低。

（5）虚荣型。这是一种建立在满足虚荣心基础之上的恋爱类型。一些大学生认为，谈恋爱、有朋友，或被异性追求是有本领、有能耐，反之则是无能的表现。在这种心理的压力下，一些大学生从虚荣出发，匆匆在同学中寻觅所谓的“知音”。虚荣型恋爱，由于只追求一时的感官满足和快乐，缺乏明确的爱情基础和目标，极易破裂，恋爱的成功率最低。

（三）对大学生恋爱的评价

随着国家对《婚姻法》的修改，2005 年 3 月 29 日，教育部发布了新的《普通高等学校学生管理规定》，撤销了对“在校学习期间擅自结婚而未办理退学手续的学生，作退学处理”（旧规定第 30 条）这一沿用了 15 年的大学生婚恋强制性规定，对学生能否结婚不再作特殊规定。因此，虽然当前就“若在校大学生结婚，婚后的学业和生育问题该怎么办”等问题仍在讨论之中，但法律和相关规定已经为大学生的恋爱、结婚提供了依据。今天的大学生已不必像他们的前辈或学长那样对自己的恋爱行为躲躲闪闪或以为恋爱行为是羞耻的、见不得人的事。然而，大学生恋爱究竟利大于弊，还是弊大于利，仍然是一个值得探讨的问题。

从个体发展的角度来看，大学生的年龄一般在18～23岁，这个年龄的个体在性生理上已完全成熟，在性心理发展上也已走过了性疏远期和性接近期，进入了恋爱期，对情感的需求和渴望大大增强，恋爱对该时期的青年人心理的成熟健全有一定的促进作用。其一，恋爱是青年释放日益强烈的性冲动的重要途径。通过恋爱接触异性，使青年不再感觉到性的压抑紧张。其二，性意识的发展必须经过恋爱阶段才能完善。性同一性的建立也要通过恋爱。因为恋爱是两个人人格的深层接触，在此过程中，青年的自我概念受到对方的影响而发展，真正懂得了如何在保持自身独立性的前提下调整自身缺陷以适应对方。其三，恋爱对一些个性因素和社会情感的发展有重大意义。一些心理学家认为，恋爱是青春期晚期和成年期早期最重要的事件，只有经过了恋爱，人才会真正成熟起来。从这个角度讲，恋爱是大学生生理、心理发展的自然现象，是无可指责的。

不过，恋爱的意义虽有其积极的一面，但有时也会妨碍大学生的健康成长。其一，恋爱带来的兴奋和悲痛可能造成心理紧张、行为失范。处在热恋中的青年会为一些小事而高兴或烦恼，带来高度的心理紧张，而遭受恋爱挫折则往往给人很大的心理打击，引发心理失调，使人失魂落魄，觉得人生意义不复存在，生活下去只有苦难和折磨，进而自伤或伤人，带来系列社会问题。其二，恋爱可能影响学业。大学时代正是学习知识、锻炼能力为未来打基础的黄金时期，而谈恋爱花前月下，如胶似漆，必然会占用时间、牵扯精力，如果因为恋爱或为了处理恋爱中的矛盾、烦恼而花去很多时间、精力，必将对学生的学业乃至整个人生的发展产生不利影响。其三，恋爱可能影响人际交往能力的锻炼与培养。弗洛伊德认为，情爱诱惑实际上是一种病态心理，他指出："因为爱情生活受到扰乱而导致其疾病的心理患者，他们表现出来的征兆与那些因为吗啡或其他的东西成瘾的人中毒或突然戒掉发生的情景有着极为相似之处。"恋爱中的女孩很少能与别人分享自己的观念和情绪，总觉得与别人格格不入，她们的心灵深处存在一种奇特诱人的紧张感和快乐感，这种紧张感和快乐感只有和男朋友在一起才会得到满足和恢复平静，所以总希望和男朋友会面。在这种病态心理的作用下，许多大学生往往一开始恋爱就把自己禁锢在两人世界中，出双入对，脱离集体。这样一来，就大大限制了交往的范围，给个性的优化造成极大不利，最终影响社会适应能力的提高，与大学学习生活中"学会做人、学会生活、学会交往"的目的要求不适应。其四，大学生都是20岁左右的年轻人，血气方刚，对性充满了好奇，而由于社会传统的隐晦，对性知识了解又明显不足（多指女性）。一旦发生性行为又处理不好，对其身心和未来的发展都会造成巨大的伤害和不良的影响。其五，就业的趋向也是一直困扰恋爱中的大学生的敏感问题，虽然在口头上表示

"只愿曾经拥有，不求天长地久"，而劳燕分飞、各奔西东，又岂是毕业时一句"Bye - Bye"可以了结。

可见，恋爱对青年来说是一把"双刃剑"，它可能帮助青年心理发展走向成熟，带来勃勃生机，成为促进学习、工作和身心健康发展的"核动力"，可是恋爱并不必然都会带来快乐和幸福，它也可能带来各种各样的问题和不良影响，使人情绪起伏、烦恼不安、成绩滑坡，让人体会到的尽是烦恼和苦涩。因此，我们应认识到，大学生恋爱是其心理、生理发展的正常现象，不容回避，无须视为猛兽，而应以一颗平常心看待。但我们更要清楚地认识到，18～23岁是人的一生中学习的最佳年龄段，是一个人智能发展的全盛时期，又是为未来事业打基础的关键时期，3～4年的大学生活是短暂而宝贵的，如果为了处理恋爱以及其中的各种矛盾、烦恼而花去很多时间、精力，影响学习和全面发展，无论对于自己还是对于国家都是不利的。同时，也应该看到，虽然教育部对《普通高等学校学生管理规定》中的有关在校大学生婚恋方面的条款作了合乎实际的修改，不再干预和禁止在校大学生的婚恋，但是这并不等于教育部门提倡在校大学生结婚、恋爱。教育部希望广大大学生要以学习为重，妥善处理好学习和婚姻、家庭的关系。因此我们认为，对在校大学生谈恋爱的现象不应横加干预或竭力反对，应该对他们进行必要的教育和引导，强调在校大学生的恋爱应以不影响学业和身心健康发展以及不对国家、社会和他人造成损害为前提。

二、公安大学生恋爱的环境要求与常见恋爱心理

（一）公安大学生恋爱的环境要求

公安院校不同于普通的大学，公安院校依照《公安机关人民警察内务条令》和公安部颁发的《公安院校警务化管理规定》，对学生实行严格的警务化管理。为确保实现思想革命化、作风战斗化、生活制度化、内务规范化的警务化管理目标，培养学生形成忠诚、严谨、团结、守纪的优良作风，公安大学生在校期间统一住校，统一着警服，每日的学习、训练、生活等都有明确具体的程序式规定，并且一般都是集体行动，属于个人独立支配的时间不多。公安大学生面临着文化课学习、警务技能体能训练等压力，在紧张的学习和训练中度过在校学习的几年。公安院校整体上处于一个严肃、紧张、相对单一的环境和氛围，这样的校园环境和氛围当然是与恋爱所需要的宽松浪漫相背离的。

除了学校的环境氛围不支持学生谈恋爱之外，各公安院校基于公安大学生的身心发展的特点以及人生观和价值理念重新整合确立的特殊时期，也基于国家、社会对公安大学生很高的期望和要求，从管理制度的层面上约束他

们谈恋爱。当前，各公安院校的学生行为规范中虽然没有禁止学生谈恋爱的明文规定，但一般制订有要求学生在异性交往中不得过于亲昵、不因异性交往造成不良影响、不得发生两性关系等规定。从根本上讲，公安大学生在校期间不能谈恋爱。

不难看出，在公安院校，无论从学生管理制度还是校园环境氛围都不支持公安大学生花前月下、卿卿我我来看，恋爱是公安大学生难以企及的奢侈品。

（二）公安大学生的常见恋爱心理

公安院校的学生管理制度和校园环境氛围都不适合学生恋爱，但恋爱是这一年龄段的青年人共有的现象，公安大学生与其他学校的大学生一样，存在着对恋爱的向往与渴盼，校园中也不乏恋爱的个体，呈现出各种各样的恋爱心理。

1. 好奇心理

处在青春期中、后期的大学生，对自身的性爱生理、心理方面的现象与问题既敏感又似懂非懂，充满了好奇，他们关注书籍、报纸、杂志、小说、影像以及与他人闲谈中获取的一些恋爱知识，希望从他人身上了解到更多的恋爱信息，这种好奇心理是生理成熟的需要，也是心理发展的正常要求。这种好奇心理不断累积，最终触发了恋爱体验动机。公安大学生也难以例外，从青春期开始，性爱好奇心理一直伴随着他们的成长而成熟，从性认知的好奇开始到爱的追求，构成了公安大学生恋爱的动力功能。

2. 补偿心理

在挤过了独木桥后，公安大学生开始面对崭新的、丰富多彩的公安院校生活。在短暂的新鲜与好奇过后，漫长的思乡情绪就会萦绕心头，而警务化管理下各项严格的规章制度、艰苦的警务技能训练更是让人感到处处“受到限制”、疲于应付，其中一些人由于学习、训练、生活和纪律的多重压力，内心诱发出紧张、空虚、孤独等负情绪体验，对单调的警院生活感到厌倦与无奈。而恋爱恰是一种可以转移注意力、缓解负情绪压力的情绪体验。于是，一些公安大学生就开始偷偷地谈恋爱，希望通过异性交往、建立亲密关系来缓解紧张、摆脱孤寂。

3. 从众心理

当前，谈恋爱已经是大学校园中的一种普遍现象，在一些大学生的眼中，“有人爱”是自身价值的某种证明，没有谈恋爱则是“没有用”的表现。有些男生固执地认为，毕业后还没有男朋友的女孩都是别人挑剩下的。有些女生则认为，缺少了恋爱的大学生活是不完整的。恋爱在大学校园中弥散成一种风气，指引大学生们前赴后继，纷纷投入恋爱。公安院校在招生时规定有严格的条件，要求学生不但要有较高的文化素质，还要具备良好的体能、体质条件，公安大学生聚集才华、风度、美貌于一身，无疑是同龄人中的佼佼者，是异性青睐的对象。面对当前高校中恋爱风的冲击，在其他高校的同学朋友的恋爱示范下，为了证明自己的价值，一些公安大学生明知制度不允许，仍不惜“逆潮流而动”，偷偷尝试着恋爱。

4. 焦虑心理

由于性生理成熟与性心理的不成熟之间存在矛盾、恋爱的需求与不允许谈恋爱的制度之间存在矛盾、情爱发展与尚未经济独立之间存在矛盾，一些公安大学生感到苦恼、烦躁不安、厌恶和紧张，呈现出典型的恋爱焦虑心理。一些同学因没有异性朋友，无人赏识而郁郁寡欢、萎靡不振；一些同学渴望恋爱，但又担心恋爱会影响学业，或怯于学校的规章制度而思虑万千、顾虑重重；一些同学已经开始恋爱，但因学校规章制度不允许而焦虑不安，担心某一天被发现而受惩处；一些同学由于很少能够跟恋爱对象相聚而担心恋情突然夭折，患得患失，忐忑不安。

第三节 公安大学生恋爱中的心理困惑及调适

恋爱的进行与成功，受个体年龄、外貌、品行、性格、文化、职业、兴趣、爱好、经济状况、民族、宗教信仰、政治态度等诸多因素的制约，需要正确恋爱观的指导，需要恋爱双方相互理解、共同努力，达成多方面的默契。公安大学生年龄尚小，涉世不深，他们年轻、冲动，情爱的发展极易受到性生理与性心理发育的控制，他们的爱情经常会因眼前这个人生价值观念多元化的现实社会而产生波折，诱发各种恋爱心理困境。建立一份永久的爱情，需要公安大学生们及时地摆脱恋爱中的各种困惑，深刻认识、正确对待爱情的重要意义，培养和发展自身爱的能力。

一、公安大学生恋爱中的各种心理困惑及调适

公安大学生社会阅历尚浅，缺乏深入了解和正确判断与评价一个人的经验，特别是由于所处的环境并不支持他们恋爱，许多公安大学生常常因爱情的理想与现实的差距产生无以名状的失落，在恋爱问题上感到有很多说不明白的心理困惑。

（一）渴望恋爱又不敢恋爱

企盼体验爱情是处于青春期的大学生们正常的生理、心理反应，正值青春妙龄的公安大学生同样对爱情充满了浪漫的幻想与憧憬。并且，由于具备较高的文化素质和过硬的体能体质，男生体魄强健、英俊潇洒，女生挺拔高

挑、聪慧端庄，公安大学生无疑是同龄人中的佼佼者，是异性垂青的偶像。然而，因为担心谈恋爱会影响学业，更因为公安院校的规章制度不允许在校学生谈恋爱，使得不少公安大学生尽管对恋爱充满渴望，但唯有隐藏于心中而不敢付诸行动。恋爱的愿望得不到满足，使不少学生的心中充满了焦虑、懊丧与失落。

对于这部分学生，要加强恋爱观教育，帮助他们认识到恋爱并非大学的“必修课”，早到的爱也许会提前消失，迟到的爱也许会是真爱。除此之外，还要加强校园文化建设，引导学生积极参与到各种丰富多彩的文体活动，充实精神生活，不因没有恋爱而烦恼、焦虑。

（二）不能公开谈恋爱

尽管公安院校不允许学生谈恋爱，但是校园里存在学生恋爱的现象仍然是一个不争的事实。公安院校中的恋爱群体，一类是中学阶段已经开始恋爱的，另一类是入校后经不起爱情的诱惑不惜“铤而走险”的，这些学生在学校不允许谈恋爱的规章制度下遮遮掩掩地恋爱。由于担心被发现而受处分，他们经常处于提心吊胆、焦灼不安的紧张状态。特别是看到外校同学成双结对、花前月下，心中更是充满羡慕与无奈，一些学生甚至对学校制度的合理性产生了怀疑。

对于这些学生，要积极开设指导如何正确处理恋爱与学业、恋爱与成才、恋爱与身心健康、恋爱与人格塑造等方面的辅导课，帮助他们正确认识情爱与性爱、好感与爱情、学业与爱情之间的关系。同时，要加强纪律作风教育，引导他们形成对学校管理制度的科学性和合理性的正确认识，强化纪律意识，妥善把握恋情发展的尺度，自重自律。

（三）能做恋人的异性朋友难寻

公安大学生与普通青年学生一样，性心理发育明显滞后于性生理的成熟，而性心理的成熟在一定程度上又是借助于异性交往实现的。在公安院校，男生的比例远远大于女生，男女比例明显失调，异性交往本身就不多。学校实行严格的警务化管理，学生统一住校，在很大程度上限制了学生对外交往的空间和时间，从而大大降低了结交异性朋友的概率。异性交往的缺乏，直接制约性心理的发展，影响到对恋爱吸引力形成的科学认知，萌生能做恋人的异性朋友难寻的思想。一些同学因自己的体貌特征、经济状况、家庭地位不尽如人意，或曾经失恋等，存在消极的恋爱心理定式，缺乏自信，对恋爱吸引力同样缺乏科学的认知，认为自己对异性没有吸引力，不敢坦然与异性交往，更怕在异性面前失误，采取回避与异性接触的办法来保护“自尊心”。久而久之，加剧能做恋人的异性朋友难寻的思想，造成内心深处的痛苦与迷茫。

对这些学生，要引导他们清楚地认识到公安院校学习生活的特殊性，确立对自己的准确认识与定位，还要引导他们大胆地去与异性交往，多参与有异性（包括与外校女生）参加的集体活动和健康的娱乐活动，在交往中形成对自身吸引力的正确评价，建树自信。

（四）对性问题的困惑

长期以来，由于传统思想的影响，人们对性及性爱知识的主观反映往往只停留在“可意会不可言传”的层面上，忌讳于公开议（讨）论性和性爱知识以及对性科学知识的获取。据王平等1997年所做的调查显示，大学生在性知识的获取方式上，由他人主动传授的只占9.5%，而半数以上（51.6%）则是在无意中接受非系统化的传输。性教育的匮乏给“性”披上了神秘的面纱，而西方“性自由、性解放”思想的大举入侵，恰恰从截然相反的方向影响着大学生们对性的认识与评价，加之公安院校在学生管理规定中强调了异性交往的恋爱限制，往往让性生理发育已经成熟的公安大学生不知该如何对待和处理有关异性交往和性的问题。一些同学因性知识缺乏，落入性意识的困扰，将性意识表现与觉醒如性幻想、手淫等看作罪恶，产生严重的“自我道德谴责”，他们试图通过遏制自己不去考虑这些问题，但是结果却适得其反，陷入痛苦与不安之中。一些同学缺乏对性爱与情爱的正确认识，或把两者绝对割裂，产生性压抑，或把情爱等同于性爱，在冲动之中发生性“过错”。

对于这些学生，要进一步对他们加强心理健康基本知识和性生理、性心理方面知识的教育以及性社会等方面知识的教育，优化大学生对婚恋与性科学知识的认知。同时，要进一步为大学生提供恋爱心理方面的咨询服务机会与条件，引导他们理智对待恋爱、婚前性行为和试婚等现象，解决好“性困扰”问题。

二、公安大学生正确对待爱情的重要意义

爱情是情爱和性爱的有机统一。但是，古往今来，在如何认识和对待爱情方面，稍不注意，就可能落入认为爱情与性欲毫不相干的“唯精神论”误区，或落入认为以性欲为爱情产生的根源和目的的“唯性欲论”误区。从大学校园恋爱现状来看，为数不少的大学生特别容易错误地认为爱情就是性爱，重对方外表、轻对方内在修养和素质，一味追求感官刺激，甚至作出不符合大学生道德规范的行为，本应甜美的爱情之果变成苦涩难咽之果，甚至酿成悲剧。可见，能不能正确对待爱情，对于公安大学生具有重要意义。

（一）有助于摆正恋爱与学业的关系

爱情在人生中占有重要地位，没有爱情的人生是不完美的，但爱情也不是人生的根本宗旨，更不是人生的全部。“生命诚可贵，爱情价更高，若为自

由故，两者皆可抛”，说明了这一点。对大学生来说，学业是自身价值观的主要支柱，也是未来事业的基础环节。把恋爱视为生命的唯一而忽视学业和未来所要从事的事业时，即使有了爱情，这种爱情也犹如一株温室中的花朵，娇弱美丽却经不起任何打击。公安大学生要完成所承担打击犯罪、保卫国家和人民群众生命财产安全的职责和使命，必须摆正恋爱与学业的关系，自觉坚持学业第一、爱情第二，把学业放在首位，不把宝贵的时间都用于谈情说爱。

（二）有助于理智地选择恋爱对象

一方面，恋爱寻求的是在自己心里倾慕已久的人本身，而非其他的一些外在的修饰，因此，恋爱对象的内在修养、知识水平显得尤为重要；另一方面，抛开一切世俗的东西，从追求真爱出发，拥有共同的理想和志趣，是使得爱情之树常青的重要因素。因此，作为未来的执法者和人民利益的保护者，公安大学生应坚持以思想品德为重，不凭个人的直觉和对对方外在的了解，而是在了解对方外在和内在两方面素质的基础上，理智地选择理解公安事业、情投意合的异性作为恋爱对象。

（三）有助于正确处理情爱和性爱的关系

前苏联著名教育家马卡连柯说过：“人类的爱情不可能纯粹产生于简单的动物学上的性欲深处，爱情的力量也只能在不是为了性欲的人类爱情的经历中找到。年轻人如果不爱自己的父母、同志和朋友，则永远不会爱自己的未婚妻，也不可能爱自己的妻子，不是为了性欲的爱情的范围越广泛，就越能得到高尚的有性欲的爱情。”公安大学生在恋爱中要学会正确处理情爱和性爱的关系，特别要能清楚地认识到爱情是情爱和性爱的有机统一，努力避免将性欲等同于爱情的看法，学会以严肃专一的态度对待爱情，以健康文明、庄重高雅的方式对待爱情，用理智控制性的生理冲动，以高尚的情操约束自己的意识和行为。

（四）有助于维护人民警察的形象

人民警察具有双重身份，是国家公务员队伍的重要组成部分，又是人民民主专政的柱石和工具。人民警察的这种特殊身份决定了其与党和政府的形象之间存在着密切的联系。人民警察身着警服，头戴国徽，代表党和国家执法，是党和政府联系群众的桥梁和纽带。广大群众常常通过人民警察的一言一行，来认识我们的党和国家，来认识党和国家与群众的关系。人民警察的形象如何，不仅决定着公安事业的成败，而且直接关系到党和政府在人民群众中的形象。公安大学生虽然还不具备执法主体资格，但他们头戴国徽，身着警服，人民群众已然把他们作为人民警察队伍的一部分。因此，如果公安大学生不能处理好爱情问题，在恋爱中出现违背道德规范的行为，或由于恋爱处理不当酿成悲剧，必然在社会上及人民群众中造成严重的不良影响，直接影响到公安机关和人民警察队伍的形象，进而危害党和政府的声誉。相反，如果公安大学生能树立正确的爱情观，妥善处理好婚恋关系，则必然能成为弘扬正气、推动婚恋文明的典范。

三、培养和发展公安大学生正确的爱的能力

美国著名的精神分析学家弗罗姆在其著作《爱的艺术》中指出，爱是一种能力。人们“祈求爱，渴望爱”，但“宁愿学习爱的人却为数寥寥”，人们“几乎把所有别的东西都置于爱之上。成功、名誉、金钱、权势——我们把所有的精力都消耗在学会如何实现这些目标上……”为此，纵然爱情是美好而甜美的，很多人却只能收获爱的苦果而难以品尝到爱的甘甜。究其原因，正是由于他们不具备爱的能力所造成的。培养和发展爱的能力，对公安大学生来说尤其重要。

（一）识别爱的能力

对于渴望爱情的公安大学生来说，学会识别爱的真伪，是迎接爱情的必要准备。公安大学生在审视自己感情的时候，应该明白以下几个问题：

1. 好感不是钟情

一位大学新生在日记里写道：“第一次见到她，我就倾倒了——为她的眼睛、她的脸庞、她的悦耳的声音和那迷人的风度。我总想见到她，但每次都不敢正面瞧她一眼。我不知道自己是不是爱上了她。”这位男生的体验也许是很多同学所共有的。

确实，“好感与钟情”——这是青年男女在交往中时常碰到而又难以区分的情感。对某个人产生了好感，你就可能醉心于他（她），从而引起感情上的冲动，犹如萌生了真正的钟情一般。但钟情是在深入了解基础上的心灵融合，与好感这种直觉性的情感存在着巨大的差异。好感和钟情的区别在于：一是好感只是一种评价，并未参与感情互换的要求，而钟情却以感情的互换作为前提；二是好感是一般性的人际感情，是对某些不完全特征的评价，而钟情是对总体特征进行的综合分析；三是好感是亲密关系的感受，而钟情是“没有人能代替的唯一的”形象。

判断对某个异性的好感是否已发展成钟情，一般可以从以下几个标准来衡量：

（1）有没有捉摸不透的想要接近对方的冲动。

（2）是不是拼命地想在对方面前表现自己，希望自己的言语、行为能引起对方的注意。

（3）是否在与对方接触时表现出一种激动、慌乱和行为上的不自然。

（4）对方的人格是否已在自己的心灵中产生增值。

2. 异性友谊不等于爱情

现代人的爱情总是由友谊发展而来的，对恋爱期的青年人来说，异性友谊是爱情的基石。从异性友谊中寻求爱情，是一条普遍的健康的爱情之路。异性友谊达到一定的程度，爱情就接踵而至，但异性友谊和爱情又是有着本质的区别的。

（1）这是两种不同性质的感情和概念。友谊要表达的是友爱，爱情要表达的是性爱和情爱，所以不能错把异性友谊当成爱情。异性友谊是朋友之间一种平等的、诚挚的、亲密的、相互信赖的关系，感情上表现为平和、沉静、坦诚。爱情则是一对男女相互之爱，它在友谊的基础上增加了异性间的吸引，感情上表现为热烈、奔放、激情难抑。所以，认识一个好朋友会让人心情愉快，但显得平静；但追求一个异性同学有了实质性的进展，往往让人激动，甚至无法入眠。

（2）异性友谊是“开放”的，可以有一个异性朋友也可有多个异性朋友；而爱情却是“封闭”的，它是一对男女之间的隐秘之情，不容许任何第三者涉足。在爱情的世界里，只有他们两个，挚笃专一，忠贞不贰。爱情只能在一对男女之间发生，而且必须单向发展，不能多向发展，否则不仅破坏了爱情，而且也是对纯洁友谊的亵渎。

（3）异性友谊与爱情的感情深度不同。爱情既是异性友谊的延续，又是异性友谊的升华，它是建立在性爱基础之上的。因此，爱情成为人类感情中最复杂、最微妙的综合体，是两性之间心理空间最为接近的一种情感活动，是贴心之情、炽烈之情。以婚姻的缔结为归宿的爱情所产生的精神上的结合，最终必将导致肉体的结合，从而产生第三个生命。但是，异性友谊只是相互具有敬慕之情，不管有多么深厚，都不存有半点性欲的念头。而且，男女之间的友谊不是都能发展为爱情的。在现有爱情关系存在期间，异性友谊不能超出同志和朋友关系的范围，在异性交往中一定不能失去理性的驾驭。

（4）异性友谊与爱情所承担的义务不同。异性友谊关系主要承担道德义务。朋友之间要做到忠诚、友爱、互助，要讲原则、明是非。而爱情在缔结婚姻关系后，就不仅要承担道德义务，而且要承担法律责任，婚姻家庭是受法律保护的。

公安大学生务必要能分辨出异性友谊和爱情，当你还没有爱上对方，不想把友谊上升为爱情时，千万要把握住两者的界限，要与异性朋友保持一定的距离，不要使对方想入非非；当你发觉对方已经爱上你，而你又不准备与对方确定恋爱关系时，你一定要明确地表达自己的意见，不要含糊，以免对方抱着希望，甚至纠缠不休，使双方陷入困境，引出许多不必要的误会甚至烦恼。

3. 单相思不是爱情

前苏联作家伊萨可夫斯基说过："爱情是两颗心撞击出来的火花，不是一颗心对另一颗心的敲打。"一个人萌发了对另一个人的爱慕之情，并不意味着爱情已经产生。不管这种爱是多么的强烈，也许你每时每刻都在思念对方，也许你愿意为对方奉献一切，但假如没能引起对方爱的回应，那么这种爱只是不幸的"单相思"。马克思曾经告诫人们："如果你在恋爱，但没有引起对方的反应，也就是说，如果你作为恋爱者通过你的生命表现没有使你成为被爱的人，那么你的爱就是无力的，就是不幸。"

爱情必须以互爱为前提，只有一方爱上另一方，同时又得到对方同样的爱，才是美好的爱情。如果自己爱的情感不能引起对方同样的反应，所谓的"哥有情来妹无意"，那就应该及时从情感的漩涡里摆脱出来，去寻找真正属于你的爱的归宿，因为"一相情愿"的爱是不会结出幸福之果的。

（二）迎接爱的能力

迎接爱的能力包括施爱的能力和受爱的能力，前者是主动给予爱，后者是被动接受爱。尽管恋爱的起初或许是一方施爱、一方受爱，但就恋爱的整个过程来说必定是男女双方互相施爱和受爱，否则爱就无法持续下来，爱情也就不称之为爱情。

一个人心中有了爱，在理智分析之后，敢于表达，善于表达，是一种爱的能力；一个人面对别人的施爱，能及时、准确地对爱作出判断，并作出接受、谢绝或再观察的选择，也是一种爱的能力。

公安大学生要树立健康的恋爱价值观，并具备迎接爱的能力，就应该了解自己，知道自己喜欢什么、需要什么、适合什么；就应该对自己、对他人、对万事保持敏感和热情；就应该主动关心他人、热爱他人；就应该有一种健康的心理，懂得爱是什么，什么时候去爱，并能承受因"爱"而引起的心理压力。

（三）拒绝爱的能力

拒绝爱的能力就是对不愿意或不值得接受的爱加以谢绝的能力。生活中，可能有并不期待的爱情来到眼前，有时还可能出现挥之不去的情形。所以，拒绝爱的能力也显得非常重要。

自己不愿或不值得接受的爱应有勇气加以拒绝。拒绝爱要注意两个方面：一是在并不希望得到的爱情到来时，要果断，勇敢地说"不"，因为爱情来不得半点勉强和将就。如果优柔寡断或屈服于对方的穷追不舍，发展下去对双方都不利。二是要掌握恰当的拒绝方式，虽然每个人都有拒绝爱的权利，但是尊重每一份真挚的感情是对他人的尊重，也是一种自珍，同时是对一个人道德情操的检验。不顾情面，处理方法简单轻率，甚至恶语相加，结果使对方的感情和自尊心受到伤害，这些做法是很不妥当的。

生活中善良的人们是这样做的：真切地关怀和同情他人的命运，运用一种充满关切、尊重和机智的方式来维护自己也维护他人的利益。一个人的优越与魅力不是靠他（她）的某种条件来建立的，而是靠他（她）的心灵来维护的。公安大学生应该以此为行为准则，理智地对待爱情，善意地拒绝未合时宜的“爱情”。

（四）承受失恋的能力

失恋是恋爱过程的中断，即遭受挫折，与相爱者的分离。尽管有些公安大学生因种种原因已经恋爱，但是在他们的恋爱过程中，由于来自学校管理制度的压力、家庭或社会舆论的压力，一方变心或是双方在交往中发现彼此思想、个性不相吻合，情感不融洽等，都可能导致恋爱的中断。失恋通常会带来一系列心理健康问题，失恋者体验到悲伤、绝望、虚无、忧郁等创伤性情绪，在行动上多表现为冷漠、颓丧、烦躁、逃避或攻击等，有的甚至诱发轻重不一的精神障碍和躯体不适或疾病。因此，要提高承受失恋的能力，在爱情受挫后，运用积极的心理进行调节。

第一，端正认识，摆正爱情在人生中的位置。不把爱情作为生活的唯一内容，认识到为爱情耗费所有精力甚至抛弃生命是完全没有必要的。

第二，积极放松，合理调整心情。通过旅游或郊游，开展体育活动，找朋友、亲人聊天谈心等，排解因失恋引起的内心不适。

第三，合理运用代偿迁移的方法。代偿迁移就是把失恋所造成的心理紧张迁移到其他方面，以使这种心理紧张得以缓解和释放的过程。代偿迁移有四种方法：一是确立“天涯何处无芳草”的信念。这是一种心理保护方式。失恋者不断要求自己在内心深处（或口头）重复这个信念，使自己在一段时间后相信这种心理暗示，以放松自己的心绪。二是适当运用“酸葡萄”效应与“甜柠檬”效应。“酸葡萄”效应，是指失恋者通过找出以前恋人的一些缺点，来打破理想化倾向以修补心理上的创伤。“甜柠檬”效应，是指罗列自己的各项优点，以恢复自信、减轻痛苦。三是环境迁移。不要再去涉足以前常与恋人待在一起的环境，避免睹物思人。时过境迁后，痛苦就会慢慢淡去。四是升华，将失恋化为一种动力。当一个人为了减轻心理紧张而把热情投入到学习及事业当中去的时候，他就会把这种紧张慢慢地释放，变为成就一番事业的动力。古今中外，不沉迷于失恋的痛苦，发愤努力工作而有所作为的不乏其人，可把他们作为榜样，将精力投入到学习中去，充分实现自我价值。

提高失恋的承受能力对公安大学生的心理健康是非常重要的。当那些因各种原因而正在恋爱的公安大学生一旦失恋，更应该学会用理智来驾驭感情，应该从公安大学生的要求出发，重新审视自己，摆正自己应有的位置，在学业和事业的追求中确认和实现自己的价值，从而提高自己的心理承受能力和思想水平。

（五）发展爱的能力

在恋爱和家庭生活中，会遇到许多的矛盾、纠纷，这就需要具有妥善处理矛盾的能力。缺乏这种能力，爱就不能维护，更不能发展。使爱情不断更新、不断发展，保持永久的魅力，等等，都需要有发展爱的能力。

公安大学生发展爱的能力，首先，要塑造自己完整与统一的人格，培养无私的品格和奉献精神。弗洛姆说："人必须竭尽全力促成自己完善的人格，形成创造性的心理倾向，否则他追求爱的种种努力注定要付之东流。"其次，要不断地学习、创造。美国著名诗人惠特曼说："爱，不是一种单纯的能力，而是我们生活中的一种气候，一种需要我们终身学习、发现和不断前进的活动。"最后，要培养善于处理矛盾、化解矛盾的能力，为以后的爱情和婚姻家庭生活打下基础。

思考题：

1. 大学生恋爱有哪些特点？
2. 公安大学生应如何对待恋爱中的各种困惑？
3. 公安大学生应怎样培养和发展爱的能力？

第十章　公安大学生网络心理健康与行为

网络的出现正在全面改变着人类的生产方式、生活方式、交往方式、思维方式以及价值观念。因特网为求知若渴的大学生开辟了一条全新的学习和生活之路，极大地开阔了大学生的眼界，为大学生的人际交往打开了另一扇门。但因特网的负面效应也在不断暴露出来，虚拟世界给人们心灵的冲撞是十分明显的，网络黑客、网络病毒、网络色情、网络信息、网络人际交往、网恋以及网络所具有的匿名性等对大学生的认知、情感、意志、人格以及社会心理等方面的影响是不容忽视的。不少学生沉溺于网络聊天、网络游戏之中，浪费了大量宝贵的时间，荒废了学业，引发了心理障碍，有的因此而退学，甚至还有的因此而自杀。因而，对大学生来说，在享受因特网带来的便利的同时，克服网络虚拟世界给大学生带来的生理和心理危害，避免过分迷恋网络、过分迷恋网络人际交往，就成为大学生心理健康建设的重要内容，也是大学生不得不面临和亟须解决的现实课题之一。

第一节　网络与大学生

一、网络的发展现状和大学生上网的主要目的

随着信息时代的不断发展，网络已经把人们带入了一个全方位世界。今天的人们可以通过互联网了解世界、学习、购物、游戏，可以通过互联网交流信息、工作开会，可以通过互联网发表言论、聊天交友。网络正在改变着我们的一切。

我国的信息化时代虽然起步较晚，但发展迅猛。为了全面了解和掌握我国互联网发展的情况，从1998年开始，中国互联网络信息中心（CNNIC）每年1月和7月都要对我国互联网的发展状况进行调查分析（其中包括对上网计算机数、用户人数、信息流量分布、域名注册等方面情况的调查）。据CNNIC调查数据显示，国内互联网用户数1997年10月为63万；2000年7月为1690万；2005年7月突破了1亿，为1.03亿；2008年6月底，达到2.53亿，网民人数超过了美国，居世界第一位；截至2011年12月底，我国网民

规模已突破 5 亿大关，达到 5.13 亿，互联网普及率攀升至 38.3%，较 2010 年提高了 4 个百分点。我国手机网民规模达 3.53 亿，同比增长 17.5%。

CNNIC 的调查数据还显示了中国网民的主体仍旧是 30 岁以下的年轻群体，这一网民群体占到中国网民的 58.2%（见图 10－1），超过网民总数的一半。同时调查还显示，网民职业成分构成中，学生是网民中规模最大的群体，达到 30.2%。

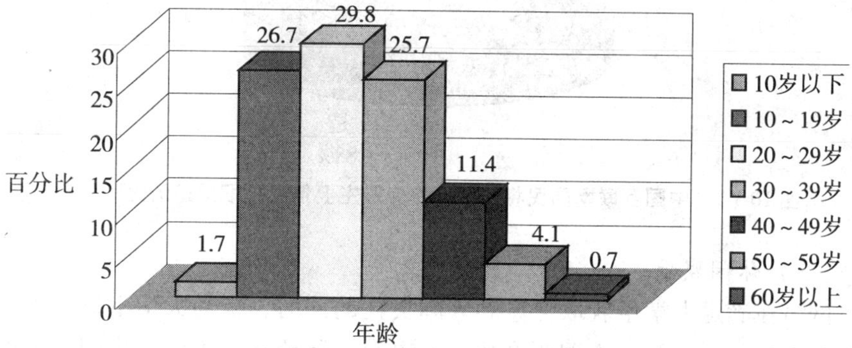

图 10－1　2010 年 12 月～2011 年 12 月网民年龄结构

尽管 CNNIC 没有明确表明大学生网民的数据结构，但是可以逻辑推断，年龄处于 18～24 岁的大学生是互联网的忠实用户，他们在这个年龄段中的人数比例会很高。那么，他们利用网络究竟在做些什么呢？国内的一些院校对此进行的调查研究表明，大学生上网的目的主要有以下三种：

（一）获取信息

互联网是信息时代储存输出信息的中枢，各类信息无所不有，这些取之不尽用之不竭的信息对大学生充满了诱惑。根据互联网消费调研中心的调查数据显示（2009 年），将网络作为最主要信息获取渠道的中国互联网网民比例将近九成。仅有 12% 的互联网调查对象表示网络不是自己获得信息的最主要的渠道（见图 10－2）。也就是说，通过网络获取信息已经成为中国互联网网民很重要的一种行为方式。大学生网民是网民群体中最为活跃的组成部分，通过网络，获取时政、学习、生活等各类信息是很多大学生上网的最主要的原因。

（二）人际交往

网络为网民提供了收发邮件、论坛（BBS）、讨论组、聊天室、博客、播客等交流平台，人们通过网络扩大了人际交往的半径。而在网络上聊天交友更是成为大学生的主要活动内容之一。2002 年河南一所工科院校的调查表明，该校本科生中网友个数“少于 5、6～10、11～20 和 20 以上者”的比率分别为 42%、24%、14% 和 21%，其中 16% 的人交有同性网友，交异性网友者多达65%；有大龄网友者仅占4%，而同龄网友比率高达79%。QQ（OICQ）是该校大学生网民最主要的网聊工具，使用者达74%，使用聊天室、BBS和其他网聊工具的分别为40%、40%和8%。

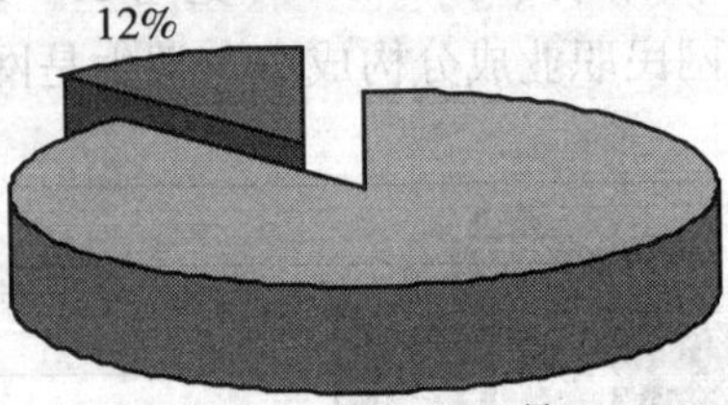

图10-2　中国互联网网民将互联网作为最主要信息获取渠道的比例分布

（三）休闲娱乐

网络在满足大学生获取信息和人际交往的同时，也为大学生提供了一个崭新的娱乐休闲工具。上网听音乐、看电影、玩游戏成为大学生网民上网的一个重要原因。2006年内蒙古四所高校的调查表明，大学生网民上网的目的除了获取各种信息（43.9%）以外，休闲娱乐成为了上网的重要目的，占33.8%。而2005年青岛大学对本科生网民的一项调查显示，有46.01%的学生上网的目的是“娱乐”。

二、大学生上网的心理需要

据有关调查表明，大学生的上网率几乎达到了100%，可以毫不夸张地说，“上网已经成为大学生的一种生活方式”。那么，大学生为什么这么热衷于畅游于网络世界呢？从大学生网络行为发生的心理需要分析，有积极的心理需求和消极的心理需求两个方面的表现：

（一）积极的心理需求

1. 强烈的求知欲与好奇求新心理

互联网以其信息快、内容新、手段先进等优势极大地吸引了大学生的好奇心，引起了他们的特别关注和兴趣，激发了他们学习和掌握网络知识和应用技能的欲望。

2. 自由平等的参与意识与自我实现欲望

网络平等自由的氛围适应了当代社会中对自由、平等呼声最高的大学生群体。在网络这个虚拟空间里，种种现实社会的限制都消失了，只要参与进来，任何人都是互联网的“主人”，都可以在网上按自己的意愿和口味，虚拟社会，做自己想做的事。

3. 追求开放性和多元性

网络是一个开放的信息源，各种文化、思想、观念都可以在这里争鸣。这就为大学生追求开放性和多元性的文化、观念提供了平台。

（二）消极的心理需求

1. 猎奇心理，追求感官刺激

很大一部分大学生上网的目的是猎奇，即追寻一种在现实生活中难以了解，通过正当渠道难以获得的奇、艳事物或信息，并借以获得感官刺激。他们往往会出于好奇或冲动的心理刻意去寻找一些色情、暴力信息。

2. 急功近利心理

网络信息的丰富与快捷使许多大学生把上网当做通往成功的捷径和有利条件。在他们眼里，网络就是商机，网络就是生财之道。同时，一定程度上的社会误导（包括网络上基于商业目的的信息误导）也使大学生对“成功”的理解产生了偏差。于是，电子商务、留学资讯、成才捷径、求职之路就备受一部分大学生的关注。他们渴望凭借这些信息省一些力气，走一步先棋，成为网络时代的成功人士。

3. 发泄欲求

在互联网上，大学生们可以比在学校里、家庭里更随便地发表自己的高见，抒发自己的爱憎，表达自己的思想信仰，而不必担心会受到限制或承担责任。平时对学校不敢提、无处提的意见可以贴到 BBS 上去，平时对异性同学不敢表达的感情则可以在聊天室里淋漓尽致地抒发。

4. 逃避现实的解脱心理

大部分学生在大学生活中都会遇到学习方面、感情方面、人际关系方面等的挫折和危机。同时，复杂的社会生活也会使思想相对不成熟的青年学生感到难以应对。但遗憾的是，一部分学生在现实中受挫时，往往愿意到虚幻的网络空间去倾诉，互联网成了他们逃避现实、寻求自我解脱的一个适宜的渠道和环境。

5. 虚拟的自我实现心理

强烈的自我意识是大学生群体的一个显著特征，虚拟的网络可以成为大学生实现自我的一个理想王国。在网络上，大学生可以享受到网络特有的平等、自由、成功、刺激的感觉，学习与就业的压力、社会与家长的希望造成的心理上的压抑与孤独，在网络上一扫而光；他们可以突破社会及他人对自己行为的匡正与评价，轻松地实现从小梦想成为的侠客、富翁，可以在模拟战争中指挥千军万马搏杀疆场……部分大学生上网通过玩游戏，在游戏获胜后获得一种成就感。这是因为网络游戏能够部分满足他们的自我实现需要。

虚拟的自我实现心理还会导致一些不道德的行为甚至是犯罪行为的发生。

有些大学生不能很好地理解自我实现、自我价值的真实含义，往往意图在网络中“大展宏图”。他们为了能展示自己的能力，大胆地制造网络病毒、盗用他人电脑信息，刺探他人隐私，非法通过银行和信用卡盗窃和诈骗，给社会和他人带来严重的损失。例如，1999 年 4 月，我国台湾地区一青年大学生，将自制的 CIH 病毒输入国际互联网络，造成全球 3000 多万台计算机失灵。至今，CIH 病毒每月 26 日还会在世界各地的计算机中发作一次，给全球造成的经济损失难以估量。

6. 网络依赖心理

有人认为，迷恋上网实际上是大学生内心寻求理想化状态的一种途径。他们认为大学生活与想象中的有较大的出入，面对现实与梦想的冲突，大学生找不到自己的位置和坐标，盲目寻求自己的精神寄托，一部分学生就开始“触网”。随着其上网时间的不断延长，记忆力开始下降，对学习也逐渐产生厌烦感，而对于上网的渴望却逐渐加深。随着网络性心理障碍的加重，这些学生对网络的依赖更加严重，其表现为逃课上网，导致学业的荒废；对大学生活中的各种活动漠不关心，进取意识减弱；性格孤僻，与周围同学关系紧张。同时，在现实生活中受到打击或者遭遇挫折的大学生，其自我控制和调节能力较弱，而网络的理想化和成就感恰恰弥补了现实的缺憾。随着这些学生上网时间的增加和对现实的漠视，由于其精神世界得不到充实，造成了对网络依恋的进一步加深。

应当指出的是，过多地依赖网络，将使亲自阅读书本、亲身实践、面对面交流等多种现实的活动越来越弱化。因为网上提供的知识是有限的，它只给出“何时”、“何地”、“何事”等基本信息，这些都是结果，无法代替人们去思考和解决问题的方法，这必然造成知识匮乏、文化落后。而且，网上获得的知识是一种“快餐文化”模式，网络技术的高速发展使得网络知识更具有高度的综合性、声像多维一体化和高度图像化等特点，其结果造成人的思维能力、实践能力、表达能力、抽象能力和阅读能力下降。这对大学生的成长是不利的。

三、公安大学生网络行为的特点

所谓大学生网络行为，是指大学生作为网络用户的信息、交往、商务和娱乐等所有网上活动，既包括像一般用户参与网络建设、管理、使用等活动，也包括学习、研究和创新网络知识和技术等专业活动，还包括利用网络学习、研究、传播和服务社会等活动。大学生网络行为除具有人类行为的共同特点之外，在行为的动机、目的、强度、监控等方面具有显著的特征。

（一）约束力减弱，自由度增强

在虚拟的网络世界里，网民采用匿名的方式，以隐身人的形式出现，可以从事各种虚拟行为，如网聊、网恋、网婚，成为虚拟国家的公民。而互联网又缺失中心控制设计，网民在网上的行为没有监控，现实社会中对人类行为起规范、约束、控制作用的各类因素，包括法律、道德、习俗、礼仪、舆论等对网民的约束力明显减弱。由于大学生正处于人生观、价值观的成熟期，在这个时期，学校、家庭对他们的行为塑造给予了更多的关注，并在各个方面加以一定的限制，使大学生更加期待得到自由的空间，网络行为恰恰使大学生网民得以实现这种自由需要的具体反映。

（二）道德责任感减弱，游戏心态增强

在现实生活中，道德作为人们对是非善恶的评判准则和调整人们关系的行为准则，为大多数大学生所接受和遵循。同时，现实社会在一定意义上是一个“熟人社会”，交往大多都是熟识的人（如同学、老师、朋友、家人等），依靠熟人的监督，传统的道德能得到相对较好的维护，大学生的现实行为具有较高的道德责任感。

如果说现实社会是个成人社会的话，那么网络社会还处在婴儿期，作为正在成人的大学生网民来说，他们缺乏道德自觉。在虚拟的网络社会中，“熟人社会”不再存在，传统道德存在的社会基础似乎也荡然无存。于是，部分大学生网民逐渐变得道德认识模糊、道德情感淡薄、道德行为失范、道德责任感减弱。他们在网络上说假话，发布假消息，谩骂、欺骗、诋毁等恶意攻击行为屡见不鲜，游戏他人、游戏生活的心态膨胀，久而久之，这种游戏心态就会发展到现实生活中来，从而严重影响大学生的健康成长。

（三）目的性减弱，盲目性增强

研究发现，大学生上网虽然积极，但是他们的上网目的性不强，或虽然有一定的目的，但却是短期的，与自己的健康成长、前途联系甚少。大学生对网络能给自己带来什么，自己上网到底是为了什么，到底能得到什么，还存在模糊的认识。

造成这种现象的主要原因是：一是互联网的信息量大，且鱼龙混杂，不可信度高，可选择信强；二是大学生自身的控制力、辨别力弱，上网目的不明确，游戏心态过重，部分大学生上网纯粹是情绪使然；三是高校网络德育教育的滞后，目前，大学生上网基本上还处于自发状态。

（四）保守性减弱，创新性增强

大学生经过十余年的应试教育终于上了大学。因此，受应试教育的影响，大学生的保守性较强，创新性较弱，过多地表现为顺从、保守，而在以自由、开放、平等为特点的虚拟网络空间里，大学生原有的那种顺从、保守可以得到摈弃。在网络空间中，大学生不仅能够得到极好的学习机会，而且在心理上也得到了解放，人格上得到了独立，其主体意识得到了空前的提高，迸发了无限的创新激情，产生了许多令人惊奇的、前所未有的创新理念和创新行为。

（五）群体性减弱，个性化增强

当代大学生是在传统和现代教育思想和模式相互交织的状态下成长起来的。但是，由于家庭启蒙教育偏重传统，以高考为代表的应试教育制度依然存在，使得以往接受的教育更多的是强调共性的发展，对学生的要求是统一的标准、群体的一致活动。学生在学校、班级中过着一种群体化的生活。而在网络世界里，大学生行为的群体性倾向正在减弱，相反，个性化倾向日益增强。在网上，大学生可以针对自己关心的问题，直接搜索获取各类最新信息，可以结交志同道合的伙伴。网络可以使大学生突破既有的学校、班级的群体关系。互联网的个性化行为不仅仅表现在大学生可以自由分享他人的知识和资源，而且还表现在每个大学生都可以成为具有鲜明个性和独特价值的虚拟个体。

（六）依赖型减弱，独立性增强

互联网的出现，满足了大学生渴望独立的愿望。网络为他们提供了丰富的生活资讯，使大学生不再需要依赖家长就可以解决许多生活上的难题。现实生活中友情的依赖也被网络世界的虚拟人际关系网所取代。网络促使大学生行为上依赖性减弱，独立性增强。

第二节　网络对公安大学生心理行为的负面影响

网络是把“双刃剑”，网络作为现代科技文明的象征和标志，也像其他人类所发明、创造的科技文明一样，在给人类的生产方式、生活方式、交往方式、信息处理、情感交流带来极大的便利的同时，也使人类的社会生活危机四伏。而网络所形成的虚拟空间有着同真实的时空完全不同的特质，它给网络用户心理造成的冲击是十分明显和可怕的。公安院校的大学生较普通院校大学生有着更多的集体生活、集中行动的体验，他们往往更需要一个自由、个性的“私人空间”，网络对公安院校的大学生有着更大的吸引力，同时也给公安大学生心理行为等方面带来诸多负面的影响。据某公安院校的调查显示，该校有严格的纪律，要求学生不得在学习日利用网络娱乐。而到了休息日，几乎90%的学生上网都是用于娱乐，甚至有的学生连吃饭时间都在上网，以快餐食品充饥，分秒必争在计算机前度过两天的休息时光。

一、网络给公安大学生的心理行为带来的负面影响

（一）认知的偏差和麻痹

“入芝兰之室，久而不闻其香；入鲍鱼之肆，久而不闻其臭。”长时间、

过度接触网络会降低大学生的感知能力，并造成认知上的麻痹。人们长时间感知同一事物后容易导致对该事物感受性的降低。这就是心理学上所说的“适应”。网民们都有一个共同的感受：“上网中时间过得最快。”有一份调查表明，97%的人发现自己实际花费在网上的时间比原先打算的要长。

公安工作要求公安大学生要有敏锐的判断能力和甄别能力，而网络信息会导致公安大学生对信息内容的消化不良。网络传播的信息的丰富性、快速性，以及集文字、声音、图片、活动影像于一体的综合性是其他传统媒体无法比拟的。但是，网络泥沙俱下、一泻千里的信息传播方式会超过人们正常的负荷，这些没有经过消化的信息残留会在潜意识中干扰公安大学生的学习、思考和价值取向，从而影响大学生思维的深度和广度，导致公安大学生思维能力的下降和钝化，出现认知偏差甚至麻痹的现象。

（二）情感的异化和迷失

大学生的情感活动是非常丰富多彩的，他们正处在情感体验的高峰时期，情感中的喜、悲、乐、愁、爱、恨都有强烈的表现。人正是在这种情感的起伏和波动中不断调整而逐渐完成其社会化的。大学生在其成长过程中不但需要表现自我的喜、怒、哀、乐，而且还要接受来自周围环境以及他人所表现出来的喜、怒、哀、乐，只有置身于人与人之间的这种情感互动的氛围中，大学生才能够确定自我的情感，不断发展、完善、丰富自己的情感世界。

公安大学生在入校之初，对警察这个职业充满好奇、憧憬和向往，情感体验十分积极。而通过专业学习和学校生活，也体验了一些负面的情绪。专业的特质要求公安大学生要学会收敛情绪，而在网络中，公安大学生可以有极大的自由按照自己的情感和意愿去表露自己，做自己喜欢的事情，说自己想说的话，和自己情趣相投的网友交往，随心所欲、无拘无束地“放纵”自己的情感，在现实世界里不能够、不敢表达的情感，在网络的虚拟世界里却可以轻而易举地实现。加之在网络中，一些网络游戏所营造的虚拟世界，充满血腥和暴力，游戏者在其中的角色扮演，为了升级，赢得战利品和分数，面对生命毫无同情和怜悯，必然引起情感体验的畸形和冷淡，久而久之，会使他们在现实中不愿意表露自己的情感，也不愿意接受他人情感的表达，变得很麻木，这就必然导致公安大学生情感的异化和迷失。

（三）人格塑造的障碍

大学生作为一个特殊的青年群体，他们的人格特质具有自身所独有的一些表现：自我意识逐渐增强，集体意识逐渐淡漠；社会的责任感、义务感和同情心相对减弱；容易出现理想与现实、自我与集体、社会、他人利益的冲突；注重主观感受和内心体验，缺乏一定的严肃思考和理性选择等。

公安工作要求公安大学生有较强的集体意识、服从意识，在人才培养过程中较多地强调共性的培养，这对于处于人格塑造期的公安大学生来说，会使他们感到较大的约束和较强的压力，因此容易使他们产生抵触情绪。而网络恰恰可以满足公安大学生自我意识的膨胀、个人思想的表达、压抑情绪的释放，这些网络体验，将直接影响公安大学生健康人格的塑造。

（四）人际交往的不良后果

在网络中进行人际交往具有很大的安全可靠性，然而将虚拟空间中的交往延伸到现实生活中，就容易出现人际关系的陷阱，导致因人际关系而引发的其他心理、社会问题。因为，网络人际交往无须实名，也不必担忧自己的隐私被人发现，于是在网络交往中容易获得交往的成就感和满足感。但是，大学生往往又不满足于网络交往的虚拟性，希望从网络走向现实，追求与网友见面，发展现实关系。而大学生因缺乏社会经验，自我控制能力又相对薄弱，网络行为的延伸容易导致他们陷入困境或带来一系列不良后果。某公安院校的一名男生王同学，在聊天室认识了一位“温柔善良”的小丽，经过多次网上交流，王同学和小丽提出要利用暑假见面，“善解人意”的小丽同意了。暑假，两人见面并迅速发展成为恋爱关系。可是好景不长，开学后第一周，王同学的学校就收到了一封检举信，称王同学第三者插足，破坏他人家庭幸福。原来，那个“温柔善良”的小丽其实是一个生活富裕而百无聊赖的全职太太。为此，王同学被学校劝退，为此付出了沉重的代价。

（五）不良信息的困扰

通过网络，人们可以接受大量的信息，其中不乏混杂着许多不良的甚至是反动的信息，稍有不慎就容易受其影响。虽然大学生在很大程度上已经具备了辨别是非、识别真伪的能力，但是在鱼龙混杂、错综复杂的信息堆里，要清晰辨认出信息的良莠、对错、利害等，也不是轻而易举的事情。所以，面对大量的网络信息，大学生们会感到非常的困惑，尤其是那些反动信息、色情信息、暴力信息、封建和腐朽没落思想方面的言论和信息，对大学生的负面影响甚大。2005 年，某公安院校的一名学生由于转发了一条有关“法轮功”的信息而受到纪律处分。

二、公安大学生可能出现的网络心理障碍分析

由于公安院校普遍实行较严格的管理，通过严格的纪律约束人为地隔断了公安大学生在校期间沉浸于网络的客观条件，但是，由于上网而可能引发的网络心理障碍依然有存在的潜在危险。因此，作为公安大学生有必要了解网络心理障碍的基本概念和特征。

网络心理障碍，是指没有一定的理由，无节制地花费大量的时间和精力在互联网上持续聊天、浏览，以致损害身体健康，并在生活中出现各种行为

异常、心理障碍、人格障碍、交感神经功能部分失调的一种心理疾病。

网络心理障碍主要包括网络焦虑、网络依恋、网络孤独、网络自我迷失和自我认同混乱、网络沉溺综合征。

（一）网络焦虑

大学新生特别是来自经济落后地区的农村学生，几乎没有接触过互联网或接触很少。当他们进入大学面对色彩斑斓的网络界面，看到层出不穷的各种网络书籍、计算机软件，瞧着周围的同学熟练地使用计算机，自由地浏览、聊天时，一部分学生感到害怕和迷茫。“害怕”是怕自己学不会或学不好计算机操作，以至于不能有效利用网络来学习和生活甚至可能成为“网盲”；怕自己学不好计算机而被他人嘲笑为无能或赶不上他人而落伍，“无能感”油然而生。“迷茫”则是因为五花八门的电脑书籍和软件使得他们眼花缭乱，不知道学什么，由此产生焦虑的心理。大学新生常产生这种网络心理障碍。另外，一些对网络比较熟悉的大学生也有这样的障碍，主要是担心跟不上网络的快速发展，唯恐掌握不了新的网络技术而被淘汰。这种焦虑的心理会伴着大学生走过人生。

（二）网络依恋

长时间地沉溺于网络游戏、上网聊天、网络技术（安装各种软件、下载使用文件、制作网页），醉心于网上信息，网上猎奇，造成对网络的过度依赖和依恋，导致个人生理受损，正常学习、工作、生活及社会交往受到严重影响。

网络迷恋心理障碍包括以下几种类型：

（1）网络色情迷恋。迷恋网上的所有的色情音乐、图片以及影像。

（2）网络交际迷恋。利用各种聊天软件以及网站开设聊天室，长时间地聊天。

（3）网络游戏迷恋。沉迷于网络设计的各种游戏中，他们或与计算机对打，或通过互联网与网友联机进行游戏对抗。

（4）网络恋情迷恋。沉醉在网络所创造的虚幻的罗曼蒂克的恋爱中。

（5）网络信息收集成瘾。强迫性从网上收集无关紧要的或者不迫切需要的信息，堆积和传播这些信息。

（6）网络制作迷恋。下载使用各种软件，以追求网页制作的完美性和编制多种程序为嗜好。

在这六种类型中，网络交际迷恋者、网络游戏迷恋者、网络恋情迷恋者及网络信息收集成瘾者占大学生网络迷恋群体中的多数。

（三）网络孤独

网络孤独，主要是指希望通过上网获取大量信息、网上娱乐、网上人际交往来提高或改变自己，但上网未能解除孤独（甚或加重了原有的孤独），或反而因为触网而引发孤独感这样一类不良心理状况。

一些大学生（女生居多），由于性格内向、自卑，惯于自己承受心理负荷，不愿意或不善于与他人交往，厌恶社会上那种虚情假意的人情来往。当互联网走进他们的生活时，他们会青睐于网上交往这种匿名、隐匿性别和身份的形式。经常上网向网友发泄自己的不良情绪，排解忧虑，讲自己的“心情故事”，从网友那里得到了一定的心理支持，以求得内心的暂时放松。可下网后他们发现自己面对的依然是四壁空空的孤独，他们体会到仅仅依靠键盘、鼠标和显示器来排解自己孤独、抑郁等，只能是“隔靴搔痒”。因为，人际交往中80%的信息是通过诸如眼神、姿势、手势等非语言的方式（身体语言）传达的，对于那些善于通过身体语言来解读对方心理的性格内向者，不可能借助网络来排泄自身的孤独和忧郁。

（四）网络自我迷失和自我认同混乱

由于网络匿名性的特点，使许多现实社会中的规范、规则和道德在虚拟世界中被冰封。大学生上网者在表现个人自我时，把社会自我抛得越来越远，甚至企图借助网络在现实社会中凸显自我，将自我凌驾于社会之上，网络黑客、网络犯罪就是这方面的典型例子。此外，少数大学生对一些社会现象愤懑不满，他们想通过上网发泄不满、逃避社会，希望在网上有一个“清洁”的交往环境，构建一个良好的自我。然而，网上充斥的色情图文、脏话、无聊的帖子、庸俗的话题，使他们在对社会产生失望之后又对网络产生了失望。

（五）网络沉溺综合征

网络沉溺综合征（Internet Addiction Disorder，IAD，简称网络成瘾），是指由重复地使用网络所导致的一种慢性或同期性的着迷状态。网络沉溺综合征会产生难以抗拒的再度使用的愿望，同时也会产生想要增加使用时间的张力与耐受性以及克制、退瘾现象，对于上网所带来的快感会一直有心理与生理上的依赖。

匹兹堡大学的金伯利·杨（Kimberly Young）最早对互联网成瘾现象进行了研究。她设计了下面一系列问题，通过调查对象对这些问题的回答来判断其是否患有“互联网依赖症”：

（1）你是否着迷于互联网？

（2）为了达到满意你是否感觉需要延长上网时间？

（3）你是否经常不能控制自己上网、停止使用互联网？

（4）停止使用互联网的时候你是否感觉烦躁不安？

（5）每次在网上的时间是否比自己打算的要长？

（6）由于互联网，你的人际关系、工作、教育或者职业机会是否受到影响？

（7）你是否对家庭成员、治疗医生或其他人隐瞒了你对互联网着迷的程度？

（8）你是否把互联网当成了一种逃避问题或释放焦虑不安情绪的方式？

在上面八个问题中，如果被调查者对其中的五个问题的回答是肯定的，就断定他已经患上了“互联网依赖症”。结果在600名调查对象中，2/3符合“互联网依赖症”标准。这些人平均每周花费在网上的时间为38.5个小时，与一周的工作时间基本一致，既不是为了参加网上的学术活动，也不是为了寻找一份满意的工作，只有8%的人是从事高新技术工作。

这项研究还表明，“依赖型”和“非依赖型”上网者的不同，并不是仅仅指网民每周上网的时间，更主要的是在网上利用时间的方式。在依赖型上网者中，35%的时间用于聊天室，28%的时间用于多用户互动游戏；而在非依赖型上网者中，55%的时间用于接发电子邮件，24%的时间用于查阅网上图书馆、下载软件等其他信息的收集上。

美国心理学协会对网络沉溺综合症也提出了有关的诊断指标，认为要诊断个体是否患有网络成瘾，必须在过去12个月内表现出下列七种症状的三种以上：

（1）受性增强。病人要不断增加上网时间才能达到同样的满足程度。

（2）戒断症状。如果有一段时间不上网就会变得明显的焦躁不安，不可抑制地想上网，时刻担心自己错过了什么，甚至做梦也与互联网有关。

（3）上网频率总是比事先计划的要高，上网时间总是比事先计划的要长。

（4）企图缩短上网时间的努力总是以失败告终。

（5）花时间在和互联网有关的活动上，如安装新软件、整理和编辑下载的大量文件等。

（6）使自己的社交、职业和家庭生活受到严重影响。

（7）能够意识到上网带来的严重问题，仍然继续花大量时间上网。

无节制地上网容易使许多大学生把注意力过多地指向和集中于虚拟的网络世界，久而久之，他们会不自觉地将虚拟的社会环境变得真实起来，而对现实的生活和环境逐渐淡漠。他们会觉得自己与周围环境格格不入，人际关系疏远，不能和集体融为一体，最后导致严重的压抑、焦虑、自卑，甚至会产生自杀的念头。一位已经脱离网络游戏的大学生曾经这样描述他自己的感受：现在回想以前沉溺于网络游戏的日子里，就像是一场噩梦。他发现在沉浸于网络游戏的日子里，感觉自己和周围的同学不属于相同的圈子，自己已经游离于集体之外，也只有在网络中才会找到自我，而在现实中就觉得自己一无是处，产生严重的自卑感，认为自己除了玩游戏，什么都不会，与周围的同学根本无法相比。

近年来，许多大学生因沉溺于网络而荒废了宝贵的时间和学业。2002 年浙江大学开除了 120 名学生，他们大都沉迷于网络不知归路，考试多门“大红灯笼高高挂”。

第三节　公安大学生健康的网络心理行为的培养

大学生作为网络使用的主体和先锋，网络心理健康问题也逐渐凸显出来，成为教育工作者关心的重点问题之一。公安院校的大学生由于其专业学习的特殊性，以及他们今后从事工作运用网络的普遍性，公安大学生的网络心理健康问题已成为一个亟须解决的问题。必须重视和研究公安大学生的网络心理健康问题，加强对公安大学生的网络心理健康教育，使他们正确地应用网络，成为网络的主人，而不是网络的俘虏。外因是变化的条件，内因是变化的根据，外因通过内因起作用，公安大学生网络心理健康的建设不仅需要学校、社会的努力，而且也需要公安大学生自身积极地进行自我教育和自我管理，充分发挥大学生自己的主观能动性以及同辈群体之间相互影响、相互教育的优势，能够学会网络心理健康的自我调适和维护。

一、公安大学生要学会自我教育和自我管理

自我教育和自我管理就是自己把自己当做教育的对象、管理的对象，进行自觉的教育管理。自我教育和自我管理包括个体的自我教育管理和群体的自我教育管理。公安大学生自我教育的原则主要有：

（一）科学性原则

自我教育的主体是公安大学生自己，自我教育的基础是科学的认识，自我教育的效果也直接或间接决定于自我教育内容的科学性。每一名公安大学生都应该看到网络只是一个工具，网络资源是人类社会不可缺少的财富，对网络的破坏与滥用就是对社会正常秩序的极大破坏，会危及我们每一个人；应该认清网络社会并非真实的社会，网上暂时的成功并非真实的成功，虚拟的情感的宣泄与满足也并非能得到真正的快乐。大学生只有对网络树立正确的认知，才有可能正确地面对网络，合理地使用网络资源，准确地把握自我，认清自己的真实需要，处理好现实社会与虚拟社会的关系，避免网络心理问题的产生。

（二）主体性原则

主体性原则就是要坚持大学生自己教育自己，要给予他们自我教育和自我管理的自主权。公安院校往往建立了一套较为完善的学生工作机制，学生

更多的是接受组织的管理和他律的制约，因此，对于公安大学生来说，应该给予他们更多的自我教育、自我管理的平台，要相信大学生自己能够自己教育自己，在做好引导的同时，不过多地干涉。

（三）整体性原则

大学生的健康包括身体健康、心理健康、网络心理健康，它们之间相互影响、相互作用、相互制约，构成一个有机的系统，公安大学生也不例外。由于警察职业的特殊性，对于公安大学生的身心健康要求更高，公安院校在构建学生身心健康建设系统的时候，切勿偏废，必须坚持整体性原则，要把网络心理健康放在系统之中，促进身体健康、心理健康以及网络心理健康的协调发展。

（四）层次性原则

在对公安大学生进行网络健康教育的时候，要针对网络心理健康的不同层次，强调具体问题具体分析，不可“一刀切”。同时，要针对不同年级学生网络行为的特点，引导大学生进行有的放矢地自我教育和自我管理。

（五）激励性原则

公安大学生之所以沉迷于网络，其中一个重要原因就是在网络中能够获得更多的“自由和个性的张扬”，能够很轻易地获得成就感，体会那种成功的喜悦。因此，公安院校应该为学生提供更多的现实社会实践活动，通过团组织、学生会、社团等群众组织，为学生搭建成才成功的舞台，使大学生在现实社会实践活动中获得成功，体验成就感，这样才能真正有效地阻止公安大学生过度依赖网络来取得成就体验。

二、重视公安大学生的网络心理教育

为了保障公安大学生网络心理的健康发展，还需要社会、学校等多方力量共同关注大学生的成长，优化网络环境，为大学生提供一个良好的发展平台。

（一）培训网络心理教育主体，加强网络心理健康咨询队伍建设

公安院校一直以“政治建警”为人才培养的根本目标，建设了一支素质过硬的专兼职思想政治教育工作队伍。他们善于做学生的思想工作，善于进行心理健康的咨询辅导。网络时代又提出了新的要求，要求这些思想政治教育工作者必须不断提高自身素质，善于对网络文化进行分析、判断和引导，尤其对学生的网络心理要有较深的研究。学校应以这支队伍为主要力量，构建起网上辅导员队伍，要抓紧对这支队伍进行包括计算机技术、网络技术在内的科学知识培训，使他们具备基本的网络软件的设计、制作、评价等能力，能够自如地开展网上思想政治教育和网络心理咨询工作。

（二）建立健全网络心理教育系统，在网上唱响主旋律

1. 构建网上思想政治教育的新阵地

充满魅力的网络吸引了许多大学生，也使高校的思想教育阵地面临着挑战。要在网上开辟新的阵地，建立符合大学生特点的、有吸引力的网站。要在“建”、“管”、“导”三字上下工夫，强化网络阵地的心理健康教育功能。“建”就是要使网络成为心理健康教育工作者联系学生的新纽带，建设好这个开展大学生心理健康教育活动的新舞台。“管”就是要对互联网进行有效的管理和监督。要建立国家“网上信息海关”，建立骨干网、局域网及校园网的安全“防火墙”，要对所有进入网络的信息进行严格过滤，确保网络的纯净。“导”就是以积极健康的信息交流和在线服务活动，引导网上舆论，开展网上心理疏导和调适，增强教育工作的可信度与亲和力。

2. 微博舆论引导

由于微博具有相当高的言论自由度，网络上的微博是最受学生欢迎的一片网络天地。充分的自由会带来复杂的信息，在微博上几乎每个人都能自由发表言论、找到自己感兴趣的信息或话题。然而，这些信息或话题可谓是鱼龙混杂，同时，网络的匿名性使许多大学生发表了大量在现实中不敢说、不愿说的话，甚至有些大学生为一语惊人，说出一些极不负责任的话，发表过激的观点或歪曲事实、虚假的信息。公安院校在运用校园论坛的工作中起步比较晚，顾虑较多也是其中的一个主要原因。公安院校的思想政治工作者要学会利用微博来倾听学生的心声，引导言论，指导人生。要给微博注入一种正确的思想源，引发各种积极的话题，把学生的讨论引入学校建设、学生成才的方向上来。

（三）大力开展网络心理教育活动，优化教育环境氛围

大学生上网的主要目的是获取信息、学习网络知识、休闲娱乐。丰富多彩的教育活动有助于学生克服网络引发的心理问题。例如，通过开展网络心理沙龙、开辟网络心理论坛、举办网上心理健康征文活动，直接让大学生进行情感交流和心理沟通。还可以针对个别大学生的心理问题，通过电子信箱等为其提供单独的心理指导和服务帮助，实施个体心理教育。通过各种有效的载体和丰富多彩、寓教于乐的网上活动，充分利用网络心理教育的辐射力、吸引力、渗透力，充分发挥网络心理教育的信息优势和教育功能，在潜移默化中影响和改变大学生的心理状态，提高大学生的心理素质和自制、自觉意识，帮助大学生树立正确的网络观和网络道德，培养良好的思维方式，提高识别信息、认识问题的能力。

三、对公安大学生的网络行为进行合理引导

在网络面前，公安院校的教育工作者要善于在尊重学生主体地位的前提

下，引导学生正确地分析和利用信息，引导学生以健康的心态开展网上学习交流活动，引导学生合理安排上网时间，正确使用网络。

（一）加强教育引导，营造良好氛围

公安院校的教育工作者要遵循网络传播的客观规律，把握网上舆论引导主动权，积极营造健康向上的舆论氛围，是对大学生网络行为进行有效引导的基础和关键。

1. 加强网络舆论引导

开展网络舆情分析是进行网络舆论引导的前提和基础。要整体把握舆情动态，对网络舆论信息进行整体分析和研究，及时确定网络关注和讨论的热点社会事件、重点问题，做到有的放矢。

2. 开展网络文明建设活动

通过丰富多彩的校园文化活动，寻找网络和校园文化的结合点，开展融思想性、知识性、趣味性于一体的网络文明建设活动。创造一个积极向上、健康有序的网络文明氛围，在潜移默化中增强学生的网络文明修养和文明上网行为习惯。

3. 重视网络法制宣传和教育

网络行为涉及道德、法律问题，公安大学生有机会接触公安内部的局域网，因此，加强网络法制宣传教育尤为重要。要大力宣传网络法制，并利用大学生中的反面典型和公安民警使用网络的反面典型，帮助学生了解触犯网络法律和局域网规范所应承担的责任，起到警示作用。

（二）加强管理监督，规范网络行为

要运用技术手段，强化对网络信息的管理、规范和过滤有害信息。学校要建立校园网络安全防护、信息过滤、信息适时监测与跟踪、路由路径控制等系统，构建网络技术防控体系。要建立监管体系，网络监管人员要按照 IP 地址管理办法，建立 IP 地址使用信息数据库，加强对校园网的监管。要制订相关制度，如《校园网络管理办法》、《大学生网络文明公约》等规章制度，签订文明上网保证书等，通过制度的形式来制约、规范学生的网络行为。

（三）开展团体心理辅导，纠正不良网络行为

团体心理辅导是由心理辅导者指导，借助团体的力量和各种个体心理辅导理论与技术，就团体成员面对的心理问题与他们共同商讨，提供行为训练的机会，为团体成员提供心理帮助与指导，使每一位团体成员学会自助，以此解决团体成员共同的发展或共有的心理障碍，最终实现改善行为和发展人格的目的。

团体心理辅导把求询者放入辅导与治疗团体中，建构一个群体环境。在团体中，网络心理障碍者发现自己的心理问题并不是独一无二的，团体中的

其他人有着相似的忧虑，甚至比自己还要严重，有着许多相似的情绪体验，从而降低心理上的担忧与焦虑程度。由于“同病相怜”，他们的心理认同感很强，群体归属感增强，感受到社会和心理的支持，服从群体的从众行为增加，群体的稳定性提高。而且，在团体辅导的环境中，求询者之间潜在地存在情绪、态度和行为意向的互动、相互感染的群体氛围和群体压力，存在着成员之间的模仿与监督，这些有利于网络心理障碍者健康心理的获得与稳固，有利于障碍者坚持行为的改善。更为重要的是，团体是社会的缩影或反射，是一个“微型社会”，因而它为网络心理障碍者提供了一个人际交往行为训练的练习场所。在团体相对安全的氛围里，网络心理障碍者共有的或相似的情感、行为以及一些态度如对抗、恐惧、怀疑、孤立等，都可以被辨别出来并加以讨论；辅导师所提供的行为训练的理论与操作技巧指导可以在这里得到检验、反复练习和强化，这样健康的态度和行为更加容易习得和稳定下来，并在日常生活中运用。

第四节　大学生网络使用判断鉴别

【指导语】

下面的题目可以帮助你了解自己的网络使用情况。请根据你最近一个月的情况，在符合你的数字上打“√”（1 表示“没有”，2 表示“极少”，3 表示“有时”，4 表示“经常”，5 表示“总是”）。

【问卷项目】

1. 花在网上的时间比预期的长。　1 2 3 4 5
2. 试图减少上网时间却无法做到。　1 2 3 4 5
3. 因为上网宁愿失去重要的人际交往。　1 2 3 4 5
4. 上网没有明确目的但是不愿意停下来。　1 2 3 4 5
5. 每天早上醒来想做的第一件事就是上网。　1 2 3 4 5
6. 经常上网而影响学校功课及成绩。　1 2 3 4 5
7. 经常放弃需要完成的事情去收 E-mail。　1 2 3 4 5
8. 常对亲友掩盖上网的行为。　1 2 3 4 5
9. 遇到生活中烦恼的事情总会避开，去回想上网时候的愉快经历。　1 2 3 4 5
10. 只要有一段时间没有上网就觉得好像少了什么。　1 2 3 4 5
11. 没有网络的世界是沉默空洞、没有生气的。　1 2 3 4 5

12. 总觉得上网的时间不够。　1 2 3 4 5
13. 常常在离线的时候想上网的事情出神。　1 2 3 4 5
14. 如果有人打扰你上网你会很不高兴。　1 2 3 4 5
15. 不上网时感到情绪低落，上网后马上精神亢奋。　1 2 3 4 5

【评价与评分】

每题所选择的数字就是该题所得分数，15 道题目的分数相加即为总分。下面给出的是分值所对应的测试结果：

（1）15 ~29 分：你是一个正常的网上用户，能够理性控制自己，健康使用网络；

（2）30 ~59 分：你会因网络问题产生情绪问题，需要重新考虑网络对你的影响，合理使用网络；

（3）60 ~80 分：网络明显已经占据你的生活，要想办法积极面对并改善你的上网习惯。

第五节　网络成瘾的相关标准

一、美国心理学家杨格提出诊断“网络综合症”（网络成瘾）的十条标准

（1）下网后总念念不忘网事。
（2）总嫌上网的时间太少而不满足。
（3）无法控制上网。
（4）一旦减少上网的时间就会焦躁不安。
（5）一上网就能消散种种不愉快。
（6）上网比上学做功课更重要。
（7）为上网宁愿失去重要的人际交往和工作。
（8）不惜支付巨额上网费。
（9）对亲友掩盖频频上网的作为。
（10）下网后有疏离、失落感。
只要有以上症状 4 种以上，便可判断为“网络综合症”（网络成瘾）。

二、患上“网络综合症”的典型表现

（1）情绪低落。
（2）无愉快感或兴趣丧失。

（3）睡眠障碍，失眠，早醒，生物钟紊乱。

（4）食欲下降和体重减轻。

（5）精力缺乏，做事费力。

（6）精神运动性迟缓和激动。

（7）自我评价降低，自责，能力下降。

（8）思维迟缓，思考困难。

（9）有自杀意念和行为。

（10）社会活动减少。

（11）大量吸烟、酗酒、饮用咖啡或浓茶，药物滥用。

思考题：

1. 请你谈一谈对网络两面性与大学生成长关系的理解。

2. 如何看待网络世界的人际关系？怎样才能正确地处理好网络人际关系？

3. 调查公安大学生在网上主要做些什么，并结合调查结果，分析一下公安大学生上网的利弊。

第十一章　公安大学生的职业规划和心理调适

选择适合自己的职业，在职场充分发挥自己的潜能，是每一个有进取心的大学生梦寐以求的事情。对于大学生而言，就业乃是人生道路的重大事件，是其走向社会的重要台阶。随着我国市场经济体制的逐步完善，高等教育改革的不断深化，大学生“双向选择、自主择业”的就业方式已经逐步为广大大学生所接受。就业市场的开放，给大学生开辟了广阔的择业天地，但同时也带来了竞争的压力和选择的困惑。目前，公安院校的毕业生就业机制也发生了重大的改革，全国大多数公安院校的毕业生分配已打破了以往统分的局面，公安大学毕业生同样面临着与普通大学生一样的巨大就业压力。面对就业压力，一些临近毕业的公安大学生择业时表现出不良的心理活动和个性特征，严重影响了择业行为。因此，以怎样良好的心理素质迎接挑战、成功就业是摆在每个公安院学毕业生面前的现实问题。

第一节　公安大学生的职业生涯规划

2003 年以后，随着我国高校扩招的第一批大学生开始毕业，我国大学毕业生的数量逐年攀升，从 2003 年的 212 万上升到 2010 年的 650 万。毕业生数量的突飞猛增使得大学生就业竞争更趋激烈。大学生面对严峻的就业形势，特别是从统分政策下走出来的公安大学生，亟须树立职业生涯规划的理念。成功的职业不是运气的结果，而是基于我们对社会、职业和自我的动态发展及相互关系的深刻理解，对自己未来的职业生涯的准确定位、设计、规划，对自身职业素质的培养。公安大学生应将个人理想和社会需要结合起来进行系统的思考，树立正确的职业观，提高职业综合能力，争取在未来的职业生涯中有一个精彩的开端。

一、职业及职业生涯规划

（一）职业的概念和特征

1. 职业的概念

所谓职业，是指有劳动能力的人为了满足自身的物质和精神需要以及促进社会的发展，在社会生活中所长期从事的具有一定社会职责的专门业务。职业是个人在社会中所从事的作为主要生活来源的劳动，是连接个人与社会的桥梁。

就个人而言，职业是其获得社会承认的正式身份及其获取生活资料的主要手段，是实现人生价值的基本途径；就社会而言，职业承担着一定社会分工体系所赋予的特殊工作及相应的社会责任，是人类实现物质生活及精神生活资料生产的具体的社会形式。例如，医生、教师、工人、农民、会计、律师、警察等，都是我们常见的职业。

职业并不是从来就有的，而是伴随着人类认识和改造世界的实践活动而逐渐形成和发展起来的，是一个历史概念。随着社会生产力的不断发展和文明程度的不断提高，社会分工不断细化和专业化，社会职业种类也就越来越多。我国劳动和社会保障部1999年5月颁布的《中华人民共和国职业分类大典》，确认我国的职业划分为8个大类1838个职业，加上后来新增的和2004年以来正式发布的9批新职业，到目前为止，我国共有1989个职业。

2. 职业的特征

现代职业具有技术性、规范性、社会性、稳定性和经济性等鲜明特征。

（1）技术性。随着社会分工的细化，任何一种职业所显示出的技术特征越来越明显。每一种职业都具有其技术要求和行业技术特点，即使是一些简单的体力劳动，也有技术上的要求。任何职业，如果不需学习训练就能胜任，这一职业就很难有所发展。职业技能培训成为各行各业的准入环节。根据全国“二十公”会议的“三个必训”的要求，在民警招录工作中，岗前培训成为入警的必经环节。

（2）规范性。各种职业活动都有其自身的规律和特点，国家法律和行业规范都对每一种职业规定了自身的职业要求、工作流程和技术规范。从业人员必须学会特定的生产技术和技能规范要求，同时，还必须遵守本行业的职业操守。警察职业的规范性很强，工作程序受法律约束，职业道德要求高。因此，公安大学生在为未来的职业活动做准备的过程中，在努力学习专业知识和技能的同时，还要努力用公安工作的工作规范和警察职业道德的规范来要求自己。

（3）社会性。一方面，职业是从业人员通过劳动而获得的社会角色，人们从事不同种类和内容的职业，为社会的政治、经济、文化的发展创造产品或者提供服务，承担着各自的社会责任和义务。另一方面，一种职业总是有相当数量的人群来共同从事这种活动，从业人员构成了一个特殊的社会群体，是一个“职业小社会”，有其共同遵守的职业道德及行业规范。

（4）稳定性。职业是社会分工的产物，是在一定的历史时期内形成的。一个职业一旦形成，又具有较长的生命周期。例如，现代警察职业产生于19世纪初的英国，至今已经有两个世纪，仍然具有旺盛的生命力。

（5）经济性。职业是人类生产物质及精神生活资料的社会形式，更是人们维持生计、获得经济报酬的重要手段，其经济性是显而易见的。

（二）职业生涯规划

职业生涯规划，是指结合自身条件和现实环境，确立自己的职业目标，选择职业道路，制订相应的培训、教育和工作计划，并按照职业生涯发展的阶段实施具体行动以达成目标的过程。职业生涯贯穿人的一生，因此，对职业生涯的规划，就是为自己的未来绘制理想的蓝图。

成功的职业生涯并非像有些人所想象的是“运气”使然，而是与个人对自身个性、兴趣、能力的深入分析、认识，对社会发展的分析、预见，以及对自己长期的职业发展进行规划设计分不开的。

在职业生涯规划中，必须解决“干什么”、“何处干”、“怎么干”、“以什么样的心态干”这四个最基本的问题，即“四定”——定向、定点、定位和定心。

1. 定向

定向就是确定自己的职业方向。方向与目标有所不同，目标是自己拟定的期望达到的一个理想，而方向是为达成目标而选择的一条路径。对大学生来说，职业定向需要冷静的头脑和十足的勇气，根据自己的兴趣、理想、专业去选择自己未来的职业方向。在这里，专业并不是最主要的决定因素，如果有可能，大学生不应该让理想屈从于专业。

2. 定点

定点就是确定职业发展的地点。地点也是现实环境的一个因素。就中国来说，各地的经济发展现状和前景都有不同，甚至差异很大。近几年的调查研究显示，绝大多数毕业生就业地点往往只选择经济发达地区，而不愿到欠发达或不发达的地区就业。然而，发达地区的竞争激烈、人满为患，给大学毕业生的就业带来了巨大的困难，同时，外地生源还要面临环境不熟、语言不通、文化和观念差异等困惑。因此，他们在发达地区就业的发展空间与晋升机会并不见得比发展中地区好。

3. 定位

定位就是确定自己在职业人群中的位置。定位过低会导致个人在职业生涯中无法实现自我价值的最大化，过高则容易因连遭挫折而对职业生活丧失信心。大学生往往因为定位的不准确，导致出现“高不成、低不就”的现象，毕业多年仍漂泊不定。因此，大学生需要准确地标定自己的位置，既不要自卑也不要自傲，应根据自己的实际水平，在择业时对职位、薪资、工作内容等做好判断和把握。

4. 定心

定心就是稳定自己的心态。人的一生必然会有高低起伏，成功与挫折总是结伴而行，个人的职业生涯也不例外。在实现职业理想与目标的过程中，难免也会有磕磕碰碰和意想不到的困难。对大学生来说，就是要保持一种平常心态，敢于直视就业过程中的困难和问题，不以物喜，不以己悲，始终坚定地按照自己的计划去实现理想。

职业生涯的规划，从时间维度进行划分可以分为短期规划、中期规划、长期规划和人生规划四种。

1. 短期规划

这是指2年以内的职业生涯规划。规划目的主要是确定近期目标，制订近期应完成的任务计划。

2. 中期规划

这是指2~5年内的职业生涯规划。它是最常用的一种职业生涯规划。

3. 长期规划

这是指5~10年内的职业生涯规划。规划目的主要是设定比较长远的目标。

4. 人生规划

这是指对整个职业生涯的规划，时间跨度可达40年左右。规划目的是确定整个人生的发展目标。

在实际操作过程中，规划的时间年限如果太长，会因为个人和环境的变化而难以准确把握；但如果太短，规划的意义和作用又难以完整体现。因此，比较理想的职业生涯规划是中期规划，其次是长期规划，既便于根据实际情况设定可行目标，又便于随时根据现实的反馈进行修正和调整。

（三）职业生涯规划的原则

一个有效的职业生涯规划，必须是在充分且正确地认识自身的条件与相关环境的基础上进行。对自我及环境的了解越透彻，越能做好职业生涯规划。因为职业生涯规划的目的不只是协助自己达到和实现个人目标，更重要的也是帮助自己真正了解自己、了解社会。因此，职业生涯规划必须遵循以下原则：

1. 可行性原则

规划要有事实根据，并非美好的幻想和不着边际的梦想，否则只能是纸上谈兵。

2. 清晰性原则

保证目标与措施的清晰和明确，可以按部就班地具体实施计划以达成目标。

3. 适时性原则

规划中的各项措施与行动应该有明确的时间表，以便及时评估和修正。

4. 适应性原则

未来具有很强的不确定性，规划需要有一定弹性，能随着环境变化而适时调整。

5. 发展性原则

在制订和采取职业生涯的具体实施措施时，要充分考虑变化与发展性因素，如目标或措施是否能依环境及组织、个体的变化发展性因素而作调整，调整的幅度及范围有多大等。

6. 长远性原则

规划应该从大方向着眼，制订尽可能的远期目标。

7. 挑战性原则

如果目标在原地踏步不前，规划则失去了原本的意义，也无法激励自己的努力。

8. 差异性原则

在进行职业生涯设计时，要充分考虑用人单位、个体和环境三个方面的差异性因素。掌握好差异性原则，有利于体现职业生涯规划更加个性化和有针对性的特征。

二、公安大学生的职业生涯规划

职业生涯规划包括认识自我、认识职业环境、职业决策、学习求职技巧以及了解就业政策五个方面。对于公安大学生来说，职业生涯规划除了这五个方面以外，其学业规划与职业规划的关系显得更加密切。

（一）认识自我

“我适合做什么工作”是学生在生涯发展中最频繁提出的问题和职业定位的结点。根据人职匹配理论，职业生涯规划首先要对个体自我进行了解和认识，这是职业发展的起点。个体对自己的认识越深入、越清晰，就越能够了解自己的所需所能，从而找到适合自己的职业发展之路。

价值观、个性、兴趣和能力与职业匹配，是职业生涯成功的重要基础。而从自身的角度来讲，了解和分析的主要因素应该包括：

(1) 我喜欢做什么（主要包括职业兴趣、职业价值观等）。

(2) 我适合做什么（主要包括职业性格、气质、天赋才干、智商、情商、逆境商等）。

(3) 我擅长做什么（主要包括职业能力倾向，如言语表达、逻辑推理、数字运算等）。

(4) 我能够做什么（主要包括自己掌握的专业知识、技能和工作经验等）。

（二）认识职业环境

“我知道我是什么样的人，可是到底什么样的工作才适合我做呢？”这是学生进行了自我探索后，紧接着会提出的问题。对于公安大学生来说，在学生时代就较多地接触到职业环境，对职业的性质、任务、内容等了解深入。但是，各警种、各地区、机关和基层的职业环境还是有较大的差异的，公安大学生不能简单地从地域、收入等表面的内容来认识环境，更多地要从环境对人才的素质要求来考量。

（三）职业决策

“我到底要找什么工作，这几份工作我选择哪个？”这些是学生常常面临的职业决策问题。在职业决策过程中，学生往往存在一些不合理的思维模式，主要有完美化、绝对化、过分概括化和消极悲观化。这些认识误区，不仅会影响到学生的职业决策，还可能是学生在就业过程中出现焦虑等情绪问题的源头。

依据SWOT分析法（其中，S即Strength，代表优势；W即Weakness，代表弱势；O即Opportunity，代表机会；T即Threat，代表威胁。S、W是内部因素，O、T是外部因素），大学生在职业决策时，首先可以逐条列出个体内部所具有的优劣势因素，包括经验、个性、能力、专长、教育背景等，再列出个体外部所面临的机会和威胁因素，包括竞争状况、招聘条件、人脉资源等。而后对所列的各项因素进行分析，看看对于决策目标来讲，哪些因素是关键因素，哪些因素可以改善和发展，形成一个总体评价，在此基础上进行决策，并制订出切实可行的实施计划。

（四）学习求职技巧

“我怎样才能争取到职位？”这是进入“职业谋取”阶段的大学生非常想知道的问题。这就涉及求职的技巧，包括如何寻找潜在职位，如何写简历，如何应对招聘单位的考核。

1. 寻找潜在职位

寻找潜在职位就需要发掘、收集相应的目标职位的招聘和需求信息，并采取积极行动争取获得该职位。大学生可以通过媒体、招聘会、人脉关系等方法寻找潜在职位。

2. 写简历

简历是学生和用人单位的第一次亲密接触，是学生能否进入下一个环节的敲门砖。简历一定要有针对性，要有的放矢，针对具体职务的不同要求和特点来编排。简历应该是推销自我的营销广告，要做一个换位思考，看看能不能说服自己，一份连自己都说服不了的广告肯定是不能让别人信服的。

3. 参加应聘单位的考核

考核往往包括笔试和面试两个方面，笔试部分一般在招聘广告中已经清楚表达，大学生比较好准备。面试则是应聘者与招聘者最直接的接触，应聘者的成绩往往决定在招聘者的印象之中，较难把握。公安大学生应该在应聘资料、面试应答、礼仪等方面做好全面的准备。

（五）了解就业政策

大学生就业工作有很强的政策性，公安大学生的就业更是与当年公安工作的形势密不可分。而现实中，很多公安大学生都有“等、靠、要”的想法，缺乏主动了解就业政策的观念。学校的就业职能部门往往会在第一时间公布当年的就业政策，公安大学生要及时主动地去了解就业政策，避免就业的盲目性。

（六）学习规划

相对普通院校的大学生而言，公安大学生在学校期间，有明确的职业方向、专业定位，专业知识、专业技能和专业实践能力都有机会得到全面的培训和锻炼。对于公安大学生来说，职业规划与学业规划是相辅相成的。职业决策的成败关键在于学业规划的成败。

学业规划，这是一个近年来才提出的全新理念。在美国称其为“学生的生涯规划”，在日本则称其为“进路教育”。学业规划，是指人才成长主体对与其事业（职业）目标相关的学业所进行的安排和筹划。就其内涵来看，是指规划主体根据自身的天赋、兴趣及未来社会的需要，确定自己的学业及职业（事业）发展生涯，其根本目的在于最大限度地提高规划者的人生事业（职业）发展效率。公安大学生的学业规划就是指公安大学生对自身特点（性格特点、能力特点）和公安工作未来需要的深入分析和正确认识，确定学业发展方向，然后结合自己的实际情况制订学业发展计划。换言之，就是公安大学生通过解决学什么、怎么学、什么时候学等问题，以确保自身顺利完成学业，成功实现就业或开辟事业。因为只有学其所爱、学其所长、学以致用才能让个人最大限度地开发出自身的职业竞争能力，也才能避免走人生事业（职业）发展的弯路。

第二节　公安大学生择业的心理问题与调适

大学生面对职业生涯选择的冲突，常常产生各种心理矛盾，导致心理失衡，不但影响大学生的择业，而且影响大学生的心理健康。

一、大学生择业常见的心理误区

分析归纳大学生择业方面存在的心理误区，主要有以下几种表现：

（一）期望值过高

有些大学生在择业过程中对就业形势和用人单位的需求了解不够，完全按照自己的理想一相情愿地谋求高薪高酬职位，由于目标不切合实际，在择业过程中屡屡碰壁，结果导致心灰意冷，甚至丧失自信心。

（二）急功近利心理

一些大学毕业生一心只想留在大城市挣钱多、待遇好的单位，或者到合资企业、外企或沿海发达地区，为了功利不惜抛弃自己的专业和兴趣，但心理上难免会感到困惑。况且，越是大城市、大机关或沿海发达地区，人才就越密集，竞争也越激烈，离开自己的专业优势去竞争，使大学毕业生容易遭受挫折。

（三）"铁饭碗"情结

一些大学生受传统观念影响，固守着一次择业定终身的思维模式，希望一次择业就能抢占到生活的制高点，一劳永逸。其实在现代社会中，每个人都有多次择业的机会，那种"从一而终"的传统择业观念违背了社会发展潮流，应该摒弃。

（四）同伴攀比心理

一些大学生在择业时不是从自身实际出发，而是与同学攀比，特别是看到与自己成绩、能力差不多的同学找到令人羡慕的工作、获得可观的收入时，觉得自己找不到理想职业，很没面子。为了获得心理上的平衡，将自己择业的目标设计过高，其结果是高不成、低不就，陷入苦恼之中。

（五）缺乏主见，依赖他人心理

有些大学生过惯了校园生活，面对复杂的社会关系，缺乏主见，常常产生逃避心理和抵触情绪。有些大学生认为"求职的竞争就是关系的竞争"，依靠亲友给自己找门路，千方百计托关系谋职，不把立足点放在提高自身素质上来。择业虽然牵涉到很多因素，但关键还是靠自身的素质，只有在大学里不断“充电”，才能在激烈的竞争中立于不败之地。

二、公安大学生常见的择业心理问题

上述心理误区在公安大学生身上也常常出现，这些心理误区如果不能得到及时的疏导宣泄，则很有可能发展成为阻碍成功的不良心理结构。这种不良的心理结构一旦形成，会严重困扰公安大学生的日常生活、学习，最终会影响择业。除个别极端的案例外，在公安大学生择业中出现的心理问题多属适应过程中的轻度心理问题，主要表现在：

（一）急躁焦虑心理

近年来，公安院校的就业政策变化很大，统分的局面已经悄然打破。但是，公安大学生都有一种“入学即入警”的思想，他们对就业政策的改变不甚关注，临到毕业前夕，才幡然醒悟，由于对就业政策改变的措手不及，他们对就业的态度从开始的盲目乐观迅速转变为就业前的盲目悲观，他们开始怀疑自己的专业知识、专业能力，开始变得缺乏自信，优柔寡断，最终导致一些公安大学生在就业前夕出现急躁焦虑的心理。

（二）自卑怯懦心理

自卑心理表现为对自己的能力评价过低，看不起自己。怯懦心理则是一种胆小怕事的表现。这两种心理往往表现为缺乏自信，缺乏勇气，不敢竞争。某公安院校的毕业生甚至悲观地预言自己如果当不了警察，只有两条出路：一是当保安，二是当出租车驾驶员。自卑怯懦的心理来源于自己对自己的消极暗示，公安大学生往往会认为自己学习的专业应用面十分狭窄，哪怕是公共专业，又缺乏与普通高校同专业的竞争力，离开了统分就业的政策就势就业如登天。有自卑怯懦心理的公安大学生总是过低地估价自己，总是自惭形秽，自己看不起自己。在择业过程中自己拿不定主意、犹豫、退缩、信心不足，在用人单位面试过程中不敢说“我能行”，而总是“试试看”，甚至临场忘词，或答非所问。

（三）嫉妒心理

嫉妒心理就是在求职过程中对他人的成就、特长或优越的地位等持既羡慕又敌视的情绪。这种心理的主要特征是把别人的优势视为对自己的威胁，因而感到心理不平衡，甚至恐惧和愤怒，于是借助贬低、诽谤以至报复的手段来求得心理的补偿或摆脱恐惧和愤怒的困扰。在求职问题上，嫉妒心理表现为看到别人某些方面求职条件好，或找到比较理想的工作时，产生羡慕，转而痛苦又不甘心的心态，甚至为不让他人超越自己，而采取背后拆台等不良手段。某公安院校在省公安厅、人事厅的统一部署下，按照一定比例在该校的某专业毕业生中招录人民警察，招录工作包括笔试、体检、面试三个环节，在笔试结束后，就出现了检举信满天飞的情况，被检举的对象几乎全部是那些笔试上线且排名靠前的毕业生，或称某人视力不合格，或称某人身高不达标，令招警工作陷入困境。事后了解，检举者往往是那些笔试入围但排名靠后的学生，他们与被检举人或是室友或是好朋友，嫉妒心理使他们产生了“我上不了，你也别想上”的不良心理。可见，择业中的嫉妒心理会使个别人把朋友当对头，使朋友关系恶化，人际关系紧张，当然也影响求职的顺利进行。

（四）盲目攀高心理

大学生求职择业时盲目攀高，即对主客观条件的估量不够准确，不能正确评价自己的素质和条件，一心追求大城市、高报酬、条件好的用人单位。由于没有正确地认识自己，自我评价过高，认为自己是德才兼备，所以求职中不肯“屈就”，对稍有不对胃口的用人单位就抱着拒绝的态度，结果是机会错过，难以择业。

（五）功利实惠心理

公安工作的性质、任务和组织结构决定了公安基层的民警工作压力更大，风险更大，而职位较低，升职机会相对较少。于是，公安大学生中普遍存在着图实惠的功利心理。很多毕业生不愿意到基层去，到条件艰苦的地方去，他们更愿意在大城市、大机关，导致条件艰苦的地区人才紧缺。为此，有些省的公安厅专门制订了公安大学毕业生就业的有关政策。例如，浙江省公安厅2003年就制订政策，规定凡来自本省经济欠发达的三个地区的毕业生一律回原籍就业，与20世纪五六十年代大学生“到基层去，到边疆去，到祖国最需要的地方去”的现象相比，这实在是一个无奈之举。

三、公安大学生择业的心理调适

在择业中，公安大学生不可避免地会遇到困难、挫折和冲突，也会产生这样那样的心理问题。公安大学生择业心理问题具有适应性障碍和认识性障碍的特征，产生这种现象的主要原因是他们对择业环境和对自己缺乏正确认识而引起的。只要合理引导，使公安大学生从入校之初就做好学业规划，主动适应就业环境，客观全面地认识自己，就会使这些心理问题逐渐消除。其中，帮助公安大学生学会有效调适择业心态，是解决他们择业心理问题的重要方法。

心理调适，是指改变或扩大原有认知结构，以适应新情境的历程。公安大学生学会自我心理调适，能够帮助自己在择业遇到困难、挫折和心理冲突时，进行自我调节与控制，化解困境、排除困扰、改善心境，寻找最佳途径实现自己择业的理想和目标，不至于因受挫而使情绪一落千丈或丧失信心。

因此，公安大学生要充分认识心理调适的积极作用，提高自我调适的自觉性，增强承受挫折、化解冲突和矛盾的能力，及时调整自己的心理状态，促使心理健康，顺利择业。

（一）公安大学生择业心理调适的基本观点

1. 更新择业观念，正视社会现实

公安大学生在择业中首先要正确处理好个人需求和社会需要的关系，具体来讲，就是个人的职业定位和公安工作的需求要相匹配。在注重个人价值实现的同时，也要充分考虑社会的需要。其次，择业时，应该把用人单位的环境是否有利于自己健康发展作为主要考虑因素。毕业生的眼光不能仅仅停留在用人单位的待遇方面，而应该结合自身特点，考虑用人单位是否具备个人潜能发挥的空间。

2. 树立择业信心，积极参与竞争

自信是大学生成才的基础，也是择业成功的前提。每个公安大学生应该对自己有充分的认识，把客观条件和个人理想结合起来，树立择业信心。这就要求公安大学生在入校之初就要有一个科学、全面、可持续发展的学业规划。同时，应注意培养自己良好的人格品质和职业品质，把握好每一次机会，不断充实和完善自己。只有这样，才有可能在择业中充满自信，积极参与竞争。

3. 培养独立意识，提高承受能力

公安大学生要克服“等、靠、要”的依赖思想，在校期间，无论在生活还是在心理思想等方面都必须有意识地培养自己的独立意识。对于择业中所产生的心理问题，最主要的调适方法还在于提高大学生的心理承受能力。要加强心理素质的培养和训练，特别在面对挫折时，要善于积极调整自我的心态，客观分析，积极进取。

4. 加强就业指导，开展心理教育

毕业生在择业过程中产生的心理误区或心理问题，其中很重要的原因在于对就业政策的不了解，对求职择业环境不熟悉，盲目择业，造成了心理失衡。公安院校长期以来实行的统分政策也淡化了学校就业指导的功能，因此，加强就业指导工作成为公安院校的当务之急。目前，公安院校应该更加注重这方面的工作：一是要开设就业指导课程，广泛宣传国家的就业政策，介绍社会发展状况和就业形势，并建立一支就业指导师队伍，对毕业生进行有关求职择业的专业知识指导、教育，使他们全面认识与理解国家政策和就业形势，掌握求职中的基本技能和技巧。二是要充分利用“榜样”进行就业教育，公安院校要充分利用历届毕业生中的优秀人民警察、荣誉称号获得者扎根基层、艰苦奋斗、业有所成的鲜活事例和榜样，教育和引导应届毕业生树立意志坚定、自愿到基层工作的信心和决心。三是要早抓、齐抓就业教育。就业教育应从学生走进大学校门的第一天抓起，它不仅是就业指导部门的工作，而且是整个学校教育工作中的一个重要组成部分，全体教、职工，尤其是教师要在平时的教学工作中，让学生了解学业与就业的关系，公安工作对人才的要求，使学生尽早树立起良好的就业心态和健康的就业心理素质。同时，学校要加强就业心理咨询工作，了解掌握择业阶段毕业生的心理状况，通过团体辅导与个别咨询相结合的方式，有针对性地开展心理咨询，帮助他们客观地认识自己，做好择业前特别是受挫折的心理准备。对在择业过程中产生心理问题的毕业生，要及时进行心理咨询和治疗，帮助他们走出心理误区，排除心理问题，保持良好的择业心态。

（二）择业心理调适的方法

公安大学生要控制自己的情绪，自觉地调整内在的不平衡心理，增强心理素质，保持乐观向上的情绪，积极主动地去应对就业工作，就需要不断地进行自我心理调适。下面介绍几种常用的心理调适方法，公安大学生在择业过程中，可以根据自己的实际情况有选择地加以使用。

1. 自我激励法

自我激励法，主要是指用生活中的哲理、榜样的事迹或明智的思想观念来激励自己，同各种不良情绪进行斗争，坚信未来是美好的，因为失败、挫折已经成为过去，要勇敢地面对下一次，尽可能地把不可以预料的事当成预料之中的，即使遇到意外事件出现或择业受挫，也要鼓励自己不要惊慌失措、冲动、急躁，而是开动脑筋、冷静思考、寻找对策。公安大学生在择业过程中，更要相信自己的实力，通过自我激励，增强自信心，消除自卑感，保持良好的情绪和心态。

2. 注意转移法

注意转移法，是通过转移注意力，使个体的注意力由消极情绪转移到积极情绪的一种方法。为此，公安大学生可以有选择地参加一些有益的活动，将注意力转移到积极的活动中，使自己没有时间沉浸在那些因各种原因引起的不良情绪中。当不良情绪出现时，可以采取转移注意力的方法寻找一个新颖的刺激，激活新的兴奋中心以抵消或冲淡原来的兴奋中心，使不良情绪逐渐消失。例如，听听音乐，参加体育运动，进行自我娱乐，接受大自然的熏陶，参加有兴趣的活动，等等，使自己没有时间沉浸在因各种原因引起的不良情绪反应中，以求得心理平稳。

3. 适度宣泄法

当遇到各种矛盾冲突，引起不良情绪时，应尽早进行调整或适度宣泄，使压抑的心境得到缓解和改善。宣泄的较好方法是向你的挚友、师长倾诉你的忧愁、苦闷，使不良情绪得到疏导。在倾诉烦恼的过程中，可以获得更多的情感支持和理解，获得认识和解决问题的新思路，增强克服困难的信心。也可通过打球、爬山等运动量较大的活动，消除压抑心理，恢复心理平衡。但是，宣泄应注意场合、身份、气氛，注意适度，宣泄应是无破坏性的。

4. 自我安慰法

自我安慰法又称自我慰藉法，关键是自我忍耐。在择业中，公安大学生常常会遇到挫折，当经过主观努力仍无法改变时，可适当地进行自我安慰，以缓解冲突，解除焦虑、抑郁、烦恼和失望情绪，这样有助于保持心理稳定。在因受挫折而情绪困扰时，可用“亡羊补牢，犹未为晚”、“塞翁失马，焉知非福”等话语来做自我安慰，解脱烦恼。

5. 自我心理暗示

自我心理暗示是利用语言或非语言的手段，对自己施加影响，从而达到心理治疗的一种方法。通过自我心理暗示，大学生可以调整自己的不良情绪。公安大学生在择业的过程中可以经常用一些诸如“沉着”、“冷静”、“谦虚”、“我一定能行”等简短而积极的自我心理暗示话语来调节自己的情绪。

6. 合理情绪疗法

合理情绪疗法认为，人们的情绪困扰是由于不正确的认知即非理性信念所造成的，因此，通过认知纠正，以合理的思维方式代替不合理的思维方式，就可以最大限度地减少不合理的信念给人们的情绪带来的不良影响。例如，有的公安大学生择业不顺利就怨天尤人，认为“用人单位要求太高”、“学校的推荐政策不合理”等，其原因就在于他们只从客观上找原因，而没有从自身找原因。正是由于这些不正确的认知信念，造成了自身的一些不良情绪产生。所以，公安大学生如果能改变这些不合理的观念，调整自己的认知结构，不良情绪就能得到克服。

公安大学生运用合理情绪疗法时要把握三点：第一，要认识到不良情绪不是源于外界，而是由于自己的非理性信念所造成的；第二，情绪困扰得不到缓解是因为自己仍保持过去的非理性信念；第三，只有改变自己的非理性信念，才能消除情绪困扰。

自我调适的方法还有很多，如环境调节法、自我静思法、广交朋友法、松弛练习法、幽默疗法等。这些都是应变的一些方法，但最主要的是公安大学生要树立正确的择业观，对择业要充满信心，要注意磨炼自己的意志，培养乐观豁达的态度，不要惧怕困难、挫折，要始终保持积极向上的精神状态和健康的心理。

总之，在择业求职过程中，公安院校的应届毕业生应提高自我调适的自觉性，立足于自身的努力，使自己保持一种良好的心态。同时，社会、学校和家庭各方面也应提供热忱的关注和积极的引导，帮助他们面对现实，排除心理困扰，缓解不必要的心理压力，促使他们尽快实现角色转换，顺利走向工作岗位。

第三节　确立人生的目标

一、列出你在过去的学习和工作经验

(1) ______________________________

(2) ______________________________

(3) ______________________________

(4) ______________________________

根据这一思路，在职业定位时，需要考虑的因素很多，但是首先你一定要以自己的学习和工作经验、工作技能、工作兴趣三个因素为核心。认真思考一下，你当前希望选择的三个职业是什么？（建议与咨询师共同制订）

(1) ______________________________

(2) ______________________________

(3) ______________________________

你的理由如下：

(1) 我当前的兴趣：______________________

(2) 我过去的经验：______________________

(3) 我擅长的能力：______________________

(4) 我当前的职业目标：____________________

(5) 我希望的薪金水平：____________________

(6) 我的个性特点：______________________

(7) 我喜欢的同事类型：____________________

(8) 我希望的工作地点：____________________

(9) 这个职业能满足我以上的地方：______________

二、分析社会环境和自己本身

(1) 分析现在的社会大环境，找出自己目前及将来的位置。

(2) 分析自身的基础与不足，找出如何提高自己的方法。

(3) 学习从梦想到现实的规划思路。

(4) 全力以赴，持之以恒，使梦想成真。

三、请详细描述你的人生梦想

可以从职业、事业、家庭、个人性格、休闲生活等任何方面进行描述。

(1) ______________________________

(2) ______________________________

(3) ______________________________

(4) ______________________________

四、请写出你三年内的目标

(1) ______________________________

(2) ______________________________

(3) ______________________________

五、请你写出你今年的目标

(1) ______________________________

(2) ______________________________

(3) ______________________________

思考题：

1. 设计一份自己在校期间的学业规划。

2. 你认为求职择业时应具备哪些心理素质?

3. “假设你的生命只有三天，你只能做三件事情”，请问，你最想做什么?

4. 根据职业生涯规划的方法，并结合公安工作特点，尝试为自己作一份未来5年的职业规划。

第十二章　公安大学生心理咨询

随着社会的发展，心理咨询越来越被人们所接受，本章帮助公安大学生了解心理咨询的基本含义，了解心理咨询的发展，懂得心理咨询的一般原理，从而更好地参与心理咨询，在心理咨询中能收到应有的效果。

第一节　心理咨询概述

一、心理咨询的基本概念

关于心理咨询的定义，中外不同学者各有各的说法，简单的理解就是：心理咨询师协助求助者解决心理问题的过程。这个概念可从以下三个方面加以理解。

（一）关于心理咨询师

心理咨询是一项专业性很强的工作，2001 年 8 月，经国家劳动和社会保障部批准，我国开始启动心理咨询师的职业化工作，由国家颁布《心理咨询师国家职业标准》（试用版），对心理咨询师定义为，心理咨询师是运用心理学以及相关知识，遵循心理学原则，通过心理咨询的技术与方法，帮助求助者解除心理问题的专业人员。这一定义涵盖了心理咨询作为一种职业的全部内容，其中包括：

（1）心理咨询师必须具有心理学的基本知识和心理咨询的相关知识。

（2）心理咨询师使用的方法，只能是心理咨询的技术和方法。

（3）心理咨询的关系是“求”和“帮”的关系，解决的问题仅是心理问题，或由心理问题引发的行为问题。

（二）关于求助者

心理咨询的求助者，在心理咨询中也称为来访者，一般具有三个特征：

（1）求助者可以是单个人，也可以是几个人同时开展心理咨询。

（2）有心理咨询的愿望，是主动的求助行为，而不是被动的。

（3）求助者一般是带着一定的心理求助的需求，或解决自己心理问题的求助需求，或有心理成长发展的求助需求。

（三）关于解决心理问题的过程

心理咨询的过程是心理咨询师通过对求助者持续的、直接的接触，向其提供心理帮助并力图促使其行为、态度发生变化的过程。具体分为以下几个环节：

（1）心理咨询师与求助者一起分析、研究、讨论明确待解决心理问题的性质，找出引起心理问题的原因和行为问题的症结。

（2）心理咨询师与求助者一起探索解决问题的方法和途径，共同协商解决问题的对策。

（3）求助者得到领悟，增强信心，克服障碍，维护心理健康，促进心理成长。

二、我国高等院校心理咨询的现状及发展

我国普通高等院校的心理咨询工作，一直受到党和国家的高度重视，教育部先后多次下文对高等院校的大学生心理健康教育工作进行规划、部署和提出要求，心理咨询工作已经成为各高等院校思想政治教育和德育教育的有机组成部分。全国各高校围绕心理咨询工作，先后建立了心理咨询室、心理测量室、心理治疗室等，同时有了国家劳动和社会保障部颁发的心理咨询师资格的专兼职工作人员，定时和不定时地为大学生进行心理咨询和心理治疗。全国各省成立了高校心理咨询专业委员会，定期开展大学生心理咨询工作研讨，由资深专家进行对咨询员的督导。

在各公安院校，公安大学生的心理咨询工作同样受到高度重视，组成由学校分管领导直接挂帅的大学生心理健康教育领导班子，并由专业教师、医务人员、专业辅导员等组成的心理咨询工作小组，专门负责心理咨询工作的开展。

我国高校心理咨询工作的未来发展，将呈现以下特点：

（1）借鉴西方文化而产生的心理咨询工作，将会越来越贴近中国社会现实、文化背景和高等院校的特点。

（2）大学生需求的广泛性与心理咨询的普及化，其发展势头将保持强劲。

（3）心理咨询工作将不断以自身的完善化和高效率来提高自身的价值。

（4）心理咨询将以障碍性心理咨询与发展性心理咨询并存，并逐渐向以发展性心理咨询为主的方向发展。

三、公安大学生心理咨询的意义与要求

（一）公安大学生心理咨询的意义

我国台湾地区学者王连生认为：“心理咨询是一种帮助人们自我指导的高

度艺术，是一种有爱心、有技术的专业，在心理咨询工作者与咨询对象的合作过程中，促进咨询对象的身心健康发展。”

公安大学生心理咨询的重要意义表现为：

（1）很多人的患病感觉或感到不适的主观体验可以由心理社会因素引起，理解和消除这些症状，单用生物医学方法不行，必须采用心理咨询治疗，使心理社会问题得到解决。俗话说的“心病还须心药医”，就是这个道理。

（2）神经症性障碍，如恐怖症、焦虑状态、强迫症与某些类型的抑郁症常由心理因素引起，因此，这类障碍可通过心理治疗与行为治疗来治愈。

（3）现代社会的人际交往日益广泛和复杂，许多公安大学生不能适应，由于人际关系的困难引起各种情绪障碍（如焦虑、抑郁等）和心理生理反应。心理社会的干预措施、提供学习经验的行为治疗（如社交技能训练等）能帮助他们改善人际关系，从而进一步改善情绪和心理生理性症状。

（4）严格的警务化管理与高强度的训练，容易使公安大学生紧张、心理疲劳、注意力涣散、记忆力下降，一旦缺乏自我心理调节，就容易出现心理问题。心理咨询就如同心灵鸡汤，可以有效减除心理疲劳、振作精神。

有关心理专家分析了475个心理咨询治疗对照研究的结果认为，接受心理治疗的人比未接受心理咨询治疗的人平均优胜80%。其他的研究者也取得了类似的结论。心理咨询治疗是有效的治疗方法，具有重要的理论和实践意义，已被越来越多的人所承认。

（二）求助者心理咨询的心理准备要求

1. 本人有心理咨询的愿望

本人要有求助于心理咨询的愿望，这样有利于正视自己的心理问题，充分提供真实、清晰的情况，敞开心扉、适度倾吐。

2. 建立良好的互动关系

心理咨询师绝对要为隐私问题保密，所以求助者的坦然相告有利于医生作出诊断和提供帮助，相互信任、相互尊重的咨询关系是成功的开始。

3. 心理咨询的时间观念

心理问题是各种原因长久“积蓄”的结果，解决它需要时间和过程，更需要当事人的耐心和努力，急于求成的态度是不可取的。

4. 求助者奢望

求助者不要期望心理咨询师为自己拿主意、“决策”什么具体问题，心理咨询师能做的事情是帮助求助者澄清事实，分析利弊，开阔和转变思路，疏导不良情绪，以心理学方法帮助求助者发现自己的优势和潜能，体现自我的成长。

5. 求助者的主动参与至关重要

心理咨询的终极目的是助人自助，使个人将不愉快的经历当做自我成长的良机，从危机中看到生机，从困难中看到希望，使求助者从挫折中认真反省，总结经验教训，增强生活智慧，利用现有条件充分发挥自身能力，实现自我价值。

第二节 公安大学生心理咨询的对象、任务与分类

一、公安大学生心理咨询的对象

在公安大学生心理咨询的过程中，心理咨询是针对精神正常的同学而言的，主要对象可分为三大类：一是遇到了与心理有关的现实问题并请求帮助的同学；二是自己感觉心理健康出现问题的同学；三是对自己的发展和成长感觉心理有困惑的同学。

此外，需要重点干预的 12 类对象，也需要进行心理咨询或转介专业医院：

（1）遭遇突发事件而出现心理或行为异常的同学，如家庭发生重大变故、遭遇性危机、受到自然或社会意外刺激的同学。

（2）患有严重心理疾病与精神疾病的同学，如患有抑郁症、恐怖症、强迫症、癔症、焦虑症、精神分裂症、情感性精神病等疾病的同学。

（3）既往有自杀未遂史或家族中有自杀者的同学。

（4）身体患有严重疾病、个人很痛苦、治疗周期长的同学。

（5）因为学习压力过大、学习困难而出现心理异常的同学。

（6）个人感情受挫后出现心理或行为异常的同学。

（7）人际关系失调后出现心理或行为异常的同学。

（8）性格过于内向、孤僻，缺乏社会支持的同学。

（9）严重环境适应不良导致心理或行为异常的同学。

（10）家境贫困、经济负担重、深感自卑的同学。

（11）由于身边的同学出现个体危机状况而受到影响，产生恐慌、担心、焦虑、困扰的同学。

（12）其他有情绪困扰、行为异常的同学。

尤其要关注上述多种特征并存的同学，其危险程度更大，应成为重点干预的对象。

二、公安大学生心理咨询的任务

公安大学生心理咨询的任务，从总体上来说，是帮助同学在学习、生活

中化解各类心理问题，克服种种心理障碍，矫治不良行为，理解人格结构，纠正不合理的认知模式和错误逻辑思维，学会调整人际关系，深化自我认识，构建健康的生活方式，强化适应能力，达到提高个人心理素质、优化心理品质、健康快乐学习和生活的目的。具体来看有如下几点：

（一）正确认识自己的内部、外部世界

内部世界，即人们的主观世界，是人们对客观时间的感觉与知觉，基本上是由以往积累的经验构成的，它可由自己的意志来加以编排。外部世界，即客观存在的现实，是由活生生的、不断变化的现实构成的，是不以人们的意志为转移的。

这两类世界的差异，本身就是矛盾的。但对这种矛盾缺乏明确的认识，采取错误的应对方式的时候，都会在心理上产生困惑不解、烦躁不安，甚至对自己的生存价值产生怀疑，对自己的固有信仰发生动摇。这都是产生心理问题的前提。

心理咨询师就是要帮助求助者认清自己的内、外部世界，构建“合理认知模式”。咨询师在与求助者讨论如何认识自己的内、外部世界时，明确人的内部世界与外部世界是相互作用的。正是这种相互作用，使得人类能在生存和发展中，具备一种积极适应的能力。在咨询过程中，咨询师更多地侧重对求助者内部世界的认识和评估，特别是对那些极缺少对自我正确认识的求助者，要帮助他们认识到自己尚未解决的内部冲突。通过咨询，让求助者发现心理问题是由自己的错误认知所造成的。

（二）纠正不合理的欲望和观念

求助者经常确信自己的动机和需要是正确的、合理的，认为自己十分清楚需要什么，但实际上并非如此。正是这种盲目的自信造成了求助者的心理问题。

还有一些人，以为自己对事物的观察和理解是正确的，从不怀疑自己的思想观念和理解的准确性。但他们一旦走进心理咨询室，在与咨询师讨论交换意见后，就恍然大悟。正是这些自己的错误观念，将他们引入无法摆脱的困境。

心理咨询的任务之一就是要协助求助者纠正自己的错误思维和观念，帮助他们总结自己的经验教训，学会评估自己的思维、观念是否合理。这不仅能够解决他们当前的心理问题，而且能够使他们看清未来的方向，从而使他们加速成长。

（三）学会面对现实和应对现实

生活必须永远面对现实，这是生活的真谛。人们面对现实需要勇气，而逃避现实则显得容易。只要用全部时间回味过去、计划未来，现实问题就可以被排挤出局。

任何人都有过去、现在和未来。过去的永远是历史。回首往事，是为了积累历史的经验和吸取教训，能够更好地应对现实。展望未来，是为了激励意志，以更好的精神状态解决现实问题。

求助者的心理问题，有的是由于不敢面对现实，或感到害怕、恐惧而逃避现实；有的是沉溺于过去的痛苦回忆而不能自拔；有的是固执地坠入未来的想象，在回忆和想象中生存，久而久之，对回忆和想象形成依赖，并造成脱离现实的恶性循环。

心理咨询应当帮助求助者学会面对现实，回到现实中，提高应对现实问题的能力。应对现实，大致有三类反应：感性反应、理性反应和悟性反应。

1. 感性反应

感性反应是对外部事物的情绪化应对，是一种儿童化的应对行为，如果一个成年人每遇到事情，不管事情的性质和大小，也不管时间和场合，一律采取情绪化应对，我们只能认定他有心理问题。

2. 理性反应

理性反应是用概念和事物之间的客观逻辑去反应外部事物，这是一个人心理发展成熟的表现。这种反应方式，在心理健康人群中表现得最为广泛。它使得人们能够准确地判断形势，完善地形成决策，有效地应对事件。

3. 悟性反应

悟性反应是另一类超现实的反应形式。人们以超脱的态度，远离名利的纠缠，因此也摆脱了种种不必要的烦恼。

上述这三种应对现实的方式，各有各的用途，在现实的人生中，应该是三者兼备，各有轻重，这样生活才有乐趣，才能拥有把握人生的钥匙。

（四）学会理解他人

任何个体，都有发自人性的依附本能。彼此理解，是满足此类本能的必要条件。但现实世界不可能达到人人可亲的状态，名利的冲突和其他的冲突，必然打破人性内在的平衡，使这种依附本能消失，从而出现心理的扭曲，产生孤独、嫉妒、怨恨，甚至出现心理问题。

心理咨询要协助求助者唤起自己的依附本能，感觉到群体对自己的重要性，学会角色转换、换位思考，学会理解他人。求助者一旦理解到自己与他人的关系，把自己融入群体中，其人际道德冲突带来的心理问题也就会逐渐缓解直至消除。

（五）使求助者增强自知之明

“人贵有自知之明”，意思是，一个值得称道的人能够正确地认识自己。把人的自知称之为“贵”，可见人是多么不容易自知；把自知称之为“明”，又可见自知是一个人智慧的体现。因为人的认知会受到种种局限，最大的局限是把“自我的需求”作为“自我认知”的参照物，而不是站在自我之外，使用客观标准衡量自己。按“自我的需求”的标准，大多会强调客观，把所有的都归因于外界的因素，而不是考虑“自我的需求”是否合理。

心理咨询就是要与求助者共同分析客观归因的合理性和主观需求的不合理性，从而使求助者学会“自知”。也就是要知道自己、了解自己，还要知道自己是一个什么样的人，有什么优点和缺点，自己应该走什么样的路，适合干什么，等等，也就是说人要找准自己的社会角色定位。

（六）协助求助者构建合理的行为模式

受不合理行为模式困扰的求助者，若想改变自己的现状，必须在心理咨询师的协助下，建立一种新的合理的行为模式。只有按这种合理的行为模式生活，他的行动才可以变成“新的有效行为”。所谓“新”，是指过去从未尝试过；所谓“有效”，是指这种行为可以满足他自身发展的需要。解除心理问题的要害，不在于求助者能否控制自己的思想和欲望，而在于求助者能否将合理的思想和欲望付诸行动。

三、公安大学生心理咨询的分类

（一）按咨询的性质分类，可分为发展心理咨询和健康心理咨询

1. 发展心理咨询

这类咨询面向的是心理健康的求助者，个人在自己成长的各个阶段，都有可能产生各种各样的困惑和障碍。如何适应新的生存环境；如何选择适合自己的职业；为个人事业的成功如何突破个人弱点，更好地认识自我，扬长避短，充分发掘自己的潜能，提高学习和生活质量……。为解决上述问题而进行的心理咨询就是发展心理咨询。

2. 健康心理咨询

这类咨询面向的是自己感觉心理已经有了问题或患有心理疾病的人。当一个精神正常的人因各类刺激引起焦虑、紧张、恐惧、抑郁等情绪问题，或者因各种挫折引起行为问题时，也就是说，发现自己的心理健康遭到破坏时，这时进行的心理咨询就是健康心理咨询。

（二）按咨询的规模分类，可分为个体咨询和团体咨询

1. 个体咨询

个体咨询的形式，是心理咨询师与求助者建立一对一的咨询关系。咨询活动与求助者所处的社会、集体及家庭无直接关系。在内容上，心理咨询师着重帮助求助者解决个人的心理问题。

2. 团体咨询

团体咨询是在团体情境中，向求助者提供心理帮助和指导。它是通过团体内人际交互作用，促进个体在交往中观察、学习、体验、认识自我、探讨自我、接纳自我、调整和改善与他人的交往、学习新的态度与行为模式。

（三）按咨询的时程分类，可分为短期心理咨询、中期心理咨询和长期心理咨询

1. 短期心理咨询

在相对短的时间内（1～3 周内），完成咨询。资料收集和分析集中在心理问题的关键点上，就事论事地解决求助者的一般心理问题。追求近期疗效，对中、远期疗效不作严格规定。

2. 中期心理咨询

在 1～3 个月内完成咨询。可涉及严重的心理问题，要求有完整的咨询计划，追求中期以上疗效。

3. 长期心理咨询

在遇到严重心理问题或者神经症性的心理问题时，可采用长期心理咨询，一般用时在 3 个月以上，应使用标准化咨询方法——心理治疗，要求制订详细的咨询计划，追求中期以上疗效，并要求采取疗效巩固措施。

（四）按咨询的形式分类，可分为门诊心理咨询、电话心理咨询和互联网心理咨询

1. 门诊心理咨询

门诊心理咨询，就是心理咨询师与求助者在心理咨询室里，面对面地进行心理咨询，这种形式效果较好。通过面对面的交流，心理咨询师可以观察求助者的表情变化，进行语言、形体的交流等，这些都会对咨询效果起到一定的作用。要鼓励求助者大胆地走进心理咨询室。

2. 电话心理咨询

电话心理咨询对求助者来说较便捷且隐秘性更强，但时间和效果都受到一定的限制。

3. 互联网心理咨询

随着网络的普及，通过网络信函咨询，对求助者来说有较多的时间来思考所提出的问题，但对诊断和治疗都有一定的局限性。

第三节　公安大学生心理咨询的程序、诊断技能与咨询形式

公安大学生了解心理咨询的程序、诊断技能与咨询形式，有利于自己在

心理咨询过程中，更好地配合心理咨询师开展工作，建立咨询关系，共同探讨咨询中的问题，以取得最佳的咨询效果。

一、公安大学生心理咨询的程序

（一）建立关系

公安大学生在心理咨询前，就要选择适合自己的心理咨询师，与心理咨询师建立良好的信任咨询关系。这是心理咨询的第一步，也是心理咨询成功的首要条件。当然，心理咨询师同样要与前来进行心理咨询的求助者建立融洽、和谐的咨询关系。双方的互信，是取得良好咨询效果的基础。

（二）了解问题

心理诊断的第二步就是心理咨询求助者向心理咨询师介绍自己的情况和需要帮助解决的问题。公安大学生在心理咨询开始时，要按照心理咨询师的要求提供以下资料：

1. 自己的背景资料

（1）个人基本情况，包括姓名、性别、年龄、学习成绩、身体健康状况等。

（2）家庭情况，包括成员结构、家庭中的人际关系和心理气氛、教育方式和态度、经济状况、生活方式、父母的文化程度及修养等。

（3）个性特征，包括智力水平、性格特征、气质类型、心理健康状况、社会适应情况。

了解基本情况有助于分析其心理问题产生的社会背景。对于姓名，如果实在不愿透露，可以不告诉心理咨询师，心理咨询师一般也不会追问，因此可彻底打消顾虑。

公安大学生在心理咨询开始时，尽可能地把自己的情况说详细些，还要认真地、客观地做一些心理量表，这有利于心理咨询师诊断时参考。

2. 自己感觉存在的心理问题

通过与心理咨询师的相互交流，向心理咨询师表达自己在某些方面的主观感受、行为表现、症状等。同时，心理咨询师会根据求助者的自述，弄清其当前究竟为什么问题所困扰、问题的严重程度如何、问题的持续时间有多久、问题产生的原因是什么，并弄清求助者对此有无明确的意识、有无强烈的求助愿望等。

（三）分析诊断

分析诊断和了解问题往往是结合在一起进行的。首先，心理咨询师会弄清求助者的问题属于何种类型。例如，是学习问题，是人际关系问题，还是青春期发育问题或恋爱问题；从程度上看，是正常人的情绪不安、心理失衡，还是人格障碍、神经症、精神疾病等。这些都是分析诊断中必须注意的问题。

心理咨询师会根据对求助者的言行举止的观察以及从求助者的叙述中获取有关心理状况的信息和资料，并进一步明了、澄清和掌握有关事实。需要时，心理咨询师还可对求助者进行心理测验，以明确问题的性质与程度，加强心理诊断的客观性。

在此基础上，心理咨询师会对求助者心理问题的性质、产生原因、严重程度等作出正确的评估和诊断，进而考虑给予何种方式的指导和帮助。

公安大学生在心理咨询师告之诊断结果和治疗方案时，可提出认可和不认可的意见，心理咨询师会平等地与同学们开展进一步的探讨，以取得一致的意见。

（四）帮助指导

心理咨询师会在充分理解求助者的心情和处境的基础上，帮助他们分析自己问题的性质，寻找问题产生的根源，树立战胜困难的信心，提供指导意见，商讨解决问题的对策。但问题的最后解决要靠求助者自己的努力，通过改变自己的认知结构和行为方式来恢复心理平衡。

（五）结束关系

咨询若干次取得预期效果后，咨询活动可暂告结束，心理咨询师会渐渐退出自己的角色，引导求助者把在咨询过程中学到的新经验运用到日常生活中去，不需他人指点，也能自行解决困难。

二、公安大学生的心理诊断技能

心理咨询师在进行初诊接待后，会对所获得的各种资料进行分析综合，确定求助者的问题是否属于心理咨询的工作范围，即能否对求助者提供心理学方面的帮助。通常一般心理问题最适合心理咨询；某些严重的心理问题，单独进行心理咨询或配合其他治疗方法也会有很好的效果。精神病性心理障碍属于较特殊的专业范围，目前主要靠药物治疗，不是心理咨询的工作对象。

（一）求助者的心理问题应该属于心理咨询的工作范围

对求助者来说，求助于心理咨询应该符合以下几个条件：

（1）求助者符合正常心理的三个原则：一是主观世界与客观世界的统一性原则；二是精神活动的内在协调一致性原则；三是个性的相对稳定性原则。而心理异常违反了这三个原则。

（2）求助者主动进行心理咨询，或主动求医。因为心理问题往往使求助者内心感觉很痛苦，有求医的需求和行为。精神病性心理障碍则相反。

（3）求助者对自己的症状有“自知力”。求助者能认识到自己的心理行为有问题，能清楚地说明问题的症状情况、行为表现、心理感受，甚至还能找出这些问题产生的原因，并推论出症状与原因的逻辑关系。精神病性心理障碍则无“自知力”。

（二）通过心理咨询，帮助求助者对一般心理问题进行诊断

（1）能找到问题的生物原因、心理原因和社会原因，一般是由现实的原因引起的心理冲突所致。

（2）从时间上来看，是指近期发生的，一般是1~2个月还不能自行化解的心理问题。

（3）内容上来看，还没有明显泛化。

（4）思维合乎逻辑，人格无明显异常。

（5）社会功能受损较轻微。

针对上述问题，心理咨询也有较好的效果。通过心理咨询，求助者能够选择一种较好的方法去自己摆脱困境。

（三）通过心理咨询，帮助求助者对严重心理问题进行诊断

（1）能找到问题的生物原因、心理原因和社会原因，一般是由相对强烈的现实刺激引起心理冲突所致。

（2）从时间上来看，是指近期发生的，一般是两个月以上半年以下还不能自行化解的心理问题。

（3）从内容上来看，有明显泛化。

（4）有时伴有某一方面的人格缺陷。

（5）社会功能受损严重。

（四）借助心理测量，对心理问题进行诊断

心理测量，是指依据一定的心理学理论，使用一定的操作程序，给人的能力、人格及心理健康等心理特性和行为确定出一种数量化的价值。广义的心理测量不仅包括以心理测验为工具的测量，也包括用观察法、访谈法、问卷法、实验法、心理物理法等方法进行的测量。

心理测量可以从个体的智力、能力倾向、创造力、人格、心理健康等各方面对个体进行全面的描述，说明个体的心理特性和行为。同时，还可以对同一个人的不同心理特征间的差异进行比较，从而确定其相对优势和不足，发现行为变化的原因，为决策提供信息。

三、公安大学生心理咨询的形式

在心理咨询过程中，心理咨询师主要是通过确立咨询目标，全面把握求助者的基本情况，分析心理问题的类型和程度，评估求助者解决问题的行为模式，制订咨询方案等步骤进行的。其涉及具体的心理咨询形式，一般可以分为个体咨询和团体咨询。

个体咨询就是求助者以单独的形式向心理咨询师咨询心理问题，以获得帮助，从而有效地解决心理问题。团体咨询是在团体情境中提供心理帮助与辅导的一种心理咨询与治疗的形式。它是通过团体内人际交互作用，促使个体在交往中通过观察、学习、体验，认识自我、探讨自我、接纳自我，调整和改善与他人的关系，学习新的态度与行为方式，以发展良好的生活适应的助人过程。下面就团体咨询与治疗进行一些讨论。

（一）团体咨询与治疗的形式

一般由1~2名指导者主持，根据团体成员相似的问题，组成课题小组，少则3~5人，多则几十人，就共同关心的问题相互交流、共同探讨、彼此启发、支持鼓励，使成员观察、分析和了解自己的心理行为反应和他人的心理行为反应，从而改善人际关系，增强社会适应能力，促进人格成长。

（二）团体咨询与治疗的功能

团体为个人提供了一面镜子。成员可从其他参加者和指导者的反馈中获益。成员接受其他参加者的帮助，也给予他人帮助。团体提供考验实际行动和尝试新行为的机会。团体情境鼓励成员作出承诺并用实际行动来改善生活。团体的结构方式可以使成员获得归属需要的满足。团体中的互动行为可以帮助成员了解他们在工作上、家庭上的功能。

（三）团体咨询与治疗的特点

（1）成员之间模仿学习，相互支持，集思广益，从多个角度洞察自己，共同探寻解决问题的办法。

（2）团体咨询与治疗效率高。

（3）对人际关系适应不良的人特别适用。在这种氛围内，容易学会与他人建立和保持良好的、协调的人际关系，消除过强的防御心理。

（四）团体咨询与治疗的局限性

（1）在团体情境中，个人深层次的问题不宜暴露。

（2）在团体情境中，个体差异难以照顾周全。

（3）在团体情境中，有的成员可能会受到伤害。

（4）在团体过程中，个人的隐私可能会无意中泄露，给当事人带来不利。

（5）不称职的指导者可能会给团体内的成员带来负面影响。

（五）团体咨询与治疗的类型教育团体

（1）指导者担当教育和引导讨论的角色，团体中的成员从中学习某种技能。

（2）成长团体，成员有机会探索和发展个人目标，并更好地认识自己和他人，改善人际沟通，以及评估自身的价值观念，促进人格成熟和成长。

（3）咨询和治疗团体，对有共同问题的成员，如社交恐怖症、抑郁症等心理障碍、心理疾病进行针对性咨询与治疗。

(4) 支持团体，对有共同生活事件的人，如遭遇灾难、患癌等进行危机干预。

(5) 任务团体，要完成特定任务的团体，目标非常明确。

(六) 团体咨询效果的评价

通过行为计量法、心理测验、调查问卷来评价团体咨询效果。团体咨询效果评价的内容包括：

(1) 团体咨询目标是否达到。

(2) 团体效果反应是否良好。

(3) 团体咨询方法是否正确。

(4) 团体互动、合作是否充分。

(5) 有无需要改善之处。

第四节　公安大学生几类常见心理问题的咨询

公安大学生与普通大学生一样，或多或少地存在一些心理问题，需要求助心理咨询。下面通过对某公安院校在校大学生心理咨询中的实际个案进行分析，对几类常见的心理问题加以解释，以使有所启发和帮助。

一、学习方面引起心理问题的心理咨询

(一) 学习方面心理问题个案

案例一：我是一位来自山区、家庭经济困难的大学生，学业成绩一直非常优异。上大学后，忽然感到心中茫然，学习没有动力，生活没有目标，有时候想到辍学在家的妹妹和年迈的父母我也恨自己不争气，可我的确找不到奋斗的目标与学习的动力，学习上得过且过，生活上马马虎虎，漫无目的，上课打不起精神，我不是因为喜欢上网而荒废了学业，而是因为实在没劲才去上网聊天、打游戏，我如何才能摆脱这种状态？

案例二：我今年已经大三了，一直优秀的我一向对自己要求很高，当然这也与家庭的期望有关，父母都是具有高级职称的知识分子，在他们的言传身教下，我从小就知道努力与奋斗。在大学，我进行了认真细致的生涯设计，一步一个脚印向前走，成绩拔尖；大学三年级入党；与此同时锻炼自己在各方面的能力。我却发现离自己的目标越来越远，我忽然怀疑起自己的学习能力，我感到自己在学习上的优势在失落，甚至多年积累的自信也受到挑战，对未来，我忽然担心起来，我该怎么办？

从上面的个案可以看出，他们二人都因为学习动机不当产生了心理上的

困惑，不同的是前者是因为学习动机不足，后来是由于成就动机过强造成的。是什么原因造成大学生的学习动机不当呢?

（二）学习方面心理问题个案分析

1. 学习动机不足的原因分析

学习动机不足主要是学习动机不正确，社会责任感不强，价值观念不强，学习态度不端正，学习毅力不强，对专业不感兴趣，对自我的学业期望不足，学业自我效能感低。

2. 学习动机过强的原因分析

个体学业期望过高，自尊心强，对自己的学习能力缺乏恰当的估计，因而造成学业自我效能感下降，心理压力大；渴望学业成功而又担心学业失败，受表面的学业动机的驱使，渴望外在的奖励与肯定，特别是由于学业优秀带来的心理满足使学生更看重自己的学业优势，因此造成学习强度过大，引起心理疲劳。

（三）学习动机不当的咨询与自我调节

1. 学习动机不足的自我调节

一是正确认识学习的价值与大学的目标，重新规划学业与人生；二是调整心态，以积极的心态对待学习特别是学习中遇到的挫折与困难，用自身的意志战胜惰性；三是改进学习方法，提高学习效率与学业自我效能感，提高学业的自我价值与社会价值。

2. 学习动机过强的自我调节

一是正确认识自己的潜质，制订恰当的学业目标与学业期望，调整成就动机，与此同时，脚踏实地，循序渐进，不好高骛远；二是将表面的学习动机转变为深层次的学习动机，淡化外在奖励特别是学业成就的诱因，正确对待荣誉与学业成绩；三是端正学习态度，树立远大理想，保持旺盛的学习热情，坚持不懈，便会取得预期效果。

二、人际关系方面引起心理问题的心理咨询

（一）人际关系方面心理问题个案

案例：我是一名公安交通管理专业的学生，不仅品学兼优，而且善于唱歌、主持，还能写一手好文章。上大学后，获得了“校园十佳歌手”称号，被老师任命为区队干部，但苦恼的是同宿舍的其他三位室友却开始慢慢疏远和孤立我。刚进大学时，室友们每次都结伴一起去食堂吃饭，可是后来，其他三个室友就把我冷落在一旁了。前两天，我上完晚自习回宿舍，大老远便听见室友们在聊天。可是我刚一进门，所有的谈话立刻就终止了。我想他们一定在议论我。现在，室友们几乎不和我说话，无视我的存在，有时候，我

主动和他们搭话，他们也总是说些酸溜溜的话来刺激我。为此，我十分痛苦，心理压力越来越大，不知道如何才能和室友处好关系。

（二）人际关系方面心理问题个案分析

人际关系对人心理健康的影响有：良好的人际关系，朋友多，人际关系和谐，因此人们之间可以互相关心，互相爱护，互相帮助，这样就可以降低心理压力，化解心理障碍，有利于心理健康。不良的人际关系，即人际关系恶劣，缺乏知心密友，有话不想说，也不能说，只有把所有的问题都压抑在心中，产生的问题不能得到有效的化解，因此，很容易把心理问题积蓄和放大起来。这样就很容易产生心理障碍。

俗话说“枪打出头鸟”，在同一片天地下，有一个人比较拔尖，难免会遭人嫉妒；如果不注意及时沟通，增进交流，很容易被其他人孤立。况且，现在的大学生多为独生子女，个性比较强，多以自我为中心。因此，在与同学特别是室友的相处过程中，很容易发生冲突。

（三）人际关系方面心理问题的咨询与自我调节

从人际交往这一方面来说，心理健康要注意以下几个方面：

（1）要有几个知心良友，这样有什么问题都可以有人倾诉，及时化解心理问题。

（2）要学会与人交往，因为人只有在融入团体时才会比较有安全感，而且也容易化解一些产生的心理问题。

（3）与家人建立平等融洽的家庭关系，良好的家庭氛围能让人有一种安全感，也能化解心理问题。

（4）学会去进行心理咨询，因为心理咨询就是心理咨询师与求助者建立的一种特殊的人际关系，这种人际关系与其他的关系是不一样的。

三、恋爱方面引起心理问题的心理咨询

（一）恋爱方面心理问题个案

案例：自从大三以后，我就觉得我变了，我变得很敏感，别人的语言、语气、眼神、动作都会引起我的不舒服。我变得很固执，经常为小事伤感，经常为寂寞伤心，不能体验轻松快乐。我变得很暴躁，虽然我也想学得温柔一点。我对学业心烦。看见一本本厚厚的书就心烦，做起一道道难解的题也心烦，看到别人在学习还心烦。上课、上自习总是一会儿瞧这个人一眼，一会儿瞧那个人一眼，自己也不知道是怎么回事。我对别人心烦。我和那些跟我要好的女孩子在一起学习，觉得不自在；跟她们一起走路也觉得不舒服；别人看我，我也感到不自在、不舒服。上大一时没有这种现象，到大二就有了，到大三就成了现在这个样子。我谈了一个男朋友，他早我一年毕业了。

大一、大二时，他总是陪着我，周末陪我玩，当时很开心，学习成绩也好，现在他陪我的机会减少了，所以心情总不好，总想他能够天天陪我。有时他答应回来看我，失约了，我的情绪便特别低落，甚至想哭，想到旷野上呐喊几声。我是不是有心理障碍，我该怎么办？

（二）恋爱方面心理问题个案分析

这类问题属于心理失调，心理失调会引起心理紊乱和智力活动低落，影响到学习和生活的方方面面。“不能体验轻松快乐”，这种抑郁情绪是恋爱激活的幽怨心理造成的；对学业心烦和对别人心烦，这种浮躁的心态是被恋爱激活的排他心理造成的；“我和那些跟我要好的女孩子在一起学习，觉得不自在；跟她们在一起走路也觉得不舒服；别人看我，我也感到不自在、不舒服”，这种伤感的人际关系也是恋爱的副产品。恋爱的女孩很少能与别人分享自己的观念和情绪，总觉得与别人格格不入，只能谈论与恋爱有关的事情。恋爱中的女孩总会造成人际关系的紧张和成绩滑坡的紧张，种种紧张不能释放，从而觉得什么都“不舒服”；种种紧张日积月累地堆积起来，从而觉得什么都“不自在”，所以“上大一时没有这种现象，到大二时就有了，到大三时就成了现在这个样子”。

（三）恋爱方面心理问题的咨询与自我调节

恋爱给人带来的是一种奇特的、诱人的紧张感，心灵深处有一种敏锐的快乐感。

对恋爱实施自我克制，国外称之为“情绪管理”，尤其是在公安院校，对在校学生的男女交往有比较明确的规定，必须严格执行。针对恋爱中的公安大学生男女同学，仅从“情绪”管理角度，提出三点建议：

1. 自我认定

问一下自己，或衡量一下，恋爱与学业哪一个为先？

2. 自我设计

未来与现在哪一个重要？

3. 自我克制

向自己承诺恋爱在毕业以后，同时主动参与文娱活动，淡化自己的紧张感、积极投入到社交活动中，克服自己的寂寞感。只有把消耗在恋爱上的心理能量转移、升华到学业中去，紊乱的情绪才能得到平衡和康复。

四、警务化管理方面引起心理问题的心理咨询

（一）警务化管理方面心理问题个案

案例一：我是新生，听从父母的话，我考入了警察学院。这对我来说，并不是一件开心的事，自从上个月开始警训到现在，我感觉越来越不舒服。

这些天来，我觉也睡不好，饭也吃不下，训练一点劲都没有，还受到教官的批评。我的心理快要崩溃了，不知道该怎么办？

案例二：我是大一学生，最近一个月来，经常感觉头晕眼花，上课提不起来精神，心里总堵得慌，总怕出错，到了教室就担心寝室的内务没搞好，经常会感觉自己警容不整，怕被督察抓到。明明自己做好了，还是放心不下，真的好难受。

（二）警务化管理方面心理问题个案分析

警务化管理是警察院校管理的基本模式，坚持严格教育、严格训练、严格管理、严格纪律。这种管理是培养警察的需要。能不能适应这样的管理，除了日常行为训练以外，还需要很好的心理适应和调节。

从案例一学生的自述来看，主要还是适应的问题，一是对新环境不适应，面对新的校园、新的管理方式、新的同学，一切都会感觉陌生，缺少温暖和亲近感，缺乏归属感；二是理想自我与现实矛盾的不适应，感觉前途渺茫，对未来缺乏信心；三是兴趣低下、情绪低落，伴随着身体的不适应，心理处于“崩溃”的边缘。

从案例二学生的自述来看，同样有适应上的问题，心理上处在极度焦虑状态，还有一定的强迫症状。

（三）警务化管理方面心理问题的咨询与自我调节

严格的管理与训练容易使人产生焦虑的情绪，焦虑的主要表现就是过多的忧虑与担心，适度的焦虑可以促进学习与训练，中度与重度焦虑就会损害个体的身心健康，这就是我们通常说的过度紧张。

1. 要学会放松自己

焦虑会让我们觉得紧张、担忧和激动，如果能够放松自己，就会比较容易接受焦虑的存在。日常的有效放松方法有深呼吸，或者在引起焦虑的情况发生前做好准备。放松的方法应集中于注意自己的呼吸、心跳以及肌肉紧张、手心出汗等身体反应，这样以身体反应当做放松自己的提示有个好处，就是觉得随时都有充分准备克服焦虑。

2. 要运用想象减轻焦虑

想象可能出现的焦虑情景，放任自己体验焦虑，同时随时提醒自己，焦虑虽然让人不舒服，却不会致命，慢慢地就可以与焦虑共存了。

3. 要进行理性思考

看看自己面对焦虑情景时有没有使用错误的思考模式。这些思考模式常常引发无谓的焦虑，试试换一种新的思考方式，警务化管理尽管是严格的管理，但不是无人性的管理，有很多可锻炼人、塑造人的地方，任何事情都没有好坏之分，是人们的思想使它们有了好坏之分。

4. 可接受专业治疗

如果焦虑已经严重到了干扰正常生活的地步，建议求助于正规咨询机构的治疗，如行为治疗、认知治疗或者辅助药物治疗等，这些都是治疗焦虑较为有效的办法。

思考题：

1. 什么是心理咨询？心理咨询的主要任务是什么？
2. 心理咨询中，求助者应注意哪些问题？
3. 如何诊断有无心理问题？
4. 谈谈出现心理问题后，怎样进行自我调节？

第十三章　公安大学生心理创伤、心理危机与危机干预

第一节　心理创伤、心理危机与危机干预概述

一、心理创伤的含义和危害

（一）生命与创伤

据资料，在高倍显微镜下，人类受精卵形成的一瞬间极其壮观，精子仿佛是一条巨龙，用头部穿破卵子的外壁而进入。这一事实告诉我们受精卵曾一度有过一个巨大的创口，只是这个创口又自动愈合了，随之伟大的生命开始慢慢生长。我们无法得知精子给卵子造成的“创伤”会对个体的心理造成什么影响，但这一事实说明生命是从创伤开始的。进一步，十月怀胎后的个体出生（生产）事件，对母体和胎儿也都是巨大的创伤，出生过程中殷红的鲜血就是明证。某些心理学派用特殊的方法可以让人回忆起出生时经过狭窄产道的挤压感和恐惧感，而这就是纯粹的心理创伤。

不仅生命从创伤开始，成长也与种种生理的、心理的创伤相伴随。这是人类的命运，是所有以生命的形式在世界上走上一遭的所有生物的共同命运，我们甚至可以说，经历创伤是形成强健体魄的必要条件。试想一个没有经历任何创伤的生命会是多么的幼稚、软弱和变态！由此可见，创伤并不一定是坏事，人们大可不必对创伤包括心理创伤谈虎色变，正确的态度是积极学习应对心理创伤的知识和技能，特别是在心理创伤中成长的知识和技能，或者说关于努力减少心理创伤的不良后果的知识和技能。

（二）心理创伤解读

心理创伤的一般定义认为，心理创伤是个体在日常生活中所感受的负性事件导致的心理创口或损伤，它可以因本人是事件的当事人而引发，也可能仅仅因本人目睹或耳闻事件而诱发。创伤受害者分级理论认为，初级受害者是亲历了创伤事件的个体；次级受害者是目击创伤事件或创伤事件中的援助人员，如警察、医务工作者、消防队员等；三级受害者是遭受创伤事件非直

接影响的个体。

引起心理创伤的各种负性事件被统称为应激源，这些应激源可大致区别为“天灾”与“人祸”。前者如洪灾、旱灾、飓风、地震等自然灾害，后者如部分火灾、空难、交通事故或战争等以及遭遇暴力侵犯、被监禁、被持久虐待等经历。近来学术界也十分强调那些看似微小却长期持续的来自家庭或其他组织内部的对儿童或其他成员的情感虐待事件，如忽略、照顾不当包括溺爱、“穿小鞋”等，认为虽强度不大但长期的情感虐待也会带来严重的心理创伤。统计表明，心理创伤导致的后果存在巨大差异：大部分受害者（50% ~75%）可以在1年内逐渐自愈；10% ~15%的人则多少会遗留心理问题，这主要取决于应激源的性质和程度、个体过去的经历，同时也与个体的生物特性有关。

（三）心理创伤可能导致的精神障碍

《中国精神障碍分类与诊断标准》（CCMD－Ⅲ）根据病程和反应将心理创伤导致的精神障碍（也称反应性精神障碍）归结为三类：急性应激障碍、创伤后应激障碍、适应障碍。

1. 急性应激障碍（急性应激反应ASD）

以急剧、严重的精神打击作为直接原因，在受刺激后立刻（1小时之内）发病。表现有强烈恐惧体验的精神运动性兴奋，行为有一定的盲目性；或者为精神运动性抑制，甚至木僵。如果应激源被消除，症状往往历时短暂，一般持续数小时至1周，通常在1个月内缓解。预后良好，缓解完全。

ASD中又派生出急性应激性精神病（急性反应性精神病），是一种急性应激障碍的亚型，是指由强烈并持续一定时间的心理创伤事件直接引起的精神病性障碍。以妄想、严重情感障碍为主，症状内容与应激源密切相关，较易被人理解。急性或亚急性起病，经适当治疗，预后良好，恢复后精神正常，一般无人格缺陷。

2. 创伤后应激障碍（PTSD）

由异乎寻常的威胁性或灾难性心理创伤导致延迟出现和长期持续的精神障碍。主要表现为：（1）反复发生闯入性的创伤性体验重现（病理性重现）、梦境，或因面临与刺激相似或有关的境遇而感到痛苦和不由自主地反复回想；（2）持续的警觉性增高；（3）持续的回避；（4）对创伤性经历的选择性遗忘；（5）对未来失去信心。少数患者因有人格改变或神经症病史等附加因素而加重疾病过程。精神障碍延迟发生，在遭受创伤后数日甚至数月后才出现，病程可长达数年。

3. 适应障碍

因长期存在应激源或困难处境，加上患者有一定的人格缺陷，产生以烦恼、抑郁等情感障碍为主，同时有适应不良的行为障碍或生理功能障碍，并使社会功能受损。包括：(1) 短期抑郁反应；(2) 中期抑郁反应；(3) 长期抑郁反应；(4) 其他恶劣情绪为主的适应障碍；(5) 混合性焦虑抑郁反应；(6) 以品性障碍为主的适应障碍；(7) 以心境和品性混合性障碍为主的适应障碍；(8) 其他或待分类的应激相关障碍。适应障碍通常在应激性事件或生活改变发生后1个月内发生，应激因素消除后，症状持续一般不超过6个月。随着时过境迁，刺激的消除或者经过调整形成了新的适应，精神障碍随之缓解。

二、心理危机的含义和特征

在心理卫生学中，心理危机一般简称为危机。凯泼莱（Capalan）把心理危机定义为：面临突然或重大生活事件（如亲人亡故、突发威胁生命的疾病、灾难等），个体既不能回避，又无法用通常的方法去解决问题时所出现的心理失衡状态。心理危机的主要特征包括：一是困难的处境。来源各种各样，可来自个体外部，如自然灾害；也可来自个体自身内部，如患了难以治愈的疾病。可以是突发灾难性的，如交通事故；也可以是一系列事件的日积月累，如人际关系恶化。可以是有形的；也可以是无形的，如失去生活目标，内心的矛盾冲突等。可以是实际发生的；也可以是预期的或想象的。二是应付努力的失败。心理危机的程度与发生事件的强度不一定成正比，更重要地取决于个体对事件的认识，以及个体的既往经历和个性，特别是应付能力等。上述是心理危机的最基本特征，也是构成心理危机的必备条件。

此外，心理危机还往往具备以下一些特征：

(1) 危机具有普遍性，无人可以完全幸免。因为坎坷是人生的必然，只是大小不同而已，危机就蕴藏其中。

(2) 危机是一种正常的生活经历而并非疾病和病理过程。

(3) 危机具有复杂的表现方式，涉及认知、情感和行为各个方面。

(4) 危机导致严重的心理压力和心理问题，如想自杀或攻击他人等。

(5) 危机既有危险又是机会。如果在危机状况下，个体成功地把握危机情景或及时得到适当有效的治疗性干预或帮助，由此学会新的应对技能，不但可以重新得到心理平衡，还能获得心理的进一步成熟和发展，此即为机遇。所以，个体如果能够正确处理并顺利渡过心理危机，则有助于心理成长和成熟。

(6) 危机的时间通常有限。情绪危机具有时限性，时间不会很长，急性期通常为1周至数周。

(7) 承认和认识危机的过程非常复杂，许多人虽处于心理危机当中，但并不愿意承认这个事实，因而不去寻求帮助，特别是慢性心理危机者。

（8）危机不仅限于导致心理危机的事件本身，还可能形成一连串的后续事件并导致一连串的心理危机。例如，某学生考试不及格⟶他人对个体评价和自我评价降低⟶自卑感增强⟶人际关系趋向淡漠⟶他人对个体评价和自我评价更趋降低⟶采取某种甚至某些极端行为。

根据来源，心理危机可分为两大类：一是与人生发展成熟相伴随的危机；二是境遇性的危机，如特殊的个人遭遇，包括家庭重大变故、受到某种打击、遭遇意外……

由此可见，应该科学辩证地看待心理危机。正确的观点是不能要求不发生心理危机，只能希望自己既要顺利渡过心理危机，还要能从中获得成长。从心理卫生的角度讲，这是完全可能的；从人生成长视角理解，这也是应该和必需的。让每一次挫折和危机成为人生的一个新起点、新机会，这样的人才是心理健康的，这样的人生才能不断走向灿烂。美国前总统林肯21岁时做生意失败；23岁时角逐美国州议员落选；24岁时做生意再度失败；26岁时情人离开人间；27岁时一度精神崩溃；34岁时角逐美国联邦众议员再度落选；45岁时角逐美国联邦参议员落选；47岁时提名副总统落选；49岁时角逐美国联邦参议员再度落选。然而，林肯屡战屡败、屡败屡战，在他52岁时，当选美国第十六任总统。如果不能寻找和把握“危机”中的“机”，也许就不会有他后来的成功了。某高校在新开“证券投资理论与实务”课时由于缺少老师，请证券公司介绍一位，于是杨先生成了这门课的外聘老师。然而，该校了解到杨先生以前是唱河南梆子的，后来还在师范大学门口给学生修鞋，现在怎么成了证券投资理论家了？面对学校的质疑，推荐他的证券公司说杨先生是全市唯一通过股票的买卖成为百万富翁的人，他在证券投资方面最有发言权。原来杨先生是老三届的学生，和演《宰相刘罗锅》的李保田是校友，后来从学校宣传队一并被招进市梆子剧团。1988年，剧团解散，他以路边修鞋谋生。他边修鞋边在师范大学旁听证券知识讲座。最后他领悟到股市如人生，不能错过任何一个低谷。他甚至写了《股市人生》一书。在书的序言中有这么一段话：当股市跌得最惨的时候，恰是入市的黄金时间；同样当命运之神把人抛入谷底时，也是人生开始腾飞的最佳时节。这个时候谁能积累能量，谁就能在未来获得丰厚的回报；谁若自怨自艾，必定错失良机，导致两手空空、后悔莫及。

正如美国家庭治疗发展史上最重要的人物之一维琴尼亚·萨提亚（Virginia Satir）所说：改变是有可能的，即使外在的改变有限，内在的改变还是可能的。也许我们无法改变外在的许多东西，但我们需要也可以通过危机实现自身内在的改变。心理危机本不是我们希望发生的好事，但我们却难以避免；心理危机可能产生对自身、他人的严重伤害，但也可以变“坏事”为“好事”。正确认识心理危机，积极化解心理危机，努力避免危机的不良后果，善于把握危机带给我们的改变和成长机遇，这是我们对待心理危机应该具有的基本态度和理念。

三、危机干预的含义、目标层次、适用性

危机干预，是指从心理上解决迫在眉睫的危机，使症状得到立刻缓解和持久消失，使心理功能恢复到危机前的水平，并获得新的应付技能，以预防将来再发生同一原因的心理危机。由于危机干预具有简单、有效和经济实用等特点，在中国大陆近20年来（自北京大学精神卫生研究所于1994年12月作为卫生部医疗队正式介入克拉玛依特大火灾后的心理救援工作开始起算），它已逐渐发展成为一项重要的心理治疗工作和心理援助技术。

危机干预是从简单心理治疗基础上发展起来的，以解决突出问题为基本目的，不涉及干预对象的人格矫正。其工作目标为呈递进关系的三个层次：一是预防严重后果，如自杀或杀人，或者精神崩溃；二是恢复心理平衡，使干预对象能够发挥正常的社会功能；三是提高个体将来应付类似危机的能力，即要使心理危机真正成为一个学习机会，促进干预对象成长。当然对于具体干预对象，干预的具体目的通常有所侧重。

心理危机干预的适用范围比较广泛。危机过程中当事人非常容易受到外部的影响，因此，在时间上当危机发生的时候就应该不失时机地开始干预和帮助。在内容上它适用于各种原因所致的危机，包括恋爱、婚姻、家庭矛盾、人际冲突、人生转变（求学、择业、成为父母、退休、亲人故去、身患重病）、各种天灾人祸等。一般而言，具有下列情况者，心理危机干预可以取得较好效果：

（1）人格稳定而面临暂时困难者。

（2）当前心理失衡状态和某一生活事件密切相关者。

（3）有明显焦虑、紧张、抑郁情绪或有自杀危险者。

（4）本人自以为近期无力解决问题者。

（5）求治动机明确并有潜能者。

（6）尚未从适应不良性应付方式中获得强化者。

（7）积极配合者。

（8）有较强社会支持者。

第二节　公安大学生可能遭遇的心理创伤及其处置

一、公安大学生可能遭遇的心理创伤

公安大学生的特定角色决定了其遭受心理创伤的可能性不仅存在，而且较非公安大学生更大、更现实。这是因为：首先，公安院校实行严格的警务化管理，有的同学反映，在校学习、生活个体处于“受控”的不自在状态。这种感受，往往高考后入校的一年级新生和从其他大学毕业再来公安院校接受学历教育的“试点班”新生相对更为强烈，需要不断加强调适。其次，公安大学生在参加警务工作实践锻炼，如警务见习、实习、专项安保工作等过程中，会与正式民警一样经历血与火的考验，会比其他非公安大学生更多地目睹、面对或处置各种负性事件。下面以近年来较为多发的袭警事件为例，分析说明公安大学生遭遇心理创伤后的身心反应。

袭警行为一般是指采用恶语相加、拳脚、棍棒、刀具、枪支甚至爆炸物等工具，以严重辱骂、围攻、殴打、拘禁、伤害等方式阻碍民警依法履行职责，残害民警身心健康的行为，也表现为毁坏民警正在使用的警械及其他警用装备。公安大学生在参加警务实践过程中，参加现场执法、调解纠纷、查缉抓捕、协助其他公务等活动，甚至在办公场所均有可能遭遇袭击。公安大学生在警务工作中遇袭后，容易出现一系列不良生理、心理和行为反应。①

1. 生理方面的常见反应

遭遇暴力袭击后，身体进入高度应激状态，供能、供氧增加，机体处于逃避或应对挑战的临界状态。高度应激反应的直接后果是机体疲劳。被袭者往往感到身体僵硬、四肢乏力、身体极度疲倦。对于大部分被袭者来说，只要经过短暂修养，上述症状就会减轻或消失，较快恢复常态。但也有少部分被袭者可能会长时间处于应激状态，导致出现入睡困难、睡眠不深、失眠，做噩梦、梦中惊醒，头疼、腰背痛，没有食欲，便秘等一系列躯体反应。

2. 心理方面的常见反应

由于袭警行为直接导致被袭者的身心痛苦，由此其原有心理状态往往会发生一系列的改变。

（1）认知偏差。遇袭者往往盲目进行自我否定，以偏赅全，或觉得自己无能丢了面子，与警察的英勇顽强品质不相称，或认为自己倒霉，责怪自己运气不好。脑海中袭警的场面、喧嚣的声音、痛苦的表情等创伤性记忆，会

① 王淑全：《遇袭民警的身心反应及心理干预方法》，载《公安教育》2011 年第 4 期。

像放电影一样不由自主地闪现，自我效能感下降，担心会在执法活动中再次遭袭。同时，往往还表现出注意力难以集中，谈话、做事经常“跑神”；记忆力减退，不愿回忆或回避遇袭的细节。

（2）情绪异常。遇袭后往往产生强烈的羞辱感和恐惧感，严重者还会发生泛化。具体表现为情绪的稳定性差，过分敏感或警觉，一点声响就情绪慌乱，紧张不安。在袭警事件中受伤或致残者则更会表现出对未来的担忧，担心毕业前途和生活安排等一系列问题，严重者甚至会丧失自信心，并沉浸其中不能自拔。他们容易激惹和情感爆发，自我调控能力明显下降。

3. 行为方面的常见反应

遇袭公安大学生行为上的改变主要表现为行为的回避性增强，主动性下降。他们会在生活、交往和工作的各个方面表现出明显的回避行为。如有的人平时在家中、与同学很爱说笑，但遭遇袭击后变得沉默寡语，很少与人交流；常常回避自己认为困难的事情，并向自己认为是引起困难的原因的人和事发脾气；在社交中表现为退缩、逃避与疏离，他们不愿意与人主动交流，在被动性交流中话语能少则少。同时，怀疑心增强，看到他人哪怕是同学交谈也认为是在谈论自己；不轻易信任他人，非常关注同事、朋友的眼神。有的被袭者还会表现出暂时性的自我孤立和封闭，如变得不愿意上班，不愿意处警办案，即便行动，也会拖拖拉拉，十分缓慢，并伴有情绪低落、无精打采等言行表现；会刻意回避遇袭场所，回避到遇袭场所附近执法；对工作中遇到的问题采取等待和观望态度，自己不主动寻找解决问题的办法。

二、心理创伤的科学处置

2009 年 4 月 20 日凌晨，在汶川地震一周年到来之际，北川县委宣传部副部长冯某在家中自缢身亡。专家认为这是典型的创伤后应激障碍（PTSD）所致。人们常说，时间是最好的医药，对于大多数人来说，随着时间的推移，创伤能慢慢缓解，心灵能得到修复。但震后一年的汶川的确还有 15% ~20% 的灾区群众出现了严重的灾后心理障碍，包括 PTSD 和抑郁症，这些人群需要系统的、专业的、持续的专门处置，仅靠自己的力量“走出来”较为困难。资料显示，美国政府针对在“9·11”恐怖袭击中出现心理问题的市民制订了长达 20 年的救助计划；我国政府也在灾后重建中专门强调心理援助。《汶川地震灾后恢复重建总体规划》第 12 章第一节中明确指出，实施心理康复工程，采取多种心理干预措施，医治灾区群众心理创伤，提高自我调节能力，促进身心健康；各级政府要指导和帮助灾区群众尽快恢复重建自主管理的社区（村民委员会）组织，构建灾区群众和谐和睦、团结互助的邻里关系，发挥社区对安定人心、增进情感、反映民意、化解矛盾、提供服务等方面的重要功能；营造关心帮助孤儿、孤老、孤残的社会氛围。开展心理康复工程具体措施如下：在中小学校开展心理疏导教育，在医院设置心理门诊，在新闻媒体开办专栏节目，组织专业人员和志愿者进社区（村庄），开设心理咨询热线，培训心理疏导专业人员，编写灾区志愿者服务工作手册和心理辅导手册。

研究表明，未经处理的创伤类似于一个存在于脑中的“记忆脓肿”，虽可能自行消退（遗忘），但也可能以碎片样的形式存在于大脑中，长期与正常的记忆痕迹共存，并会“长大”且迟早成为活动性病变。如前所述，心理创伤可能导致的精神障碍（或称反应性精神障碍）有急性应激障碍、创伤后应激障碍、适应障碍三类，或起病迅速，或病程漫长，或病情严重。因此，遭受心理创伤后，及时进行科学处置十分重要。

（一）创伤的合成与整合

之所以说“未经处理的创伤类似于一个存在于脑中的‘记忆脓肿’，它们会以碎片样的形式存在于大脑之中”，是因为有机体具有对创伤的自动防御机制：分离或回避。这些手段一方面帮助减少或避免创伤的灾难性影响；另一方面也增加了一般的创伤处理过程的困难。一个人虽然在创伤的环境中通过人格解体——身体与精神的分离很好地保护了自己，但也遗留了混乱的感觉以及大量的主观不适感受：躯体疼痛、强烈不适感、羞耻、仇恨、病态的自责感、躯体陌生感等。因此，对创伤的经历加以暴露，能够提供创伤的拼图，有利于对创伤进行合成，最终实现整合。胡贝尔（Huber）提出“创伤合成”的概念，他认为，“创伤体验在受害者那儿是一望无际的灰色，他们不能明白和控制事件是如何发生的以及发生了什么？在治疗师的陪伴和帮助下，患者再次经历创伤，并且首次将其以一个整体来感受……这种体验最终成为人格的一部分。”通过回忆，对创伤的部分进行暴露，创伤性记忆就会在治疗环境中被激活，用词语、图画、情感和躯体感觉加以引导合成，整个事情作为整体被重新呈现出来。此时的体验充满痛苦，就好像亲历创伤一样。冯·科克（Van der Kolk et al）等提出：“对PTSD患者治疗的关键因素在于对不和谐的、不可接受的、可怕和不可理解的情感加以整合。”如果说创伤合成更多的是单纯地对经历加以重复，特别是重复那些在创伤早期的情感体验，那么创伤的整合则是通过发展在创伤回忆中从未经历过的部分来完善体验。如此，患者就会有勇气逐步去体验创伤的其他不完整部分，去体验其他未经历过的情感。

显然，这种暴露需要一定的技巧，工作者必须接受过专业培训，否则会造成有创伤史的患者在记忆拼接的过程中再次体验到可怕的感受，甚至使处理者也出现创伤性感受（同感创伤）；这样的治疗需要充分的准备和稳定的治疗联盟，所有有经验的治疗师都应该注意避免准备不充分时就开始创伤的暴露，因为这只会带来再创伤，而非合成和整合。

（二）处置过程中应把握的要点

1. 传递正性信息：反复证实和强化现实

首先，处置中创伤暴露的内容和方式、步骤等需要在开始前向处置对象解释清楚。这有助于让其确认自己身在现实中的“此时此刻”，处置过程中必然再次提及的导致创伤的负性事件及其情景只是“已过去”的一个生活片段。其次，创伤暴露涉及如何处理挫折感、恐惧感、生活信心等，同样需要反复向患者确认现实的情景。

理想的创伤合成分为两个层面：创伤再体验和对现实的认同。创伤合成的体验类似于一次旅行：一方面，让头脑中关于创伤的记忆被“唤醒”并分离出来；另一方面，保持和增强对医患共同努力科学处置心理创伤、使自己在现在和未来“活得更好”的信心。在治疗过程中，要反复强调这样的观念：这是在两个成年的有知识、有能力的人（患者和治疗师）之间所进行的对既往创伤过程的处理。务必让处置对象确认：“我知道，我现在是在接受医疗，一切只是在按计划进行。我现在在此所忍受的只是过去发生的事。”通过治疗，患者得到必要的知识和比较正性的信息：既获得关于心理创伤的知识，包括创伤的结果、创伤的分离、创伤过程中的躯体改变等，又接受自己已告别过去活在“当下”、“办法总比困难多”等正性信息。用来激发创伤和处理这些信息的方法有想象心理治疗、认知行为治疗、催眠治疗等。为加强疗效，还可视情况向处置对象提供相关主题的文献、书籍等供其主动学习、探索的资料。

2. 稳定化：情感耐受性训练

处置对象对现实的认同往往是不牢固的、是逐渐加强的。因此，及早地、有针对性地、重复地引导处置对象学会与创伤相关的回忆和感受保持适当距离的技术，也是帮助患者重新恢复对日常生活的掌控的重要策略。

如果从“表达性—支持性”的维度来看待心理治疗中的各种干预，那么治疗者就必须在治疗过程中不断地依据患者的自我功能水平在“表达性—支持性”的连续谱上找到一个恰当的平衡点。也就是说，一方面，治疗者要通过支持性干预增强患者的自我功能，维持良好的治疗联盟，即构建稳固的工作平台，这一点对于创伤患者来说尤其重要，因为创伤往往导致患者的自我功能水平严重下降。另一方面，治疗者要在稳固的治疗联盟基础之上通过表达性干预使患者能逐渐自我暴露、呈现和面对问题，并对其进行再加工。在治疗中，治疗者可能要在支持性和表达性之间循环游走，而在治疗结束之前往往要进行支持性干预，以保证患者走出治疗室之后不致因为过度自我暴露而陷入创伤情境难以自拔，从而遭受继发性创伤损害。从这个意义上讲，稳定化应贯穿于系统治疗的始终。

3. 适时停止

创伤暴露可诱发症状再现，因此，随时可中止的设计可帮助患者回到现实。但停止信号不能是简单的口头言语，应该是明确的行为表示，而且应该在治疗前达成一致。当患者无法承受治疗过程的时候，治疗师仅凭患者的言语来确定中止治疗过程并不正确。如当患者大叫“不，不，不！停止！马上停下来！”时，他（她）已经处于创伤情景之中，属于过去，但此时也正好是创伤合成的最好时机，此时立即中止并不正确。正确的做法为事先向患者声明：“在创伤治疗时，在必要的情况下可将进行着的过程中断。如果您觉得无法继续忍受，或者感觉快要失去控制了，您就这样做（将两只手举到胸前，手掌向外推一个想象的或实际的东西）。这个手势是当人想反抗或拒绝什么时自然而然的动作。按照这个约定，如果您做了这个手势，我会马上停止创伤暴露而给您支持，让您重新能获得控制。请您注意我不会依据您所讲的话如‘停止’来中止过程，像‘不，停止！’这样的话语属于创伤情景中的，并不意味着此时此刻的创伤工作要中断，而是正好相反。所以，我们将手势约定为特定的停止信号。”如果患者在创伤暴露中使用了停止信号，接下来的过程是：停止—保持状态—缓和—安定—通过想象和呼吸强化稳定。

治疗师可能会对患者要求停止时其内心所发生的事情好奇，建议将探寻原因的讨论留到第二天或第三天进行，也不必对患者是否恰当地运用了停止信号加以质疑。要确认的是，患者才是创伤合成的真正主人，只有在对治疗师完全信任时他们才会应用这个对充满矛盾的、失控的体验的控制。

4. 共情、安慰

治疗性创伤暴露是对言语、（画面）想象和躯体感觉的综合过程。患者可能出现颤抖、呻吟、咒骂、叫喊、过度换气、出冷汗、抽搐发作、窒息、运动失调等表现，也可能出现“去反应”状态，这些表现可以持续相当长的时间。如果患者没有给出停止信号，治疗师必须作出共情性的支持和陪伴。例如，总是强调感受是现在的感受：“请您现在来感觉一下，这个事情那时对您来说有多可怕。”“现在真无法想象！你当时一定是不堪忍受。”又如，及时加以共情的口头表达：“您并非完全孤独，虽然我不会有您那样深的体验和感觉，但我知道，那时的您非常糟糕。”再如，加以解释、证实、鼓励等：“有时候，必须自己去解决一些事情。”“有时候，作为成年人去体验当时的感觉也不坏。”“有时候，问题只能一点点地解决。”“有时候，回忆会带来痛苦，但痛苦也是生命的标志。”处置者应该是充满共情的陪伴者，有清醒的头脑，能作出合理而清楚的解释。

共情、安慰还包括对患者一定的身体接触。例如，在治疗时允许患者的照顾者或是朋友一直按住患者的肩膀或是把手一直放在其肩膀上。指导他们时可以这样说："用力按，不要放松！不要变成抚摸！"

5. 调节呼吸和释放痛苦

掌握呼吸调节的技巧，通过将注意力高度集中到呼吸上来，对于患者在体验强烈情感时重新获得控制十分有帮助。在创伤暴露时，治疗师可以直接指导患者进行有意识的呼吸："好的，深吸一口气！再来一次！""有意识地将感受到的气引到疼痛的地方！您感觉到，空气怎样溶解内在的化石。当旧的东西流走时，您也许一开始会感到疼痛，但疼痛也属于生命。""每一次屏住呼吸时都会去掉一些伤痛——那些旧时的伤痛。只是一小点。随着时间的流逝，最后都没有了。""再来一次，屏住气！对！很好！"很多患者会感到遵照执行后原来的症状或不良感受有所减轻。

释放痛苦的概念原本来自于一个患者。其定义为，通过屏住呼吸、发抖、呻吟以及其他的一切来"表达"痛苦，使之向外界转移。当患者经受着强烈的痛苦煎熬时，将固有的以躯体隐含的症状形式存在的不适乃至症状通过行为上升到意识层面会很有帮助。

通常，我们中的大部分人只是承受痛苦。例如，所爱的人死去、与伴侣分手时我们在躯体上会有不适的感觉：如鲠在喉、心如刀绞、胃部发紧、内脏好像着了火、身体像被撕碎了、后背疼痛等；或者有一定的身体发抖、流泪、愤怒的反应，我们感到自己像要失去控制一样。在治疗过程中，患者感到疼痛从身体各处开始泛滥时，要鼓励其叫喊、呻吟、哭泣、抱怨和发抖，甚至更极端的抽搐、以手击桌、用身体撞墙等。这种痛苦的表达会反复发生，可能会在发泄后减轻，但又会重复发作，甚至比前一次更为强烈。可能多达数次至近十次，直到获得最大限度的痛苦释放。

屏住呼吸和释放痛苦的持续时间一般为 30 ~ 60 分钟，多在创伤合成的阶段较早完成。

6. 处置者能承受心理刺激

以国内某重大火灾的心理干预工作为例，工作人员在目睹死难者和家属的痛苦后，很多人自己也出现了失眠、噩梦，有的甚至不能继续工作，有的甚至在结束工作后很长时间还难以"放下"。[①] 2004 年 10 月，描写南京大屠杀的华裔作家张纯如自杀身亡。张纯如曾自陈，在写作《南京大屠杀》期间，每天都接触到大量日军暴行录，精神上受到很大的创伤，常患失眠和抑郁，掉了很多头发，成书时体重锐减；书中插图都是避重就轻的，唯恐太露骨许

① 参见施琪嘉主编：《创伤心理学》，中国医药科技出版社 2006 年版，第 58 页。

多公立图书馆会拒绝把书列于架上，但她自己则过目了太多的“视觉毒品”。也许局外人会有疑问：南京大屠杀已是大半个世纪前的历史往事，而张女士离世更是出书七年以后的事情。但事实上作为读者，会深感张女士在书中披露的日军暴行更像一部酷刑百科全书的记载：砍头、活焚、活埋、在粪池中溺淹、挖心、分尸、在肉体上浇硫酸、用军犬咬死、先奸后杀、剖腹取胎、割乳房、割生殖器、用刺刀捅入阴部，以及强迫儿子强奸母亲、父亲强奸女儿、兄弟强奸姐妹、日军奸淫某女子逼令其丈夫观看等。① 如此频繁地接触侵华日军的暴行，不！是禽兽不如的令人无法容忍的酷刑和反人类的滔天罪行，对于任何人，特别是对于一个非医学和精神病学背景的女性的确造成了严重的情绪反应。这就是较为典型的同感创伤，有学者将其定义为“对暴露于创伤经历而幸存的患者进行治疗的治疗师的忍耐性的心理影响力”。同感创伤还有一些相似的名称，如继发性创伤应激、耗竭、同感疲劳、反移情等。

人类的同情心和处置工作者的角色身份决定了同感创伤难以完全避免。研究表明，它可能源于：（1）创伤引发了治疗师自身的问题（治疗师自己的移情）；（2）创伤强度如此之大、性质如此严重，以至于突破了治疗师的防御机制；（3）治疗师没有足够的防御机制和足够的时间来恢复自我功能；（4）治疗师扮演着救世主的角色。因此，创伤暴露之前不仅是患者需要稳定和做好准备，治疗师也是一样。治疗师要整合好自己的创伤，这样在创伤暴露中自己不会被激发、被侵入和处于分离状态，不会害怕强烈的情感及躯体的疼痛、呻吟、发抖、报怨、叫喊、窒息、呕吐、愤怒、自责、失去控制以及其他的应激表达方式。否则，患者会认为：“治疗师自己都显得不能承受，那我还能怎么样？我该怎么办？”

（三）对重点对象心理创伤的处置方式

急性应激障碍（ASD）和创伤后应激障碍（PTSD）相对严重者，容易出现：（1）反应性兴奋，表现为强烈的情绪激越或情感爆发，活动过多，并伴有冲动性的伤人、毁物等行为。（2）反应性木僵，表现为目光呆滞，表情茫然，反应迟钝，不言不语，呼之不应，呈木僵或亚木僵状态。（3）反复“闪回”、警觉性增高，表现为不由自主地反复回想遭遇创伤的经历，或反复出现与导致创伤的负性事件有关的噩梦，或难以入睡、易惊醒，对周围动静非常敏感。（4）持续性回避，表现为刻意回避遭遇创伤的地点或不愿意回想遭遇创伤的经历和相关人员，不愿意重复相关想法及相关感受。

以下结合遭遇袭警事件产生的严重心理创伤案例，介绍对这些人员的正

① 孙隆基：《是什么杀害了张纯如》，载《南方周末》2004 年 12 月 24 日。

确处置步骤和具体工作方式。

第一步，建立良好的处置关系和收集被处置者的个体资料。在整个处置过程中，处置者对对象必须做到尊重、热情、真诚、共情和积极关注。通过摄入性会谈，详细了解被处置者的基本资料，包括生物学资料（重点了解年龄、性别、身体健康方面的状况）、心理学资料（重点了解其认知特点、情绪情感反应、解决问题的策略和应对方式等）和社会学资料（重点了解社会支持系统）。在收集资料时，要特别警惕那些身体遭受损害，以致无法正常学习、工作，甚至连部分日常生活都需要他人照料者，他们更容易产生担心未来和悲观厌世等情绪，甚至有可能演变为寻求自杀。处置者必须悉心观察，发现端倪，必要时及时报告并采取相应措施。

第二步，制订处置方案。处置者在确定和证实了对象的各种反应之后，要结合所收集到的个人资料，与对象共同协商制订个体创伤处置方案。

第三步，实施具体处置。创伤处置的重要任务是平复遇袭者的负性情绪；同时，情绪的改变相对于改变不合理认知而言要简单易行、便于操作，容易使对象获得成功感、增强其信心。因此，通常把改善或消除对象的激越情绪等放在处置的重要位置。处置者经常重点运用以下两种具体技术来缓解对象的负性情绪体验。

一是利用眼动脱敏再处理技术（Eye Movement Desen Reprocessing，EMDR）处置被袭民警的“闪回”症状。针对处置对象挥之不去的创伤性回忆以及反复出现的“闪回”画面，可以采取EMDR进行处置。这种技术可操作性强、起效快。处置对象之所以出现各种闪回和身心不适症状，原因是那些从袭警事件中获得的刺激场景以及与之相联系的情绪感受或观念被“困”在一定的神经单元系统内，大脑皮层的特定区域产生过度兴奋而阻滞了正常的信息处理过程，影响了大脑信息加工系统的工作平衡，使正常的信息加工受到影响。处置者通过对处置对象左右眼进行有节奏的交替刺激，从而“解放”大脑内受阻的信息加工过程，使大脑两半球的沟通得到改善，促进神经生理功能中定向反射的改变。左右脑交替接受刺激，使创伤情结消蚀或融入新的认知体系中去。换句话说，就是使记忆系统能够重新开放，接纳新的信息内容进入，新信息的进入能够淡化原有的创伤记忆，从而使处置对象从挥之不去的创伤记忆中逐渐解脱出来。通常采用的具体做法是：处置者坐在对象右前方45°处，距离以对象感觉舒适为宜，交替对被处置者左右眼进行刺激。对象先一目平视，处置者让对象讲述或主动回忆起出现频率最高、能引起强烈痛苦体验的刺激画面或声音，并将注意力集中在这些刺激及其引起的负性情绪体验上。同时，处置者用并拢的食指和中指在对象眼前30～40厘米处做有规律的左右、上下、斜上斜下或画圈运动，间距约60厘米，频率约每秒1

次。要求对象始终注视处置者的手指，眼球跟随手指做相应转动。在处置者手指的带动下反复做眼球运动10～20次之后，暂时停下让对象闭目休息，排除头脑中的各种杂念。休息2～3分钟后对其另一只眼实施同样刺激……反复多次后，询问对象头脑中原刺激场景的变化情况，并对对象的相关反应重新进行评估。如果画面或场景仍然存在，则重复运用EMDR，直至刺激画面和负性情绪逐渐淡化或消失为止。

二是采用系统脱敏疗法处置对象因持续性回避某些场景而产生的恐惧情绪。系统脱敏法主要用于处置对象出现的超出一般的紧张焦虑或恐惧状态。其主要理论依据是交互抑制，即人的肌肉放松状态与焦虑情绪状态是一种对抗过程，一种状态的出现必然会对另一种状态起到抑制作用。根据这一原理，处置者与对象一起把引起恐惧焦虑的相关场景按主观感受程度从小到大加以排列，构建出恐惧和焦虑等级序列。先选择一个可引起当事人出现微弱焦虑或恐惧反应的场景，在其面前反复暴露（如让对象反复想象或实地观看），只要出现紧张恐惧，就利用放松技术进行放松……如此反复进行，最终使对象对这一场景不再恐惧。然后再呈现对象原来焦虑或恐惧反应更强一级的场景，按前法反复呈现……如此逐级脱敏，被处置者就可以最终战胜原有的焦虑和恐惧。

第三节 公安大学生的心理危机干预

一、公安大学生一般心理危机干预的实施

公安大学生心理危机干预，主要是指当公安大学生处于严重心理不良状态时，及时给予心理援助，以更快地摆脱危险状态，减少和避免伤人、杀人（包括自伤、自杀）等极端行为。除针对上述暴力外，公安大学生心理危机干预也适用于家庭重大变故、执行特殊任务后的心理救助；个人感情受到挫折后出现心理或行为异常、身体出现严重疾病、患有严重精神疾病（如抑郁症、急性焦虑症、精神分裂）的心理救助等。显然，公安大学生心理危机干预的实施可以防范和减少公安院校警务化管理中的意外事故，从心理服务角度为警队管理提供支持，增进心理和谐，促进公安大学生良好学习、生活环境的形成和维持。

（一）危机识别

危机识别是干预的前提。应采用一定手段进行筛查，确定公安大学生心理是否处于危机状态。识别应从如下三方面入手：个人生活史；是否存在急性心理应激事件；察言观色，即深入观察对象有无存在心理危机的流露和

表现。

1. 个人生活史

对既往存在自伤、自杀行为、暴力行为或倾向、家庭曾经历特殊变故或有严重精神疾病史者，一定要注意追踪观察，列为重点观察对象。具有暴力行为者很有可能故伎重演，成为潜在的伤人、杀人者。许多精神疾病都会复发，复发精神疾病者对人对己都是一种危机，那些具有冲动行为的精神疾病患者尤其应引起重视，务必做好心理危机防范。特别是当他们受到严重的心理创伤时，若出现心理与行为异常，就更有可能导致心理危机。对于家庭经济特别困难的公安大学生应及时给予经济救助，以免心理压力过重导致心理危机。

2. 深入了解具体急性心理应激事件

公安大学生的急性心理应激事件通常包括：

（1）家庭重大变故：父母亡故或重病、家庭经济出现重大问题。

（2）学习中的遭遇性危机：考试不合格，参与重大活动或见习、实习中执行特殊任务，目睹同学、战友伤亡等。

（3）个人感情受到挫折：失恋、同学间出现情感危机等。

（4）躯体严重疾病：得知躯体疾病病情恶化等。

3. 察言观色

个体在心理危机时会产生一系列异常身心反应，一般会维持4~8周，主要表现为生理、情绪、思维、认知和行为方面的问题。

（1）生理方面：表现为头痛、头重、头胀、头昏、耳朵发闷、眼花、眩晕、心跳加快、肠胃不适、食欲下降、噩梦、失眠、呼吸不畅、喉部阻塞感、胸闷、肌肉紧张、腹胀等。

（2）情绪方面：表现为害怕、焦虑不安、怀疑、不信任、悲伤、易怒、忧郁、绝望、无助感、麻木淡漠、孤独、自责、过分敏感等。

（3）思维方面：表现为思维迟钝、思考问题局限、思路不开阔、思维易疲劳、思路固定在危机事件上而难以转移、偏见、固执、计算困难、理解力下降等。

（4）认知方面：表现为记忆困难、混淆、注意力不集中、缺乏自信、犹豫不决、健忘、认知迟钝。认知偏差，即不会辩证地看问题，只是看到负面的情况。

（5）行为方面：表现为社交退缩、沉默不言、食欲减退或暴饮暴食、逃避帮助、自责、责怪他人、易与人发生冲突，严重者有自伤、自杀征兆。

结合上述几个方面具体情况，有必要对可疑对象进行仔细筛查识别，以便确诊是否存在心理危机。这一工作主要由专家组完成。专家组应包括心理分析专家、精神科医师、心理辅导员、心理测验师、学生管理老师等人员。其中，心理检查主要有 SCL－90、抑郁自评量表、焦虑自评量表、悲伤的人量表、贝克绝望量表（20 项）、自杀危险评估（12 项）等。

（二）危机干预的内容和形式

1. 个体危机心理反应的四个阶段及危机干预内容

个体在危机过程中，其心理反应通常会经历以下四个不同阶段：

（1）第一阶段——冲击期。发生危机事件后当时或不久，个体感到震惊、恐慌、不知所措、发呆与茫然。

（2）第二阶段——防御期。表现为想恢复心理上的平衡，但不知如何做，出现否认与合理化的心理反应。

（3）第三阶段——解决期。当事人积极采取各种方法接受现实，寻求各种资源，努力解决问题。这时其焦虑、紧张减轻，自信与社会功能渐渐恢复。

（4）第四阶段——成长期。如果应对恰当，当事人会变得更加成熟，获得应对危机的技巧，重新投入新的生活与学习；应对不良或消极应对则会产生自卑、退缩等不健康心理与行为，不利于工作、学习与生活，当新的甚至同样的应激来临时又会出现新的危机。

因此，危机干预的内容是帮助干预对象学会并掌握应对心理危机所需要的技能，主要有四个方面：

（1）帮助干预对象正确理解和认识自己的危机。干预对象往往没有看到生活中发生的逆境与自己心理失衡之间存在的联系，干预者可以采用比较直接有效的方法使干预对象认识这两者间的关系。

（2）帮助干预对象疏泄和释放被压抑的情感。部分干预对象可能由于压抑了一些非常现实的情感（愤怒、爱和恨等），或者对悲伤的心理否认以及自责，从而发生危机。干预的目标是及时减轻干预对象的痛苦和紧张，疏泄被压抑的情感。

（3）学习应对方式。帮助干预对象总结过去成功的应对逆境的经验技巧，学习新的应对方式，减轻逆境对心理平衡的影响。

（4）建立新的社交天地。如果危机是由于失去某个重要的人际关系（如亲人的去世、分离等）造成的，尽快建立新的人际交往和人际关系则是心理危机干预的主要内容之一。

2. 公安大学生危机干预的主要形式

（1）电话或电脑网络危机干预。其优点主要在于不受时空限制；干预者和干预对象双方都是匿名的，保密性强，干预对象可以无拘束地畅谈自己的思想和情感，较少对自尊心的损伤和隐私暴露产生担心。不足之处是因为互不见面，声音是获得信息、施行干预的唯一途径。要求干预者迅速从音调、语气及简洁的应答中判断干预对象的心理状态，以决定下一步必须采取的策略和措施，因此工作难度较大。

（2）面谈危机干预。可以较电话、网络等热线服务更深入地就干预对象的问题进行探讨。面谈干预措施包括调整认知；改善应对技巧；松弛训练；充实生活内容；扩大交往，建立支持系统。

（3）群体危机干预。群体危机干预的主要内容包括宣传心理健康和个体危机应对知识；成立各种自助组织，强化扶弱济危的公众意识；及时识别高危人群；在发生了对整个群体都有较大影响的事件时，如有同学患重病甚至恶化，此时进行群体危机干预，往往有更大效果。

二、公安大学生的自杀可能及其干预

（一）自杀之谜

自杀（suicide）既“谜”又不“谜”。它是古今中外都有的社会现象，是人类四种死亡方式（自杀、他杀、意外、疾病）之一。在西方很多国家，自杀比例随着现代化进程而明显增高。据资料，进入21世纪，全世界每年约有100万人自杀身亡，而自杀未遂者至少是自杀既遂者的10倍。根据世界卫生组织的估计，一个人自杀平均会使6个家人和朋友的生活深受影响。根据这一推算，中国每年有150万人承受着自杀事件带来的严重心理创伤。自杀还给国家和社会带来重大的经济负担。据世界卫生组织的估计，与自杀有关的经济损失每年高达数十亿美元。在每年疾病给中国造成的经济负担中，自杀带来的经济负担占1/5，占第一位。自杀是我国全部人口的第五位死因，是15～34岁人群的首位死因，是大学生死亡事件中第二大主要死因。2003年9月10日，是世界卫生组织和国际自杀预防协会共同确定的第一个“世界预防自杀日”。

自杀是故意结束自己生命的行为。自杀分自杀意念、自杀未遂与自杀死亡。自杀意念，是指有寻死的想法，但没有采取任何实际行为；自杀未遂，是指采取了有意毁灭自我的行动，但并未导致死亡；自杀死亡，是指采取有意毁灭自我的行为并导致死亡。1992年12月在南京召开的第一届全国自杀预防和危机干预研讨会，标志着我国开始对自杀现象进行科学研究。1994年中国心理卫生协会危机干预专业委员会的成立，则意味着人们开始从心理学的专业角度关注自杀问题。自杀问题涉及心理学、精神病学、社会学、伦理学等许多学科。

从心理学角度，有人将其分为心理满足型、心理解脱型和混合型三大类：

1. 心理满足型

这是通过生命的自我毁灭达到信仰上的完美、自我上的完善和追求上的宣泄以及示威、报复、赌气性的自杀类型。被杜尔凯姆称为“利他型”的自杀就属于此范围。此外，诸如国外示威性的自焚、日本武士道式的剖腹、中国古时为表示贞洁的烈女的自刎、为表示赤胆忠心的臣仆们的献身，都属于这一类。

2. 心理解脱型

这是指由于自卑、悲观、厌世、空虚、绝望、羞愧、悔恨以及畏罪、谢罪等负性情绪的折磨达到一定程度，为彻底解脱这种心理负荷而自杀的情形。文学作品中这类自杀很多。例如，雨果的名著《悲惨世界》中的警长沙威，终生与冉阿让势不两立，时时追捕后者，当他为冉阿让的高尚品格所感动时，顿悟到自己的渺小、卑微，于是羞愧地自杀了。

3. 混合型

许多自杀案例，其心理原因是满足与解脱感兼而有之。有位自杀者，生前对社会不满，对敌对者仇恨和对父母的某些做法不理解，于是写下遗书，服安眠药自杀身亡。他的自杀就属于此类：把人世间看得虚伪、狡诈、不可信任，他要解脱这个痛苦；热爱父母，而家庭又与自己的观点相左，既有一种死后使父母后悔、痛苦的报复欲望，又有心理满足的成分。杜尔凯姆在《自杀论》中援引了一个军官自杀前的心态，十分生动：“命运给我开了一个玩笑。我已经吊上绳子，失去了知觉，可绳子断了，我左胳膊着地摔了下来……我现在准备得很充分，很快就要再见了。不过，我先要再抽最后一袋烟。上一次我的感情没有斗争，一切很顺利。这一次我仍然希望如是。我很平静，就像早晨起来打算喝一杯酒那样……我要心平气静地死第二回了。”多么坦然，多么淡薄，既没有对生前的遗憾，也没有对死后的欲求。

（二）警察和大学生的自杀现象

国外对警察自杀的研究比较早，也比较系统和深入。国外研究专家认为，因警察终日处于精神压力、暴力和危险之中，又常接触武器，因此，警察的自杀风险会增大。据掌握的大量国外警察自杀资料显示，警察的自杀率高于一般人口。例如，在过去的10多年中，美国纽约警察局有66人自杀，其中仅1995年就有12人自杀死亡。过去10年中警察自杀率由平均1.75年1宗上升到平均每1.42年1宗。居罗尼克在把警察和其他130个职业相比后评定出警察的自杀比率是一般人的1.8倍，警察自杀的比率要比他们被杀的比率高；密尔汉姆发现华盛顿州警探的自杀率是一般人的2倍；纽约州卫生局分析表明，该州警察自杀的风险几乎要比常人高出2倍；罗伯维茨和黑格多发现在36种职业中，警察的自杀率高居第2位；依自杀比例高低排列，理查德和菲尔把警察排在130种职业的第三位。①

除美国外，其他国家也有警察自杀率升高的现象。莱斯特在考察了26个国家的警察自杀情况后发现，百慕大、卢森堡、马耳他、警鲁、波兰、波多黎各和土耳其这些国家警察的自杀比率均高于普通人口。法国警察的自杀率近年来正呈可怕的“稳步增长”势头。据香港《新报》2001年6月25日报道，香港地区警界自杀事件也时有发生。1990年、1991年、1992年香港警务人员自杀个案分别为3宗、3宗、9宗。2001年前8个月发生了5宗警员自杀个案，警员自杀率较相同年龄组别的市民的自杀比率略高0.45~0.8个百分点。据来自香港地区的资料显示，以往九成以上的警务人员自杀个案都是男性；自杀可以发生在任何年龄的警务人员身上，但接近九成是初级警务人员。据《羊城晚报》2002年10月20日报道，而被同僚形容为“明日之星”、入境事务署助理处长黎振庭（45岁）于2002年10月19日在寓所跳楼自杀身亡。据香港《大公报》2003年11月11日、12日报道，香港地区助理警务处处长、水警总区指挥官张之琛（53岁）于2003年11月9日坠楼自杀身亡，为近年来自杀身亡官阶最高的纪律部队人员。

在中国大陆，尚未见关于警察自杀的专门统计调查，但屡有警察自杀的报道或情况通报。2001年，针对民警的自杀事件，中央领导同志作出重要批示：“公安民警自杀事件虽然只是个别现象，但应该引起各级党委、政府和公安机关的高度重视。”公安部有关领导强调：“近年来，民警自杀事件时有发生，给公安工作、队伍建设造成了不应有的损失，给民警家庭带来了巨大的痛苦，教训极为惨痛。”

警察的自杀手段，综合国内外情况，绝大部分首选枪弹手段。这类自杀常使用的枪支为手枪、步枪或气枪。在过去10年里，纽约市警察局94%的警察自杀涉及警用枪支，在芝加哥和底特律，情况也大致如此。奥衫特发现魁北克警察自杀者有80%是使用枪支。而且统计还显示，用枪自杀的警察比率远远高于其他使用枪支的群体，如在警察之外使用枪支的自杀者中，59%的军人和58%的其他持枪者用枪自尽。② 警察之所以乐于用枪击手段自杀，跟警察与武器接触和对枪支的专业知识有关。就国外来看，很多警察部门为了对付紧急情况，要求其警务人员24小时枪不离身。对警察来说，枪支不仅仅是用来工作的工具，他们更喜欢把其当做自己权威的一部分，当成自己作为法律维护者的标志。对于想自杀的警察来说，使用自己的配枪来结束生命好像最符合它的象征意义。从理论上讲，如果选择自杀方法需要先大费一番脑

① 苏东旭：《警察自杀概观》，载《世界警察参考》1997年第3期。

② 苏东旭：《警察自杀概观》，载《世界警察参考》1997年第3期。

筋的话，那么，至少有相当一部分由冲动而造成的自杀是可以避免的。因为用枪支自杀常是立即致命的，所以，一旦警察由于冲动而决定自杀时，他们几乎没有时间去考虑后果，而由于枪支又是随身携带的，其他人也很难有提前劝阻的机会。这样看来，携带枪支是警察自杀的一个重要前提，枪击自杀也就成为警察自杀的主要手段。

大学生（包括个别攻读硕士、博士学位者）自杀也是不容回避的现实问题。孟庆恩在其《大学生自杀的预防与干预机制》中提到，中国大陆2001年大学生自杀身亡30余人，2002年1~7月则有25人自杀。近年来，我国大陆大学生（包括硕士、博士生）自杀现象的报道也不断见诸有关媒体。

（三）公安大学生自杀可能性评估

对自杀高危人员进行自杀可能性评估是非常重要的。对公安大学生而言，只有经过系统评估之后，才能制订出有效的干预措施，有利于自杀危机的顺利解除，使高危者重新投入到新的学习、工作、生活或接受其他后续治疗中去。

评估内容一般包括：评估对象发生了什么事件？他使用的应对机制是什么？这些机制的作用和效果如何？他的支持系统如何？他是否有能力去应付这种场面？在公安院校警务化管理实践和公安大学生心理健康保护工作中，当一个人在同一时间内有以下情况或言行表现时，他的自杀危险性就比较高，应引起高度重视：

（1）情绪低落或抑郁。

（2）近期，特别是最近两天，有严重的负性生活事件发生。

（3）近一个月生活质量很差。

（4）长期的生活、学习或心理压力。

（5）既往有过自杀行为。

（6）亲友或熟人有过自杀行为。

（7）有血缘关系的人有过自杀行为。

（8）一个月来社交活动明显减少。

对于公安大学生自杀危险性的评估，除了临床检查判断外，还可考虑使用相关的危险性量表辅助临床诊断。常用的量表有悲伤的人自杀危险性评估量表、贝克绝望量表（20项）、自杀危险评估（12项）等。其中，悲伤的人自杀危险性评估量表如表13-1所示。

表 13－1 悲伤的人（SAD PERSONS）自杀危险性评估量表

序号	项　目	评分
1	性别（男性）	
2	年龄（20 岁以上的年轻人，或 45 岁以上的人）	
3	抑郁心境	
4	既往有自杀企图	
5	农药使用或精神活性药物滥用	
6	理性思维丧失（如器质性脑病、精神障碍、精神分裂症）	
7	社会支持缺乏	
8	有自杀的计划	
9	无家人共同生活	
10	虚弱或有严重的躯体疾病	

注：量表中各检查项目，如判断为："有"，记 1 分；"无"，记 0 分。将各项目评分相加，得到总评分。

结果解释：

0～2 分，可以继续正常工作，定期心理门诊随访。

3～4 分，注意密切随访。

5～6 分，可根据具体情况考虑住院治疗。

7～10 分，必须住院治疗，预防自杀的发生。

（四）自杀干预工作的开展

当公安大学生自杀危机发生时，要迅速成立危机应对干预小组，一般由校级学生工作领导任组长，成员由学生处、心理健康教育部门、医务部门、对象所在队直接领导、条件较好的家庭成员或亲戚等组成。公布危机应对干预小组工作电话及心理危机干预工作热线电话等，以便做到及时、快速联络沟通。

危机应对干预小组组长负责各部门工作的分工与协调，心理干预及救助由心理健康教育部门负责，医务部门主要负责对意外事件当事人进行紧急救治，对象所在队直接领导主要负责同学和家属联系、相关人员的监护、治疗与转诊过程中的安全性及现场保护等工作，尤其要做好其他学生心理危机预防和监控，减少个别公安大学生自杀危机事件带来的不良影响，避免造成危机事件的蔓延。具体工作主要包括如下环节：

1. 制订干预目标

对自杀危机者的具体情况进行系统的评估之后，制订一个明确的、切实可行的目标。目标的制订往往需要与危机者协商后定夺，干预者不能独断，要根据危机者的需要，通过现实途径切实解决其痛苦。同时，还要了解危机者以往的心理素质状况，因为干预的直接目标往往是恢复其原有的心理水平。

2. 实施干预

对自杀心理干预的具体方式多种多样，下面的心理干预策略可以借鉴：

（1）对试图自杀者充分表达理解与关心。向自杀者说明自杀是每个人一生中都曾经出现过的想法，每个人都有权利自杀，但自杀只是一种解决问题的方法，不是最好的方法。明确指出自杀是一个人自己的事，但每个人要对自己的行为负责。

（2）倾听、提问、澄清情况。仔细倾听自杀者的倾诉。向自杀者或知情者了解具体情况。如是否有详细的自杀计划：计划制订的进程如何？计划自杀的时间、地点、方式、具体工具？既往有无自杀未遂史？对有自杀史者要继续了解：有多少次？什么时候？诱发因素是什么？结果如何？是如何得救的？其本人从中学到什么？什么时候自杀的想法不太强烈？努力使自杀者有生之留恋。

（3）使用想象厌恶疗法。如对自杀者说："请你想象一下，自杀后你的身体是什么状况"、"跳楼后你的身体撞得粉身碎骨、痛苦不堪、脑浆迸裂、血迹一地、十分恶心、死无全尸"，令自杀者产生厌恶而不敢自杀或减弱自杀动机。

（4）激发自杀者对家人及同学朋友的牵挂与责任感。例如，对自杀者说："想象自杀后你父母会有什么情绪反应，你的好友又会怎么样？"让他意识到别人爱他、关心他，使他还有牵挂。

（5）发现并恰当利用社会支持资源。判断自杀者遇到危机时，是否曾希望得到别人帮助，发出的求助是否准确。了解自杀者的社会支持系统，并加以恰当利用。

（6）给予心理支持治疗。对自杀者的心态表示理解，接受其情感反应，对其处境与困难给予帮助。

现场干预成功后，还要认真开展必要的后续性干预。具体会谈的次数依危机者的需要而定。干预者基于与应激事件相关的资料和信息，从中找出认知和行为方面的共同问题，然后寻求解决这一共同问题的证据和方法，同时注意克服干预过程中出现的负性情绪和认知缺陷。一旦某一近期目标达到，再确定下一步的目标，使受助者逐渐接近危机全面解决的总目标。在这个过程中，要尽量帮助受助者获得更多的有效心理支持，注意多方挖掘受助者需要获得的或可以利用的各种微观社会环境支持资源，以增强危机者解决危机的信心。

3. 终止干预

一般经过4~6周的自杀危机干预，大多数危机者会渡过难关，情绪症状得到缓和，此时应及时中断干预，以减少依赖性。在结束阶段，应该强化受助者最近学到的应对技巧，鼓励他们适应新的生活。终止干预要作为一个非常重要的步骤来对待。

总之，自杀危机干预实际上只是起着一根“拐棍”的作用，即帮助和支持那些绝望的危机者。如果接受干预者已基本达到情绪平衡和危机前的功能水平，学会了自我解决和处理问题的技能，心理适应能力和承受能力得到提高，就应该鼓励其扔掉“拐棍”，独立面对工作和生活。

三、公安大学生心理危机的求助和分级预防

干预通常是紧急情况下的外来影响，而且往往也不是事先的主动性措施。因此，我们更须重视公安大学生在出现心理危机时的积极求助和针对公安大学生可能出现的心理危机进行事先主动性预防。但是，有心理危机或自杀倾向的人往往不知道如何求助于人，或者有许多顾虑而不敢求助于人，错过求助的机会，造成不良后果。若他们知道求助于人的方法，并且有勇气求助于人，就可以减少事故的发生。同时，若能够及时做好预防工作，至少是及时发现心理危机者并主动地予以帮助，同样可以减少心理危机所造成的不良后果。

（一）公安大学生遭遇心理危机时的求助

（1）遇到很痛苦或严重影响学习与社交功能的心理困扰时，不要等待，应主动寻求帮助。要张开嘴巴，拿起电话，迈开脚步，去寻求帮助。

（2）相信朋友会愿意提供帮助。应该将自己真实的困难和痛苦告诉好朋友，否则他们对你一无所知，也就无法提供帮助。

（3）如果所信赖的朋友不知道如何提供帮助，更直接的办法是向学校的心理健康中心寻求帮助。

（4）如果有很多顾虑，可以匿名向心理网站、心理热线或校外的心理咨询人员寻求帮助。

（5）如果觉得求助于一人或一个机构还不能解决问题，可同时求助于几个不同的人或机构。只要坚持求助下去，一定会找到可以帮助自己的人。

（6）解决心理危机往往需要一个过程。可能要反复地看心理医生，医生指定的药物，一定要按医嘱坚持服用。

（7）要明白“强烈的痛苦难以使人作出理智的决定”的道理，因此，说服自己千万不能在冲动中作出极端性行为。实在难以冷静下来时，也要借助于时间之神来驱赶心灵的魔鬼。

（二）公安大学生心理危机的分级预防

公安大学生心理危机应做到预防为主，防患于未然。特别是近年来，专家们强烈提倡在校园内建立三级危机预防体系。

1. 一级危机预防

一级危机预防，指的是班级层次的预防。要充分发挥班干部、学生党团员、同寝室友的作用，特别是应充分发挥班级心理委员的作用，让他们与同学加强沟通交流，一旦发现有异常情况，及时向班主任、政治辅导员、院校学生心理健康教师等报告，使可能出现的事故在萌芽状态就能得到解决。同时，班主任等把学生的异常问题及时向院系汇报，配合院系进行危机干预，并协助院系做好与家长的联系工作。

2. 二级危机预防

二级危机预防，是指院系层次的预防。院系老师、学生管理干部（班主任）、学生干部要自觉主动学习心理健康知识，熟悉学校危机干预流程。在日常工作中，要深入到学生生活中去，及时了解学生的学习、生活及心理状况。当发现或得知学生有异常心理或行为表现时，立即找该学生及其周围同学谈话，了解具体情况，并及时向相关部门报告，由相关部门或心理专家对该学生进行心理评估与筛查，再提出相应的心理干预措施；对于那些有精神疾病症状者，应及时转到精神专科医院诊治，使心理危机或疾病处理于萌芽状态，以免危机事件的发生。

3. 三级危机预防

三级危机预防，是指院校层次的预防。公安院校要将公安大学生心理健康教育纳入人才培养计划中，开设心理健康教育方面课程。平时还要不定期地举办一系列心理科普知识讲座，通过各种教育宣传渠道使学生掌握心理健康知识，提高学生识别及防护心理疾病的知识水平。学校要设立心理健康教育与心理咨询机构，主要负责学生心理健康工作的开展，并通过定期心理检查，了解学生心理健康动态资料，普遍建立学生心理健康档案。对心理状态不良者，应列为重点观察跟踪对象，并通知家属，要求家属密切配合学校做好学生心理工作。这些机构要有心理危机干预及自杀危机干预预案。一旦发现处于危机状态的学生，及时采取相应的干预措施，确保学生人身安全。

思考题：

1. 什么是心理创伤？它可能导致哪些精神障碍？

2. 合成与整合在科学处置心理创伤过程中有什么重要意义？简要说明系统脱敏疗法和眼动脱敏再处理技术的操作要点。

3. 为什么说心理危机也有积极作用？试举一例加以说明。

4. 对公安大学生开展心理危机干预有哪些主要内容和形式？

5. 结合本章内容学习，谈谈你对公安大学生心理危机求助和分级预防的新认识。

第十四章　公安大学生的心理行为训练

第一节　心理行为训练概述

一、心理行为训练的定义

心理行为训练，是一种应用行为心理学、认知心理学和咨询心理学等学科的基本原理，借助行为训练作为媒介手段，用以提高受训学生的基础心理素质和心理健康水平的训练方法。

不同的行业或人群，如企业员工、大学生、军人等，由于其职业或社会功能的特点和要求不同，因此对心理素质的界定有着不同的要求。而在同一行业（特定人群）当中，即便所处地域、文化背景、组织类型等不同，但从事同类工作或活动的绩优标准以及支撑该绩优标准实现的素质要求，都具有某种意义上的通用性与一致性。这就是行业（特定人群）通用心理素质模型所包含的内容，它确定了从事该行业或进入某一特定领域的人员的基本心理素质要求。

心理行为训练是以提高心理素质为最终目标的，因此尽管心理行为训练的基本理论和方法、技巧是通用的，但是针对不同的行业或人群心理素质模型的特点，心理行为训练的课程设置也有所不同，可分为中学生、大学生、军人、公安、企业等不同版本。

例如，针对公安民警的心理行为训练，就是根据公安民警心理素质模型中环境适应、勇敢精神、团队合作、人际沟通、思维创新、应对挫折等必备素质设置相应课程的。

二、心理行为训练的目标

在公安院校中，心理行为训练的直接目标就是帮助学生提高心理素质。因而，公安大学生心理行为训练的基本目标，可以概括为以下几个方面：

（1）激发提高心理素质的自觉性和主动性；

（2）掌握培养心理素质的基本技能和方法；

（3）改变不合理认知；

（4）矫正不良的行为习惯；

（5）塑造良好的个性品质；

（6）提高环境适应能力；

（7）维护心理健康；

（8）促进心理素质的全面发展和整合。

为达到以上目标，心理行为训练运用行为心理学、团体心理咨询、体验式培训的相关技术，创设相应的情境和规则，设置特定的训练项目，使学生通过完成一系列的任务强化内心体验，从而对学生的心理素质进行有针对性的培养。

三、心理行为训练的核心理念

根据人的认知改变和习惯养成的基本规律，心理行为训练的核心理念是：体验激发情绪、行为改变认知、习惯积淀品质。

（一）体验激发情绪

体验激发情绪就是在心理行为训练中，根据所要增强和培养的心理素质设置一定的情境和训练内容，让参训学生在特定的情境中去感受认知、情绪、行为等心理上的变化。人的心理活动都是因刺激引起的，对客观环境的体验则是情绪形成的桥梁。这种体验不仅能深化对事物的认识，积累经验，而且能够提高心理活动的水平。同样的刺激，对个人的体验和引发的情绪并不一定相同，有积极的，也有消极的。心理行为训练充分运用情绪情感的这一特征，引导受训人员进行体验，使其在相应的情境中作出应对和行为选择，对其积极情绪加以肯定，并使其体验消极情绪、克服消极情绪并促进其自我提高。体验激发情绪的理念具体表现在以下三个方面：

1. 创设体验情境

情绪是在一定的情境中发生的。“景无情不发，情无景不生”、“情景相融而莫分”。创设情境，就是为体验激发情绪搭建平台。创设情境要真实可信。只有真实的情境，才能使人产生参与的认同感，才能获得真实的感受，有效激发积极的情绪。一般而言，新颖的情境可以激发人的兴趣和参与的欲望，强烈反复的刺激，能够给人以深刻的感受。但是，过度的刺激会超过人的生理极限和心理承受能力，引发人的拒绝心理和逃避行为。因此，设置情境要遵循人的生理和心理特点，做到难易适中，循序渐进。创设情境要有所侧重。由于人的个体心理品质具有差异性，心理发展过程具有阶段性，因此在训练中，对不同的对象，根据心理行为训练的阶段性目标，有针对性地设置各类情境，使受训学生在不同的情境体验中，促进良好心理素质的形成和发展。

2. 注重自我体验

体验激发情绪是以参训学生为主体的活动过程。在训练过程中，主要是通过参训学生对一定情境的体验，自己去感悟、判断和选择。同时，心理行为训练与一般的体育锻炼的不同点在于，它不是注重动作技能的熟练程度，而是注重是否获得了体验。在心理行为训练中，学生情绪的调动取决于其体验的深刻程度，只有刻骨铭心的深刻体验，才能达到调动情绪的目的。在训练过程中，老师除了向参训学生布置任务外，还将通过对项目操作过程的掌控和之后的交流回顾、点评等步骤，加强学生的体验和感悟。

3. 注意情绪引导

在心理行为训练过程中，学生可能对积极情绪、消极情绪都有所体验，只要引导得当都能够对训练效果起到积极作用。

（二）行为改变认知

认知，是指个体认识和理解事物的心理过程。行为是有机体在各种内外部刺激影响下产生的活动。行为可分为以下两大类：一类是与生俱来或以先天遗传为主的本能行为；另一类是后天习得或以后天习得为主的智能行为。对于心理行为训练来讲，主要是指后一类的行为。认知和行为是相互联系、互相影响的。认知是行为的起点，行为是认知的结果，正确的认知能够形成良好的行为，错误的认知则会产生不良的行为。要改变不良行为，首先必须改变决定这种行为的认知及认知结构。同时，行为对认知又具有调节作用，通过对行为的体验，可以改变原有的认知，建立新的认知结构。根据上述原理，心理行为训练促使受训学生完成规定的训练科目，让他们一步一步去做，主动进行体验，使他们的感受与原有的认知进行比较，并作出判断和选择，从而改变原有的认知，确立起新的认知结构。例如，有的人把活动的基点建立在个人的能力上，而忽视团队或集体的作用，通过设置一系列的困难情境和行为，让其感受单独作业受挫的失败感和团队协作完成的成功感，从而纠正其对个人能力的认知偏差，强化团队意识，贯彻“行为改变认知”的训练理念。在训练中，要着重注意以下几点：

1. 在项目设置上，要有明确的目的性和针对性

要根据培养良好心理素质的要求，着眼改变受训学生认知的偏差，科学设置、合理安排训练项目，安排的项目要有利于冲击原有的认知模式，激发认知欲望，促进新的认知的形成。

2. 在训练中，要适时进行行为调控

在原认知的影响下，受训学生往往在训练过程中容易产生紧张、畏惧、轻视等消极情绪，制约着规定动作的完成。在这种情况下，老师要把握受训学生的心理矛盾，适时地进行行为调控和行为引导，帮助其稳定心态、放松

情绪、调动思维、发掘潜能、完成动作。这实际上是一个通过调整行为启发新的认知的过程。

3. 在总结点评中，受训学生要把感性认知上升为理性认知

完成规定项目的训练，可以使学生获得一定的经验，但要将这些经验上升为理性认识，就必须进行系统的总结点评。通过训练师对经验的归纳和提炼，引导学生明确某种优良心理素质的重要作用、构成要素和形成过程，从而对这一心理素质有一个深刻完整的认识，形成正确的行为应对模式和认知模式。

（三）习惯积淀品质

习惯，是指个体在一定情境下自动化地执行或完成某些动作或某种固定活动模式的需要和倾向。它是刺激和反应之间的固定联结。习惯可以是多次无意识重复的结果，也可以是有意练习的结果。心理行为训练，就是通过反复训练持续强化和巩固训练效果，使学生养成良好的行为应对模式和认知模式，形成习惯。随着这种习惯的养成，逐步积淀内化为稳定的心理品质。在心理行为训练的过程中，由于体验深刻，打上情绪的烙印，使得这种行为转化（选择）得到某种程度的强化，进而积淀成个体内在的心理品质，促进了心理素质的全面提高。心理行为训练是通过以下三种途径使学生养成良好的习惯，并积淀为优秀的心理品质的：

1. 反复训练同一项目，养成良好的行为习惯

在心理行为训练中，有些项目是可以进行反复操作、反复体验的。例如，“法柜奇兵”、“荆棘排雷”等。对于这类项目，学生每一次体验都会引起相同或类似的情绪，从先前的操作中汲取经验教训，并不断激发学生的新体验，促使其进行更深入的思考，从而达到逐步提升心理素质的目的。

2. 利用不同的项目，采取多种形式提升同一心理素质

在心理行为训练中，有些项目的设计是针对提升同一种心理素质的。例如，“传球”和“魔棒”都是为了增强学生的思维能力。这类项目通常任务比较简单，趣味性较强。

3. 强调项目与实际生活的联系

心理行为训练利用学习的迁移，在点评中联系实际，使得学生在项目中将习惯积淀为良好的心理品质，并将之运用到生活中，从而达到真正提高心理素质的目的。

四、心理行为训练的机制

心理行为训练的生理、心理机制是通过提高应激源（刺激物）的强度，引发应激状态，产生过度的生理、心理应激反应，而后施以一定的手段和方

法，调动生理、心理潜在力量并加以调节，达到适宜的生理、心理状态，并通过一定情境下的反复主观体验、经验的积累，建立起动力模型，借以提高生理机能和心理功能，并最终达到提高心理素质的目的。心理行为训练机制模型如图 14－1 所示。

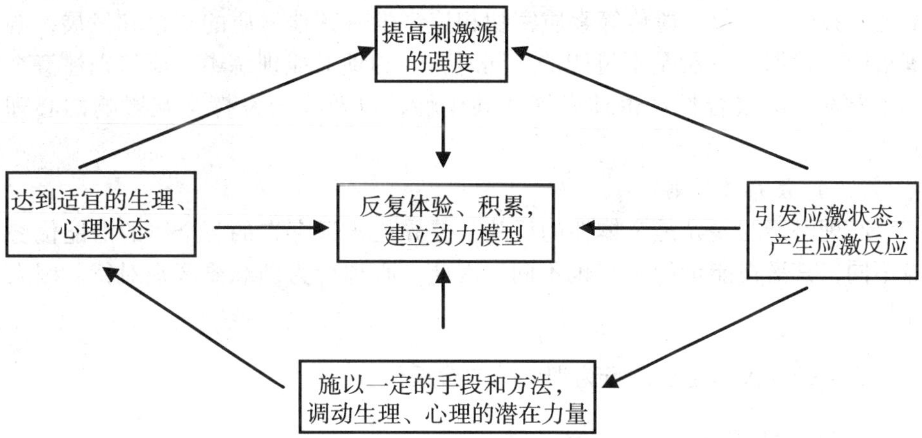

图 14－1　心理行为训练机制模型图

第二节　公安大学生心理行为训练的操作与实践

一、公安大学生心理行为训练的基本原则

公安大学生在进行心理行为训练中，应该遵循以下基本原则：

（一）实践性原则

心理是对客观现实的反映，脱离了客观实际就没有心理活动。心理素质的提高也是在实践中实现的。没有实践行为活动就不可能暴露个体的心理弱点和不足，也不可能产生某一方面的主观体验和现实感受，更不可能有应对某些困难的经验的积累。

（二）自觉性原则

在平时的心理行为训练中，尽管使用一切高技术手段设置近似实际的情景，但总与实际有一定的差距，这就要求参与者树立自觉参与的意识，即自觉感知物理环境，充分体验心理效应，设身处地、身临其境地认同自己的地位和角色，才能有所谓真正的现实感受和主观体验，达到训练目的。

（三）主动性原则

心理是对客观现实的能动反应，也就是说，人对客观环境的认识和决定自己的行为是以需要和动机的参与来选择和取舍的。人没有主动性，就可能会以消极防御的反应方式来应对外来的困难，因而也就与激活、调动潜在能量应对困难的目的背道而驰，所以也就不会有心理潜能训练效应的存在。

（四）整合性原则

任何事物都不是孤立存在的。心理潜能素质开发与个人的体魄、思想、品德、技能、文化、遗传等素质密切相连。没有其他素质的支撑和发展，心理潜能的发掘和发展是不可能的。同时，在心理潜能训练中，要特别注意个体素质发展的整合性和群体发展的共生性，以及充分发挥交互影响的心理效用。

（五）差异性原则

心理潜能的差异是个体性的反映，差异是永远存在的。个体的潜能优势点不同，其潜在能量的水平也不同。因此，心理行为训练要区别对待、因人而异。

二、公安大学生心理行为训练的实践操作

（一）心理行为训练的基本方法

1. 极限训练法

极限训练法，是指通过一定手段提升人的生理、心理极限的训练方法。人的心理以生理为物质基础，心理的极限状态是通过生理的极限引发的。人的心理潜能具有有限和无限的相对性和统一性。具体到每一个个体，从现有水平看，它是有限的，但是从发展的眼光和它具备的潜在能力看，它又是无限的。这种有限性和无限性具有辩证的动态发展性，而这种动态发展性只有当个人的生理、心理极限升至最大阈值，并受到一定冲击时，功能才能得以延伸和增长。所以，极限训练法不失为开发心理潜能的最基本的训练方法。

2. 认知训练法

认知训练法，是指改变人的认知结构及其认知态度的训练方法。心理潜能的增长和释放，和人的心理状态、心向紧密相连，特别是以人的积极性、主动性为支撑。而人的心向的调整和积极主动性的发挥，又以人对客观事物的认知态度为前提。由此也决定了心理潜能认知训练方法的科学性。

3. 情境训练法

情境训练法，是指创设能引起人的某种主观体验的环境和情况，借以提高相应能力的训练方法。从根本上说，心理活动是由客观环境的刺激引起的，能力是在实践中形成和提高的。要提高人的某一方面的应对能力，就必须创设足以引起需要这方面能力的主观体验的相应情境，尤其是紧张和恐惧的情境。所以，情境训练法是必不可少的重要手段和方法。

4. 暗示训练法

暗示，是指用含蓄、间接的方式对别人的心理和行为产生影响。顾名思义，自我暗示训练法，是指自己学会对自己采取暗示的方式来调整心理和行为，以凝聚心理潜能，增强应激力量。人的心理潜能，可以说积聚在两个层面里，一是意识，二是潜意识。明示可以直接调动意识层次中的能量。暗示不仅能调动意识层次的能量，还可以调动潜意识层次中的能量。人的潜意识能量在某种情况下对人的心理和行为的影响是不可忽视的重要力量。如果能学会调动自己潜意识中的能量，那么，应对外界情况，特别是危急的情况，就更有胜利的把握。所以，自我暗示训练法在开发心理潜能的行为训练中还是特别需要的。

以上列出的四种训练法是最基本的，也是不可或缺的，都有着各自的特别功用。但在实际心理行为训练中，往往是综合运用的，以借鉴它们相辅相成的效应。

需要特别指出的是，以上四种方法并不能涵盖所有具体方法，一切能提高心理素质的心理行为训练方法，都应在提倡之列。

（二）心理行为训练的项目

根据使用装备的不同，可将心理行为训练的项目分为两大部分：一部分是高空项目，需要使用高空器械，即组合型心理行为训练器械和地面独立器械；另一部分是地面项目，只需简单的教具（放置在教具箱中）或不使用任何工具就可以完成。地面项目又可分为室内项目和室外项目，室外项目是只能在室外进行操作的，对训练场地和天气的要求较高；室内项目则是可以在室内进行操作的，一般运动量较小。表 14－1 是心理行为训练项目一览表。

表 14－1　心理行为训练项目一览表

项　　目				
组建团队	牵手	密码破译	进化论	勇闯天堑
飞越自我	丛林绳桥	群力相助	自信演讲	凌空跨越
电网	背摔	运输分队	勇攀高峰	合力冲击
海上生存	人际风格	依存共渡	构建方阵	孤岛求生
独木桥	传球	头脑风暴	魔棒	信任双赢
感受失败	荆棘布雷	法柜奇兵	攀峰越险	挑战极限

（三）心理行为训练项目流程

心理行为训练的整个过程可分为项目意义、训练准备、时间安排、训练过程、注意事项、交流回顾、点评要点七个部分。

1. 项目意义

项目意义交代了本项目要达到的根本目的和意义所在，明确地从心理学角度指出该项目所要提高的心理素质是什么。项目意义既是整个项目的起始点，又是最后的落脚点，一切项目设计都是为项目意义服务的。因此，在心理行为训练时，在整个项目操作过程中都必须牢记项目意义，做到“有的放矢”。

2. 训练准备

在训练正式开始之前，为保证项目的顺利进行，我们应该提前做一些准备，除了事先熟悉训练内容、牢记项目意义和操作规则外，还应注意以下设施及内容是否达到训练要求：

（1）场地要求。不同的项目对场地的要求不尽相同，应针对项目操作过程的不同需要给出不同的场地要求。

（2）天气要求。古语云“天时地利”，天气对训练的影响很大，特别是对一些室外项目而言，天气因素尤为重要。

（3）教具要求。很多项目都有专门的教具或器械，在训练正式开始之前，应检查教具或器械是否准备妥当。

（4）装备要求。针对高空项目，需要按照安全操作要求确认主保护绳、安全带等装备是否齐全。

（5）检查装备。针对高空项目，需要严格按照《安全装备使用》中的规定认真检查所有装备，以确保项目操作过程中学生的人身安全。

（6）布置装备。针对高空项目，根据《安全装备使用》中的规定布置“主保护绳”等装备，以确保项目的正常操作和学生的人身安全。

（7）着装要求。学生着装对训练也有影响，不合适的着装会造成不方便，削弱训练效果。

（8）准备活动。心理行为训练的大部分项目活动量都比较大，在项目正式开始之前做一些简单的准备活动，可以防止学生在训练中受伤或影响动作的正常发挥。

（9）了解学生的身体状况。身体状况对训练中的体验有很大的影响，为了避免造成伤害，为了保证训练效果，在训练正式开始前，应对每一位参训学生的身体状况进行了解和观察，并通过询问的方式进行确认。

3. 时间安排

对时间的掌控会直接影响到训练的效果。心理行为训练的每一个项目都可分两个阶段进行时间把握：

（1）项目操作。用于整个项目操作过程的时间。有些项目会要求学生在指定时间内完成任务。

（2）项目回顾。用于任务完成后训练师和学生一起进行交流回顾和点评的时间。

4. 训练过程

训练过程是该项目的主体内容，是老师向学生布置任务和宣布规则的过程。训练时，教师应严格按照训练大纲向学生宣布规则和布置任务内容。每一步都应按照规范进行操作，从而使项目发挥最大功效，真正体现项目意义。

5. 注意事项

注意事项是在学生完成任务的活动过程中需要注意的内容和要点。

6. 交流回顾

当活动进行完毕之后，学生可以在教师的组织下，大家围坐一圈，并通过提问交流等方式，从典型行为出发回顾之前的活动感受，谈谈自己的体会。

7. 点评要点

教师根据对典型行为的观察和在“交流回顾中”学生所谈的感受，结合心理学知识进行点评和总结，从而引发学生的深入思考，达到提高其心理素质的目的。

（四）心理行为训练装备及使用

1. 高空器械

高空器械包括两种：一种是组合型心理行为训练器械，有 LZWY－A01 和 LZWY－A04 两种基本款型。LZWY－A04 款又分为三种不同的设计，分别是 LZWY－A04M 型、LZWY－A04M1 型、LZWY－A04－U1 型。

常用的 LZWY－A04M1 型具体包括高空荡木桥、空中断桥、空中单杠、攀岩等器械，可供勇往直前、尖峰时刻、急速追捕、永不言弃等训练项目使用。表 14－2 是训练器械名称与训练项目名称对比表。

另一种是独立训练器械，包括四米墙和背摔台，供合力冲击和背摔两个项目使用。

表 14－2　训练器械名称与训练项目名称对比表

器械名称	项目名称
高空荡木桥	勇往直前
空中断桥	尖峰时刻
吊索桥	勇渡天桥
空中单杠	急速追捕
天梯	勇攀天梯
攀岩	永不言弃
相互依存	生死相依
绳桥	丛林追踪

2. 安全装备

心理行为训练的高空训练项目，对参加训练的人员在心理上有较高的挑战性，同时也具有一定的危险性，所以必须要有一套科学的安全保护系统为训练提高安全保障。

安全系统由专业训练器械、经国际登山组织联盟（UNION INTERNATIONAL ALPINE ASSOCIATIONS）或欧洲共同体标志等国际权威机构认证的专业探险装备、经过专业培训的训练师及标准的操作流程来保证。主要由主锁、主保护绳、安全带组成。

学生在进行高空项目训练时要穿戴安全带，通常使用全身安全带。

全身安全带的穿戴按以下顺序进行：

（1）打开安全带：找到主保护环，主保护环在右，双手拿住并向两边打开肩带。

（2）穿戴腿带：两脚从两条肩带之间由上而下穿过腿带（收紧扣在两腿外侧）。

（3）穿戴肩带：两手臂向两侧穿过肩带（与穿背带裤一样）。

（4）先收紧腿带：右手抓腿带收紧带，左手掰收紧扣与收紧带垂直，拉紧到腿部活动不受影响（或身体站直时腿带和大腿之间能插入一指），整理好收紧带。

（5）再收紧肩带：右手抓肩带收紧带，左手掰收紧扣与收紧带垂直，拉紧到上身挺直时肩部明显受力，整理好收紧带。

（6）挂主锁：将打好“8”字结的绳索和主索挂在主保护环上，上好自动扣。

（7）检查：每次穿戴后，由他人按照以上要求检查。

思考题：

1. 通过心理行为训练，你如何认识“体验激发情绪、行为改变认知、习惯积淀品质”？

2. 公安大学生心理行为训练的基本方法主要有哪些？

参考文献

[1] 黄学规、金瑾如、夏跃平主编：《大学生心理健康指导》，浙江科学技术出版社2008年版。

[2] 马莹著：《大学生心理卫生与咨询》，人民卫生出版社2008年版。

[3] 张大均、吴明霞主编：《大学生心理健康》，清华大学出版社2007年版。

[4] 叶素贞、曾振华编著：《情绪管理与心理健康》，北京大学出版社2007年版。

[5] 张振声主编：《中国警察心理健康训练教程》，人民武警出版社2007年版。

[6] 杨持光、倪晓峰、赵耀主编：《预备警官心理保健知识问答》，科学普及出版社2006年版。

[7] 赵国秋编著：《压力与应对策略》，浙江大学出版社2006年版。

[8] 吉红、王志峰著：《大学生心理健康与调适》，中央编译出版社2006年版。

[9] 仲稳山、倪亚兰、潘林元主编：《大学生心理健康维护》，苏州大学出版社2006年版。

[10] 杨振斌、冯刚主编：《高等学校辅导员培训教程》，高等教育出版社2006年版。

[11] 欧晓霞、曲振国编著：《大学生心理健康》，清华大学出版社2006年版。

[12] 西武编著：《情商管理与人生智慧》，蓝天出版社2006年版。

[13] 孔维民著：《中国人的情爱心理》，山西人民出版社2006年版。

[14] 孟昭兰主编：《情绪心理学》，北京大学出版社2005年版。

[15] 公安部政治部编：《公安民警心理健康训练》，中国人民公安大学出版社2005年版。

[16] 吴少怡、张宇主编：《大学生心理健康教育探讨》，山东大学出版社2005年版。

[17] [美] Albert J. Bernstein：《情绪管理》，范雷等译，中国水利水电

出版社 2005 年版。

[18] 何金彩、唐闻捷主编：《大学生心理健康与发展》，浙江大学出版社 2005 年版。

[19] 贾晓明、陶敕恒主编：《大学生心理健康——走向和谐与适应》，北京理工大学出版社 2008 年版。

[20] 张双会、刘春魁、柳国强编著：《大学生心理健康教育》，中国经济出版社 2005 年版。

[21] 潘玉腾、孙建平、杨林香等著：《走向阳光——大学生心理健康指导》，浙江大学出版社 2005 年版。

[22] 赵文杰主编：《大学生心理卫生》，复旦大学生出版社 2005 年版。

[23] 耿步健主编：《大学生心理学》，东南大学出版社 2005 年版。

[24] 马建青著：《心理卫生与心理咨询论丛》，浙江大学出版社 2004 年版。

[25] 马建青主编：《大学生心理卫生》，浙江大学出版社 2004 年版。

[26] 邱鸿钟主编：《大学生心理健康教育》，广东高等教育出版社 2004 年版。

[27] 王群主编：《大学生心理健康教育》，复旦大学出版社 2004 年版。

[28] 常桦编著：《压力释放——成功减压的个案与诊断》，华文出版社 2004 年版。

[29] 奚建华主编：《思想道德修养》，浙江大学出版社 2004 年版。

[30] 段鑫星、赵玲编著：《大学生心理健康教育》，科学出版社 2003 年版。

[31] 黄希庭、张春兴著：《人格心理学》，浙江教育出版社 2003 年版。

[32] 车文博：《人本主义心理学》，浙江教育出版社 2003 年版。

[33] 陶国富、王祥兴主编：《大学生恋爱心理》，华东理工大学出版社 2002 年版。

[34] 樊富珉著：《大学生心理健康教育研究》，清华大学出版社 2002 年版。

[35] 陈忞著：《学生心理健康与社会适应》，国际文化出版公司、教育科学出版社 2002 年版。

[36] 车文博主编：《心理咨询大百科全书》，浙江科技出版社 2001 年版。

[37] [美] L. A. 伯文著：《人格科学》，周榕等译，华东师范大学出版社 2001 年版。

[38] 张玲等著：《心理健康研究与指导》，教育科学出版社 2001 年版。

[39] 姜宪明主编：《大学生心理自我保健》，北京出版社 2001 年版。

[40] 杨秀玲主编:《情绪管理》，安徽人民出版社 2001 年版。

[41] 黄希庭、郑涌:《大学生心理健康与咨询》，高等教育出版社 2000 年版。

[42] [美] Jerry M. Burger 著:《人格心理学》，陈会昌等译，中国轻工业出版社 2000 年版。

[43] 谢海光主编:《互联网与思想政治工作概论》，复旦大学出版社 2000 年版。

[44] 宋专茂编著:《心理健康测量》，暨南大学出版社 1999 年版。

[45] 张振声等著:《现代警察心理学》，中国人民公安大学出版社 1999 年版。

[46] 陈会昌著:《德育忧思录》，华文出版社 1999 年版。

[47] 教育部人事司组编:《高等教育心理学》，高等教育出版社 1998 年版。

[48] 叶奕乾、何存道、梁宁建主编:《普通心理学》，华东师范大学出版社 1997 年版。

[49] 韦彦凌、贾晓明、江远主编:《大学生心理健康与咨询》，中国经济出版社 1995 年版。

[50] 王登峰、张伯源主编:《大学生心理卫生与咨询》，北京大学出版社 1992 年版。

[51] 中国大百科全书总编辑委员会《心理学》编辑委员会心理学史编写组:《中国大百科全书· 心理学》，中国大百科全书出版社 1991 年版。

[52] 赵美艳:《浅析大学生常见的性心理困扰》，载《理论界》2005 年第 4 期。

[53] 李淑兰、赵文阁:《大学生性心理现状的分析及健康性心理的塑造》，载《继续教育研究》2005 年第 6 期。

[54] 刘颖:《大学生择业不良心理浅议》，载《思想政治教育研究》2004 年第 4 期。

[55] 梁光霞:《大学生求职择业心理调适方法探讨》，载《九江学院学报》2004 年第 4 期。

[56] 贾晓波:《心理适应的本质与机制》，载《天津师范大学学报（社会科学版)》2001 年第 1 期。

[57] 闻吾森等:《社会支持、心理控制感和心理健康的关系研究》，载《中国心理卫生杂志》2000 年第 4 期。

[58] 陈志霞:《电脑网络对网民心理健康的影响》，载《社会心理研究》2000 年第 4 期。

[59] 张江燕:《网络环境下高校学生用户的心理因素与调控》，载《中南民族学院学报（人文社会科学版）》2000 年第 1 期。

[60] 苏东旭:《警察自杀概观》，载《世界警察参考》1997 年第 3 期。

[61] 王平等:《525 名医科大学生性行为调查分析》，载《性学》1997 年第 9 期。

后 记

编著一本适合公安大学生使用的心理健康教育与训练方面的教材是我们多年以来的愿望。

近20年来，我国高等院校的大学生心理健康教育工作从无到有、从尚未引起重视到成为关注的重点，走过了一段开拓、积累和发展的历程。目前，大学生心理健康教育已成为各高等院校必须开设的课程。公安院校和全国其他高等院校一样，对在校大学生的心理健康教育非常重视，并且根据公安大学生的实际情况和公安工作的实际要求开展有针对性的心理健康教育与训练，收到了较好的效果。然而，好的教学方法、教学手段和教学过程始终不能脱离好的教材，我们深感需要有一本适合公安大学生学习之用、符合公安大学生特点的公安大学生心理健康教育与训练的教材。为此，我们组织浙江警察学院和浙江警官职业学院的专业教师，积集体智慧的结晶，编著了本教材。

本教材于2009年8月曾由浙江科学技术出版社出版，教材出版后在公安院校使用，受到了广大学生的欢迎和好评。2010年本教材经浙江省本科高校教学指导委员会评审，被浙江省教育厅列入浙江省“十一五”高校重点教材建设项目。本次出版是在原教材的基础上，针对近年来公安院校招录体制改革后公安大学生的实际情况以及结合教学和使用反馈情况，进行修订后的再版。

本教材力图从公安大学生的实际情况出发，紧密结合公安工作对公安民警的职业要求和公安工作的实际要求，做到观点鲜明、应用性强、针对性突出，使公安大学生能够从中受到启迪和收获。

参加本教材编著工作的都是具有长期从事公安大学生心理健康教育与训练教学、辅导工作的教师和长期从事公安大学生德育和管理工作的教师。全书撰写分工为：第一章、第三章由倪晓峰撰写；第二章、第九章第一节由李振阳撰写；第四章、第十四章由高华撰写；第五章、第十章、第十一章由叶峰撰写；第六章由刘鹏撰写；第七章由李微波撰写；第八章由徐向群撰写；第九章第二节、第三节由吴育哲撰写；第十二章由谢玉明撰写；第十三章由杨持光撰写。此外，各章还附有与该章内容关系紧密的心理测量量表，这些心理测量表由倪晓峰、杨持光和高华摘编。

最后，我们还要深深感谢为本教材的顺利出版作出努力的浙江警察学院领导、教务处领导和同人，并对我们参阅的相关资料的作者深表感谢。同时，还要特别感谢浙江警察学院党委书记王和同志为本书作序。

由于我们的理论水平有限以及对公安实际认识和公安大学生实际情况了解尚存不足，在撰写本教材过程中难免会出现一些疏漏，对此我们深表歉意，同时希望同行与读者批评指正。

编著者

二〇一二年七月